ゼロからはじめる

iPhone《アイフォーン》 13 スマートガイド

13 13 mini
13 Pro 13 Pro Max

【au完全対応版】

リンクアップ 著

au
Tomorrow, Together
KDDI

技術評論社

CONTENTS

Section 00 ひと目でわかるiPhone 13の新機能 …… 8

Chapter 1
iPhone 13 のキホン

Section 01 電源のオン・オフとスリープモード …… 14
Section 02 iPhoneの基本操作を覚える …… 16
Section 03 ホーム画面の使い方 …… 18
Section 04 通知センターで通知を確認する …… 20
Section 05 コントロールセンターを利用する …… 22
Section 06 ウィジェットを利用する …… 24
Section 07 アプリの起動と終了 …… 26
Section 08 文字を入力する …… 28
Section 09 文字を編集する …… 36

Chapter 2
電話機能を使う

Section 10 電話をかける・受ける …… 40
Section 11 発着信履歴を確認する …… 42
Section 12 連絡先を作成する …… 44
Section 13 留守番電話を確認する …… 48
Section 14 着信拒否を設定する …… 50
Section 15 音量・着信音を変更する …… 52

Chapter 3
基本設定を行う

Section 16　Apple IDを作成する …… 56

Section 17　Apple IDに支払い情報を登録する …… 60

Section 18　メールを設定する …… 62

Section 19　Wi-Fiを利用する …… 72

Chapter 4
メール機能を利用する

Section 20　メッセージを利用する …… 76

Section 21　iMessageの便利な機能を使う …… 88

Section 22　メールを利用する …… 98

Section 23　メールを活用する …… 102

Section 24　迷惑メール対策を行う …… 106

Section 25　PCメールを利用する …… 110

Chapter 5
インターネットを楽しむ

Section 26　Webページを閲覧する …… 114

Section 27　新しいWebページを表示する …… 120

Section 28　複数のWebページを同時に開く …… 122

Section 29　ブックマークを利用する …… 126

Section 30　Google検索を利用する …… 130

Section 31　リーディングリストを利用する …… 132

CONTENTS

Section 32 プライバシーレポートを確認する …… 134
Section 33 プライベートブラウズモードを利用する …… 135
Section 34 拡張機能を利用する …… 136

Chapter 6
音楽や写真・動画を楽しむ

Section 35 音楽を購入する …… 138
Section 36 音楽を聴く …… 142
Section 37 Apple Musicを利用する …… 144
Section 38 写真を撮影する …… 148
Section 39 動画を撮影する …… 156
Section 40 写真や動画を閲覧する …… 158
Section 41 写真や動画を編集・補正する …… 164
Section 42 写真を削除する …… 172

Chapter 7
アプリを使いこなす

Section 43 App Storeでアプリを探す …… 174
Section 44 アプリをインストール・アンインストールする …… 176
Section 45 カレンダーを利用する …… 180
Section 46 リマインダーを利用する …… 184
Section 47 メモを利用する …… 188
Section 48 翻訳を利用する …… 190
Section 49 地図を利用する …… 192

Section 50 ファイルを利用する …… 196

Section 51 ヘルスケアを利用する …… 200

Section 52 Apple PayでSuicaを利用する …… 202

Section 53 FaceTimeを利用する …… 208

Section 54 AirDropを利用する …… 214

Section 55 音声でiPhoneを操作する …… 216

Chapter 8 iCloud を活用する

Section 56 iCloudでできること …… 222

Section 57 iCloudにバックアップする …… 224

Section 58 iCloudの同期項目を設定する …… 226

Section 59 iCloud写真やiCloud共有アルバムを利用する …… 227

Section 60 iCloud Driveを利用する …… 230

Section 61 iPhoneを探す …… 232

Chapter 9 iPhone をもっと使いやすくする

Section 62 ホーム画面をカスタマイズする …… 236

Section 63 壁紙を変更する …… 242

Section 64 コントロールセンターをカスタマイズする …… 244

Section 65 プライバシー設定を理解する …… 246

Section 66 集中モードを利用する …… 250

Section 67 画面ロックにパスコードを設定する …… 252

CONTENTS

Section 68 顔認証機能を利用する 254
Section 69 Apple IDの2ファクタ認証の番号を変更する 258
Section 70 通知を活用する 260
Section 71 背面タップでアプリを起動する 264
Section 72 デフォルトのアプリを変更する 265
Section 73 ダークモードを利用する 266
Section 74 アプリごとに画面表示を設定する 268
Section 75 検索機能を利用する 270
Section 76 Bluetooth機器を利用する 272
Section 77 インターネット共有を利用する 274
Section 78 スクリーンショットを撮る 276

Chapter 10
iPhoneを初期化・再設定する

Section 79 iPhoneを強制的に再起動する 278
Section 80 iPhoneを初期化する 279
Section 81 iPhoneの初期設定を行う 280
Section 82 バックアップから復元する 284

ご注意：ご購入・ご利用の前に必ずお読みください

●本書に記載した内容は、情報の提供のみを目的としています。したがって、本書を用いた運用は、必ずお客様自身の責任と判断によって行ってください。これらの情報の運用の結果について、技術評論社および著者、アプリの開発者はいかなる責任も負いません。

●ソフトウェアに関する記述は、特に断りのない限り、2021年10月現在での最新バージョンをもとにしています。ソフトウェアはバージョンアップされる場合があり、本書での説明とは機能内容や画面図などが異なってしまうこともあり得ます。あらかじめご了承ください。

●本書は以下の環境で動作を確認しています。ご利用時には、一部内容が異なることがあります。あらかじめご了承ください。
端末：iPhone 13／mini／Pro／Pro Max（iOS 15.0.1）
パソコンのOS：Windows 10

●インターネットの情報については、URLや画面などが変更されている可能性があります。ご注意ください。

以上の注意事項をご承諾いただいたうえで、本書をご利用願います。これらの注意事項をお読みいただかずに、お問い合わせいただいても、技術評論社は対処しかねます。あらかじめ、ご承知おきください。

Section 00

ひと目でわかる iPhone 13の新機能

iPhone 13は、ホームボタンがない全面ディスプレイです。最新iOS 15になって、より使いやすい機能やアプリが追加されています。

iPhone 13の基本的な操作

各種の操作は、ジェスチャーやサイドボタンなどを使って行います。本文でも都度解説していますが、ここでまとめて確認しておきましょう。

ホーム画面を表示する

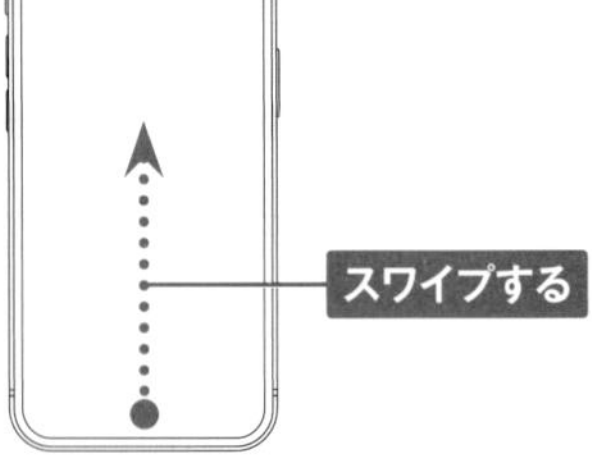

電源をオフにする

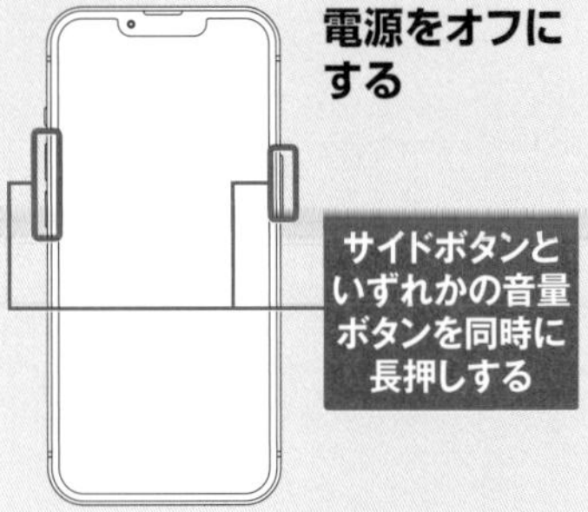

コントロールセンターを表示する

通知センターを表示する

最近使用したアプリを表示する

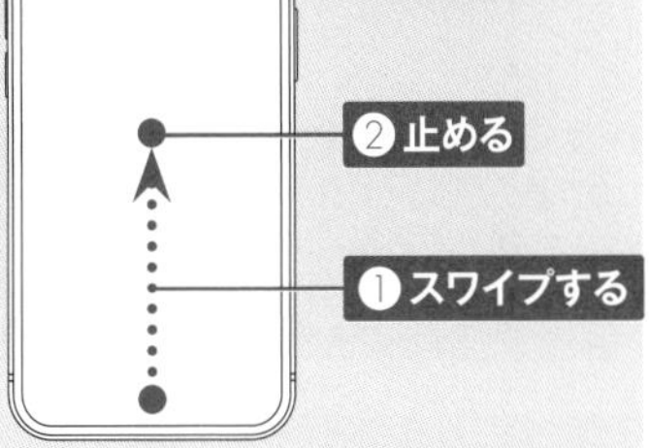

アプリケーションを切り替える

スクリーンショットを撮る

iPhone内の情報を検索する（検索機能）

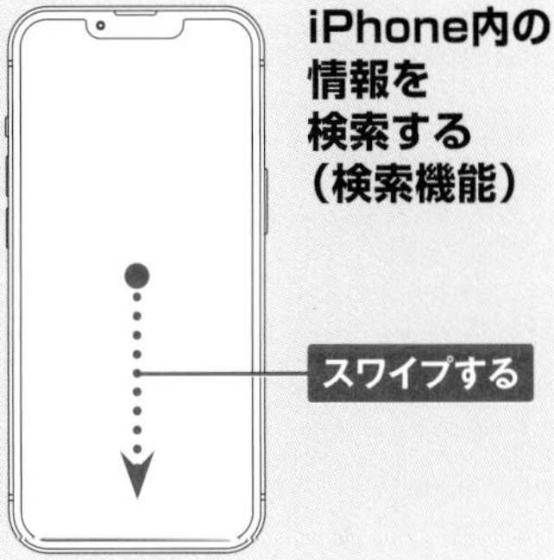

Siriを起動する

Apple Payを利用する

iPhone 13とiOS 15の新機能

Safari

iOS 15でiPhone標準のブラウザSafariが大きく変わりました。アドレスバーが画面下部に移動し、より高機能なタブバーになりました。タブは、「タブグループ」によって、テーマでまとめることができます。また、起動時に編集可能なスタートページが表示され、従来の「お気に入り」のほかに、ブックマーク、よく訪れるサイト、リーディングリスト、プライバシーレポートなどを表示することができます。

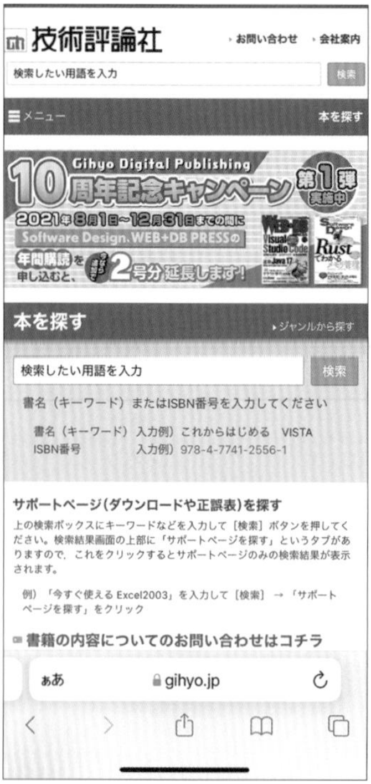

タブバーが画面下部に表示されるようになりました。

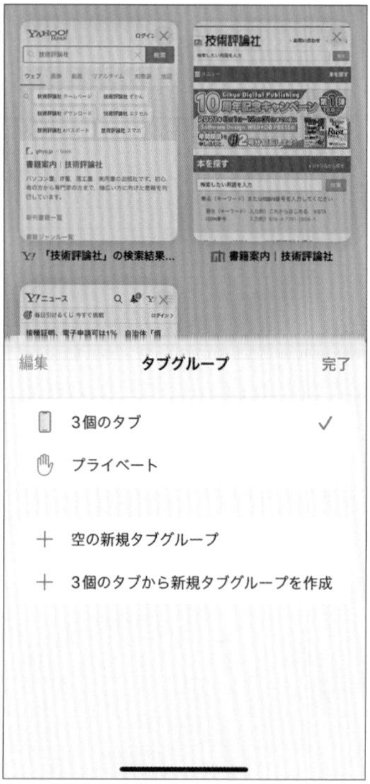

タブグループでタブをまとめることができます。

FaceTime

AndroidスマートフォンやPCのWindowsユーザーとも会話ができるようになりました。また、「SharePlay」と呼ばれる、音楽やビデオのストリーミングサービスのコンテンツを一緒に楽しむ機能が、後に予定されているアップデートで提供されます。

メッセージ

＜写真＞アプリなどに、「あなたと共有(Shared with You)」というフィールドが設けられ、＜メッセージ＞アプリでやり取りしたコンテンツが表示されます。また、これらのコンテンツは、＜メッセージ＞アプリを開かなくても、「あなたと共有(Shared with You)」フィールドから、送信や返信ができます。

集中モード

通知の動作などを、これまでのおやすみモードに加え、シーン別にさらに細かく管理できるようになりました。標準で用意された「運転中」などから選ぶほか、自分だけのモードを作成することも可能です。位置情報や時間で自動的に有効にできるほか、重要な通知は集中モードでも通知することができます。

通知

いろいろなアプリから届く1日の通知の要約を、設定したスケジュールに合わせて（標準は午前8時と午後6時）表示できるようになります。

プライバシー

送信メールに記載される自分のIPアドレスを非公開にすることができるようになりました。また、受信メールに表示されるリモートコンテンツをすべてブロックするよう設定することもできます。

Siri

タイマーやアラームの設定、アプリの起動など、特定の処理をネットワークに繋がっていない状態でも利用できるようになりました。これらの処理はサーバーなどに送信されないため、プライバシーの確保にもなります。

iPhone 13／mini／Pro／Pro Maxの違い

	iPhone 13 mini	iPhone 13	iPhone 13 Pro	iPhone 13 Pro Max
ディスプレイ	Super Retina XDRディスプレイ オールスクリーンOLEDディスプレイ		ProMotion搭載 Super Retina XDRディスプレイ オールスクリーンOLEDディスプレイ	
ディスプレイサイズ	5.4インチ	6.1インチ	6.1インチ	6.7インチ
ディスプレイ解像度	2,340×1,080 476ppi	2,532×1,170 460ppi	2,532×1,170 460ppi	2,778×1,284 458ppi
重量	140g	173g	203g	238g
筐体素材	前面：Ceramic Shield 背面：ガラス 側面：アルミニウム		前面：Ceramic Shield 背面：テクスチャードマットガラス 側面：ステンレススチール	
カメラレンズ	デュアルカメラ （広角＋超広角）		トリプルカメラ （広角＋超広角＋望遠）	
LiDARスキャナ	×		○	
カメラズーム	光学ズームアウト（2倍） デジタルズーム（最大5倍）		光学ズームイン（3倍） 光学ズームアウト（2倍） 光学ズームレンジ（6倍） デジタルズーム（最大15倍）	
ポートレート	ポートレートモード ポートレートライティング		ポートレートモード ナイトモードポートレート ポートレートライティング	
Apple ProRAW	×		○	
搭載チップ	A15 Bionicチップ			
CPU	6コア			
GPU	4コア		5コア	
Neural Engine	16コア			
バッテリー	ビデオ再生：最大17時間 ストリーミング再生：最大13時間 オーディオ再生：最大55時間	ビデオ再生：最大19時間 ストリーミング再生：最大15時間 オーディオ再生：最大75時間	ビデオ再生：最大22時間 ストリーミング再生：最大20時間 オーディオ再生：最大75時間	ビデオ再生：最大28時間 ストリーミング再生：最大25時間 オーディオ再生：最大95時間

Chapter 1

iPhone 13のキホン

Section 01 電源のオン・オフとスリープモード

Section 02 iPhoneの基本操作を覚える

Section 03 ホーム画面の使い方

Section 04 通知センターで通知を確認する

Section 05 コントロールセンターを利用する

Section 06 ウィジェットを利用する

Section 07 アプリの起動と終了

Section 08 文字を入力する

Section 09 文字を編集する

電源のオン・オフとスリープモード

iPhoneの電源の状態には、オン、オフ、スリープモードの3種類があり、サイドボタンで切り替えることができます。また、一定時間操作しないと自動的にスリープモードに移行します。

ロックを解除する

① スリープモードのときに本体を持ち上げて、傾けます。もしくは、画面をタップするか、本体右側面のサイドボタンを押します。

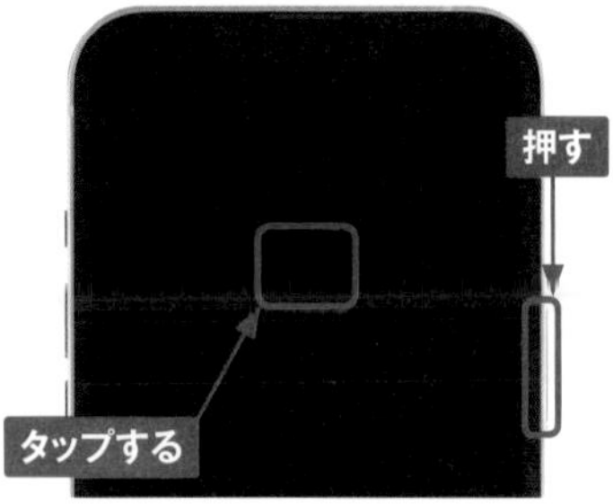

② ロック画面が表示されるので、画面下部を上方向にスワイプします。パスコード（Sec.67参照）が設定されている場合は、パスコードを入力します。

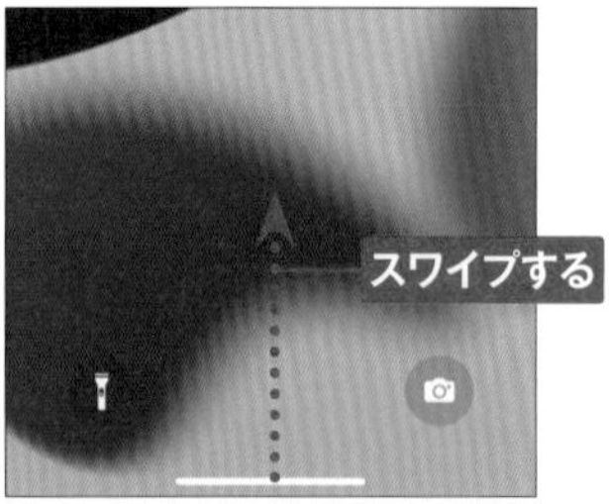

③ ロックが解除されます。サイドボタンを押すと、スリープモードになります。

MEMO 持ち上げて解除をオフにする

初期状態では、iPhoneを持ち上げて手前に傾けるだけでスリープモードが解除されるように設定されています。解除しないようにするには、<設定>→<画面表示と明るさ>の順にタップし、「手前に傾けてスリープ解除」の をタップして、 にします。

電源をオフにする

① 電源が入っている状態で、サイドボタンと音量ボタンの上または下を、手順②の画面が表示されるまで同時に押し続けます。

② ⏻を右方向にドラッグすると、電源がオフになります。

③ 電源をオフにしている状態で、サイドボタンを長押しすると、電源がオンになります。

MEMO
ソフトウェア・アップデート

iPhoneの画面を表示したときに「ソフトウェア・アップデート」の通知が表示されることがあります。その場合は、バッテリーが十分にある状態でWi-Fiに接続し、<今すぐインストール>をタップすることでiOSを更新できます。パソコンからはパソコンとiPhoneを接続し、Windowsの場合はiTunesを起動して左上の<iPhone>→<概要>→<アップデートを確認>→<アップデート>、Macの場合はFinderのサイドバーで<iPhone>→<概要>→<アップデートを確認>→<アップデート>の順にクリックします。

Section 02

iPhoneの基本操作を覚える

iPhoneは、指で画面にタッチすることで、さまざまな操作が行えます。また、本体の各種ボタンの役割についても、ここで覚えておきましょう。

本体の各種ボタンの操作

着信／サイレントスイッチ
消音モードに切り替えることができます（P.54参照）。

音量ボタン
音量の調節が可能です。

サイドボタン
長押しでSiriを起動したり、電源のオン、オフに使用したりします。

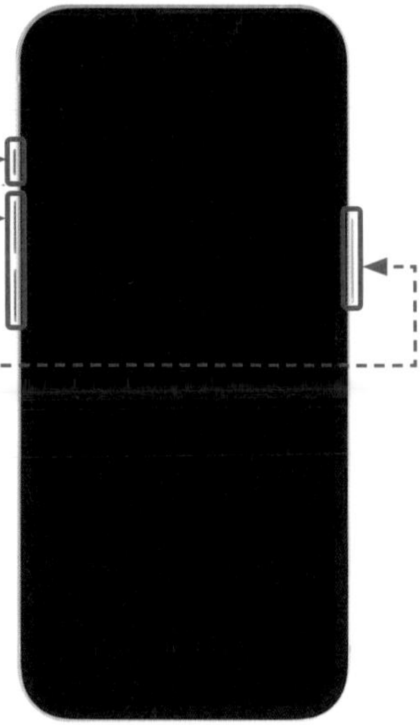

MEMO 本体を横向きにすると画面も回転する

iPhoneを横向きにすると、アプリの画面が回転し横長で表示されます。また、iPhoneを縦向きにすると、画面は縦長で表示されます。ただし、アプリによっては画面が回転しないものもあります。

タッチスクリーンの操作

タップ／ダブルタップ

画面に軽く触れてすぐに離すことを「タップ」、同操作を2回繰り返すことを「ダブルタップ」といいます。

タッチ

画面に触れたままの状態を保つことを「タッチ」といいます。

ピンチ（ズーム）

2本の指を画面に触れたまま指を広げることを「ピンチオープン」、指を狭めることを「ピンチクローズ」といいます。

ドラッグ／スライド（スクロール）

アイコンなどに触れたまま、特定の位置までなぞることを「ドラッグ」または「スライド」といいます。

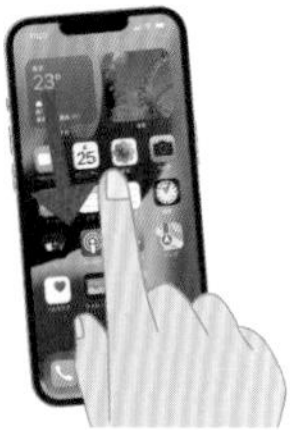

スワイプ

画面の上を指で軽く払うような動作を「スワイプ」といいます。

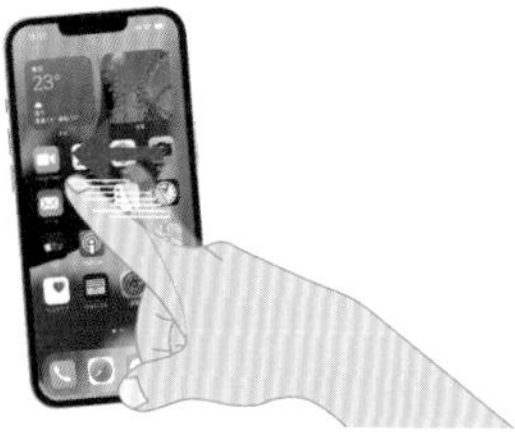

MEMO　触覚タッチ

iPhoneでは、アイコンをタッチして、クイックアクションメニューの表示を行うことができます。

Section 03

ホーム画面の使い方

iPhoneのホーム画面では、アイコンをタップしてアプリを起動したり、ホーム画面を左右に切り替えたりすることができます。また、Appライブラリを確認することも可能です。

iPhoneのホーム画面

画面上部：インターネットへの接続状況や現在の時刻、バッテリー残量などのiPhoneの状況が表示されます。

ウィジェット：ニュースや天気など、さまざまなカテゴリの情報をウィジェットで確認することができます（Sec.06参照）。

Appアイコン：インストール済みのアプリのアイコンが表示されます。

ホーム画面の位置：ホーム画面の数と、現在の位置を表します。

Dock：よく使うアプリのアイコンを最大4個まで設置できます。ホーム画面を切り替えても常時表示されます。

MEMO 拡大表示

iPhone 13はアイコンや文字を若干大きく表示する「拡大表示」の機能を利用できます。拡大表示を利用するには、ホーム画面で＜設定＞→＜画面表示と明るさ＞→＜表示＞→＜拡大＞→＜設定＞→＜“拡大”を使用＞の順にタップします。

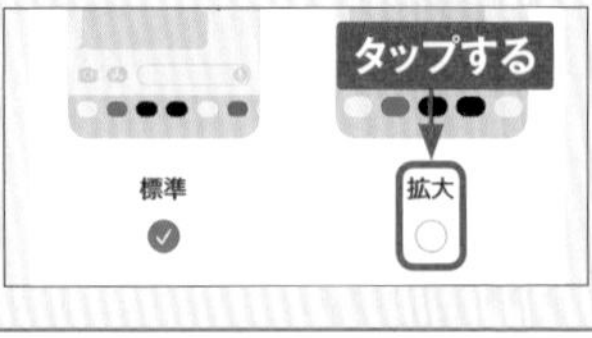

ホーム画面を切り替える

●ホーム画面を切り替える

① ホーム画面を左方向にスワイプします。

② 右隣のホーム画面が表示されます。画面を右方向にスワイプする、もしくは画面下部を上方向にスワイプすると、もとのホーム画面に戻ります。

●情報を表示する

① ホーム画面を何度か右方向にスワイプすると、左端の画面でウィジェット（Sec.06参照）が表示され、それぞれの情報をチェックできます。

② 何度か左方向にスワイプすると、右端に「Appライブラリ」画面が表示されます（P.240参照）。画面を右方向にスワイプすると、ホーム画面に戻ります。

Section 04

通知センターで通知を確認する

iPhoneの画面左上に表示されている現在時刻部分を下方向にスワイプすると、「通知センター」が表示され、アプリからの通知を一覧で確認できます。

通知センターを表示する

① 画面左上を下方向にスワイプします。

② 通知があると、下のように表示されます。

③ 画面下部から上方向にスワイプすると、通知センターが閉じて、もとの画面に戻ります。

MEMO ロック画面から通知センターを確認する

ロック画面から通知センターを表示するには、画面の中央辺りから上方向にスワイプします。

通知センターで通知を確認する

1 P.20手順①を参考に通知センターを表示し、通知（ここでは<メッセージ>）を右方向にドラッグします。

2 <開く>をタップすると、アプリが起動します。通話の着信やメールの通知などをタップすると、それぞれのアプリが起動します。

3 通知を左方向にドラッグして、<消去>をタップすると、通知を削除できます。

MEMO グループ化された通知を見る

同じアプリからの通知はグループ化され、1つにまとめて表示されます。まとめられた通知を個別に見たい場合は、グループ通知をタップすれば展開して表示されます。展開された通知は、右上の<表示を減らす>をタップすると、再度グループ化されます。

Section 05

コントロールセンターを利用する

iPhoneでは、コントロールセンターからもさまざまな設定を行えるようになっています。ここでは、コントロールセンターの各機能について解説します。

1 コントロールセンターで設定を変更する

① 画面右上から下方向にスワイプします。

② コントロールセンターが表示されます。上部に配置されているアイコン（ここでは青表示になっているWi-Fiのアイコン）をタップします。

③ アイコンがグレーに表示されてWi-Fiの接続が解除されます。もう一度タップすると、Wi-Fiに接続します。画面を上方向にスワイプすると、コントロールセンターが閉じます。

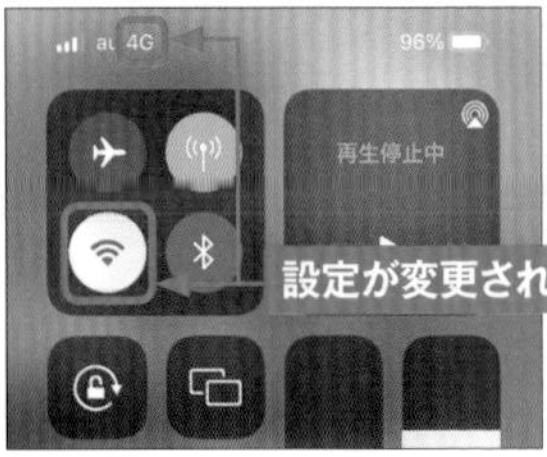

MEMO コントロールセンターの触覚タッチ

コントロールセンターの項目の中には、触覚タッチで詳細な操作ができるものがあります。

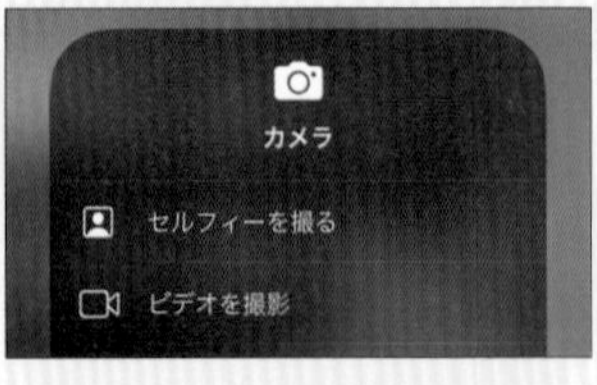

コントロールセンターの設定項目

❶機内モードのオン／オフを切り替えられます（P.54MEMO参照）。

❷モバイルデータ通信のオン／オフを切り替えられます。

❸Wi-Fiの接続／未接続を切り替えられます。

❹Bluetooth機器との接続／未接続を切り替えられます。

❺音楽の再生、停止、早送り、巻戻しができます。

❻iPhoneの画面を縦向きに固定する機能をオン／オフできます。

❼音楽や動画をAirPlay対応機器で再生することができます。

❽集中モード（Sec.66参照）の設定ができます。

❾上下にドラッグして、画面の明るさを調整できます。

❿上下にドラッグして、音量を調整できます。

⓫フラッシュライトを点灯させたり消したりできます。タッチすると明るさを選択できます。

⓬＜時計＞アプリのタイマーが起動します。タッチすると簡易タイマーが起動します。

⓭＜計算機＞アプリが起動します。

⓮＜カメラ＞アプリが起動します。タッチすると撮影モードを選択できます。

⓯＜カメラ＞アプリのQRコードカメラが起動します。

MEMO コントロールセンターのカスタマイズ

コントロールセンターの項目は、追加や削除、移動などが自由にカスタマイズできます（Sec.64参照）。

Section 06

ウィジェットを利用する

iPhoneでは、ニュースや天気など、さまざまなカテゴリの情報をウィジェットで確認することができます。ウィジェットの順番は入れ替えることができるので、好みに合わせて設定しましょう。

ウィジェットで情報を確認する

1 ホーム画面を何回か右方向にスワイプします。

2 ウィジェットが一覧表示されます。画面を上方向にスワイプします。

3 下部のウィジェットが表示されます。画面を左方向にスワイプすると、ホーム画面に戻ります。

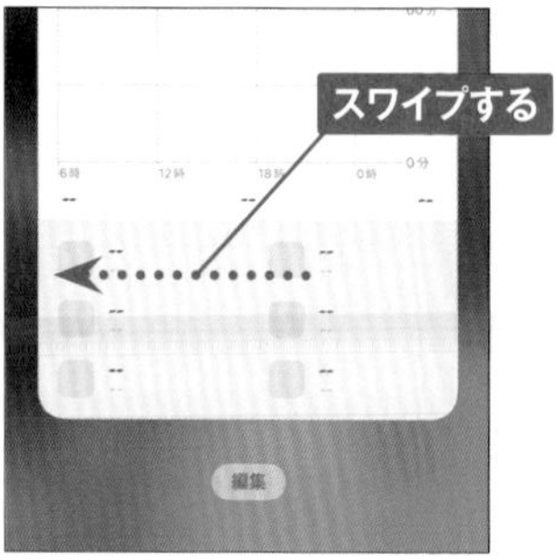

MEMO ロック画面から表示する

ロック画面を右方向にスワイプすることでも、ウィジェットを表示することができます。

ウィジェットを追加／削除する

1 P.24手順③の画面で、下部の<編集>をタップします。

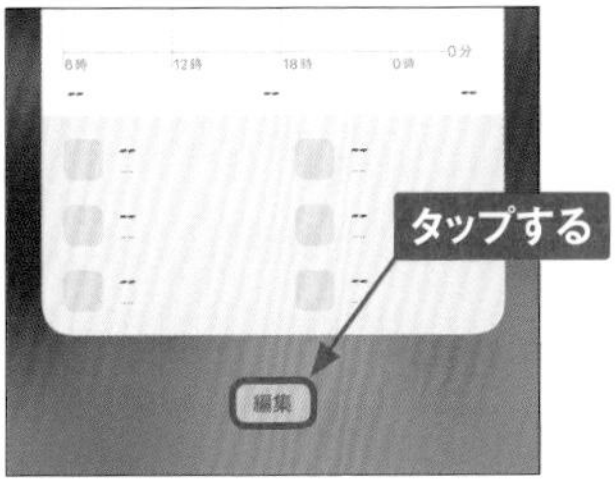

2 画面左上の + をタップします。

3 追加したいウィジェット（ここでは<メモ>）をタップします。

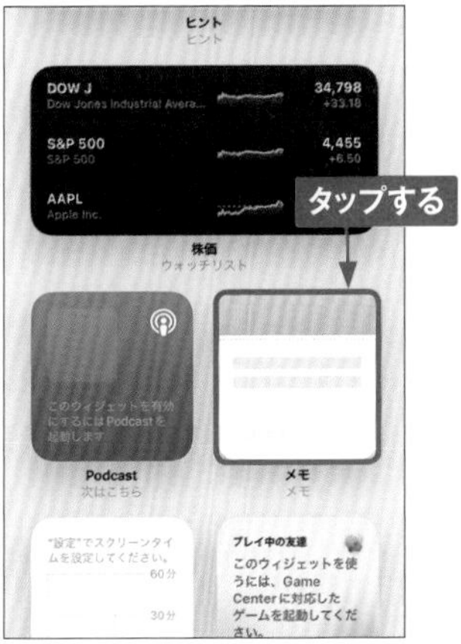

4 画面を左右にスワイプして、ウィジェットの大きさを選び、<ウィジェットを追加>をタップします。

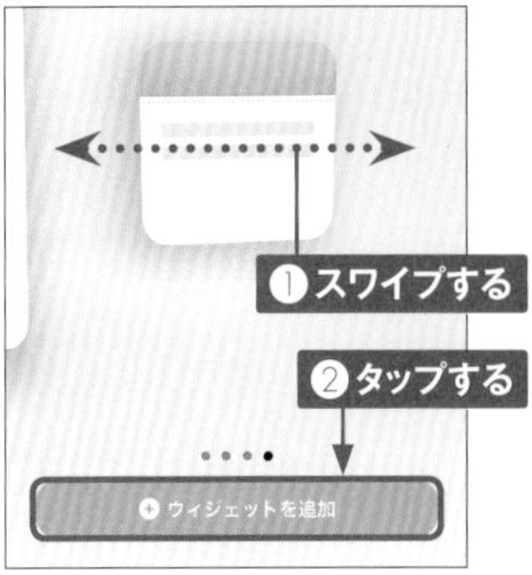

5 ウィジェットが追加されます。ウィジェットを削除する場合は − →<削除>の順にタップします。画面右上の<完了>をタップすると、編集が終了します。

MEMO

ウィジェットをホーム画面に追加する

ウィジェットはホーム画面にも追加できます。詳しくは、P.238を参照してください。

アプリの起動と終了

iPhoneでは、ホーム画面のアイコンをタップすることでアプリを起動します。画面下部から上方向にスワイプして指を止めると、アプリを終了したり、切り替えたりすることが可能です。

アプリを起動する

① ホーム画面で をタップします。

② <Safari>アプリが起動しました。画面下部から上方向にスワイプします。

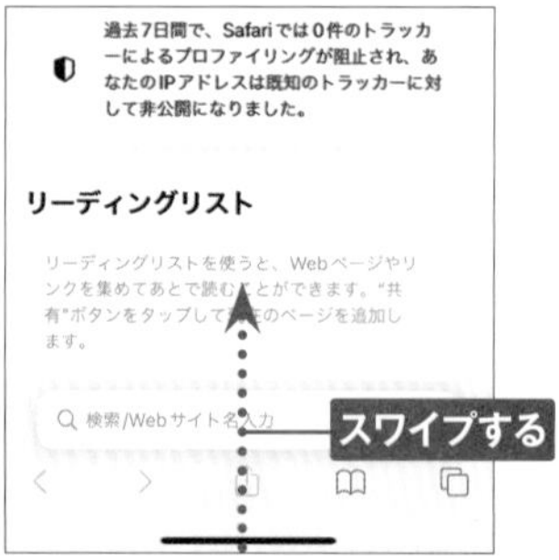

③ ホーム画面に戻ります。

MEMO アプリの利用を再開する

手順③でホーム画面に戻っても、アプリは終了しません。複数のアプリが同時に起動した状態にできるため、再度同じアイコンをタップすると、手順②の続きの状態から操作を再開することができます。

アプリを終了する

① 画面下部を上方向にスワイプして、画面中央で指を止め、指を離します。

② 最近利用したアプリの画面が表示されます。左右にスワイプして、画面を上方向にスワイプすると、起動中のアプリ画面が消え、アプリが終了します。

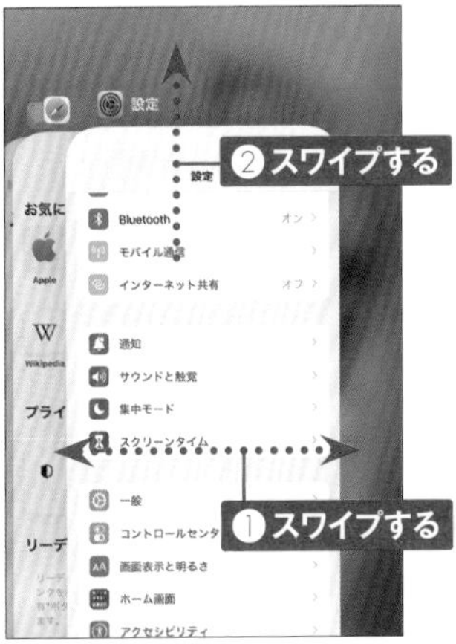

③ 手順②の画面でアプリ画面をタップすると、そのアプリに切り替えることができます。

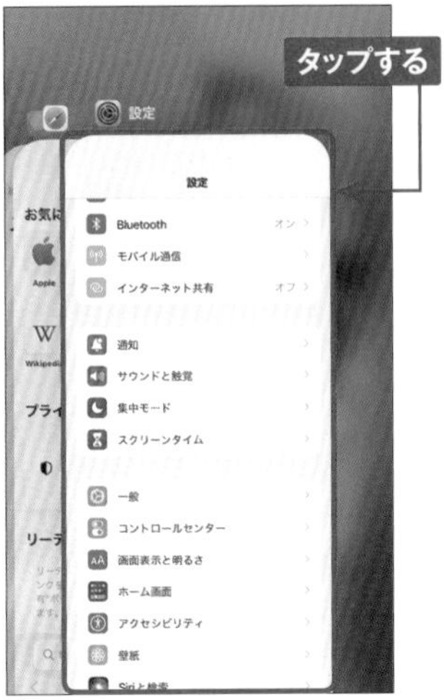

MEMO アプリをすばやく切り替える

アプリを使用中に画面下部を左右にスワイプすると、最近利用した別のアプリに切り替えることができます。

Section 08

文字を入力する

iPhoneでは、オンスクリーンキーボードを使用して文字を入力します。一般的な携帯電話と同じ「テンキー」やパソコンのキーボード風の「フルキー」などを切り替えて使用します。

iPhoneのキーボード

テンキー

フルキー

MEMO 2種類のキーボードと4種類の入力方法

iPhoneのオンスクリーンキーボードは主に、テンキー、フルキーの2種類を利用します。標準の状態では、「日本語かな」「絵文字」「English (Japan)」「音声入力」の4つの入力方法があります。「日本語ローマ字」や外国語のキーボードを別途追加することもできます。なお、ATOKやSimejiなどサードパーティ製のキーボードアプリをインストールして利用することも可能です。

キーボードを切り替える

① キー入力が可能な画面（ここでは「メモ」の画面）になると、オンスクリーンキーボードが表示されます。画面では、テンキーの「日本語かな」が表示されています。「絵文字」キーボードを利用したい場合は、😀をタップします。

② 「絵文字」が表示されます。🌐をタップすると、手順①の画面に戻ります。

③ 手順①の画面で🌐をタップすると、フルキーの「English（Japan）」が表示されます。🌐をタップすると、手順①の画面に戻ります。

MEMO

キーボード一覧を表示して切り替える

オンスクリーンキーボードで🌐をタッチすると、現在利用できるキーボードが一覧表示されます。その中から目的のキーボードをタップすると、使用するキーボードに切り替わります。

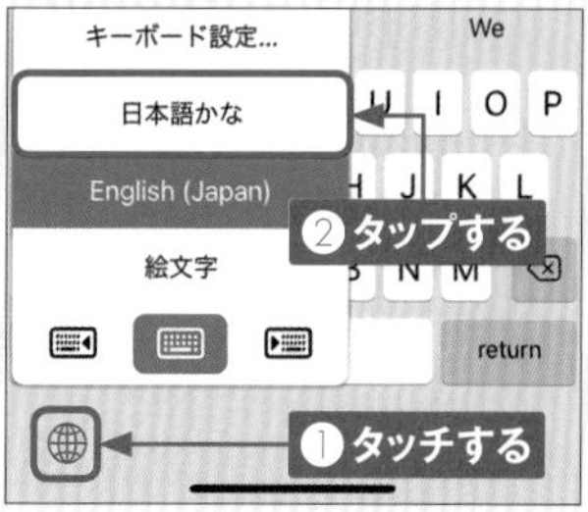

1

テンキーの「日本語かな」で日本語を入力する

1 テンキーは、一般的な携帯電話と同じ要領で入力が可能です。たとえば、はを3回タップすると、「ふ」が入力できます。

2 入力時に小をタップすると、その文字に濁点や半濁点を付けたり、小文字にしたりすることができます。

3 単語を入力すると、変換候補が表示されます。候補の中から変換したい単語をタップすると、変換が確定します。

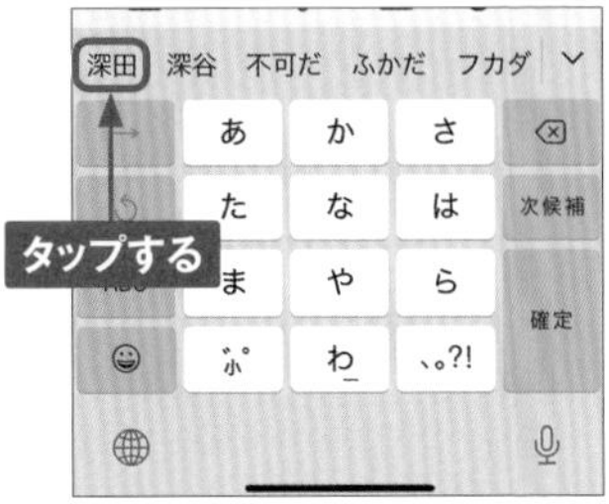

4 文字を入力し、変換候補の中に変換したい単語がないときは、変換候補の欄に表示されている∨をタップします。

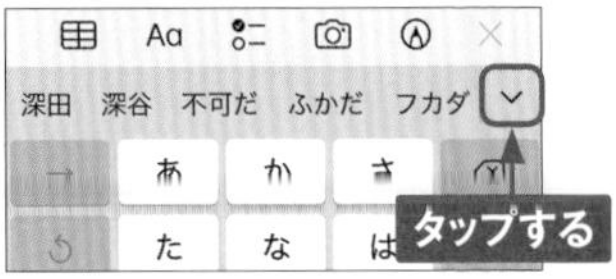

5 変換候補の欄を上下にスワイプして文字を探します。もし表示されない場合は、∧をタップして入力画面に戻ります。

6 単語を変換するときは、単語の後ろをタップして、変換の位置を調整し、変換候補の欄で文字を探し、タップします。変換したい単語が候補にないときは、P.30手順④～⑤の操作をします。

7 手順⑥で調整した位置の単語だけが変換されました。

8 顔文字を入力するときは、^^をタップします。

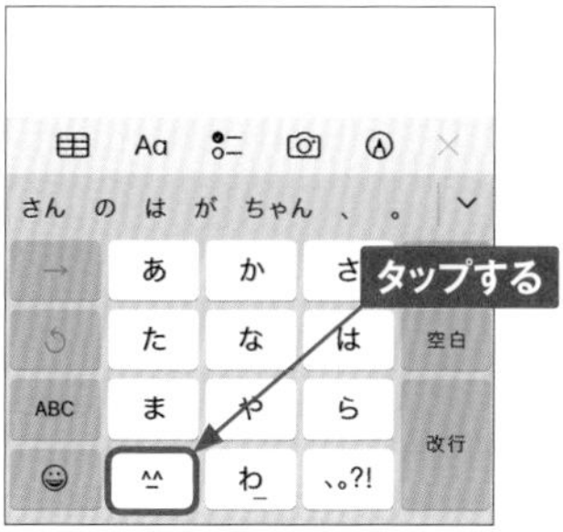

9 顔文字の候補が表示されます。希望の顔文字をタップします。

MEMO 絵文字を入力する

P.30手順①の画面で😀をタップして、入力したい絵文字を選択してタップすると、絵文字が入力されます。上部の検索ボックスに文字を入力して絵文字を検索することもできます。

テンキーで英字・数字・記号を入力する

① ABC をタップすると、英字のテンキーに切り替わります。

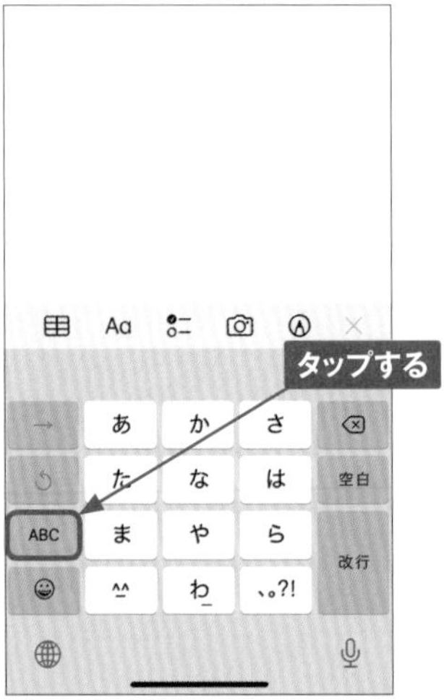

② 日本語入力と同様に、キーを何度かタップして文字を入力します。入力時に a/A をタップすると、入力中の文字が大文字に切り替わり、＜確定＞をタップすると入力が確定されます。

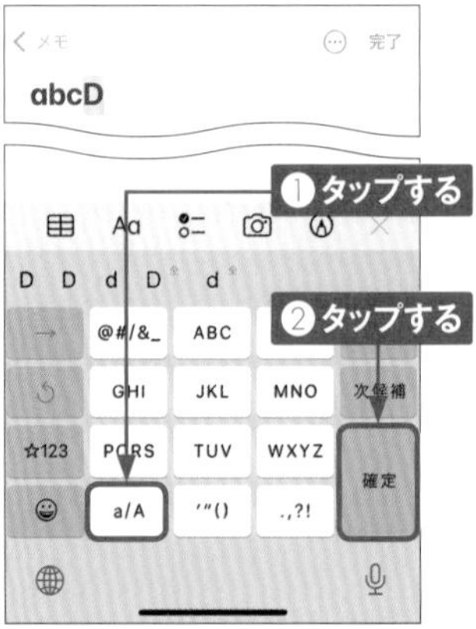

③ 数字・記号のテンキーに切り替えるときは、☆123 をタップします。

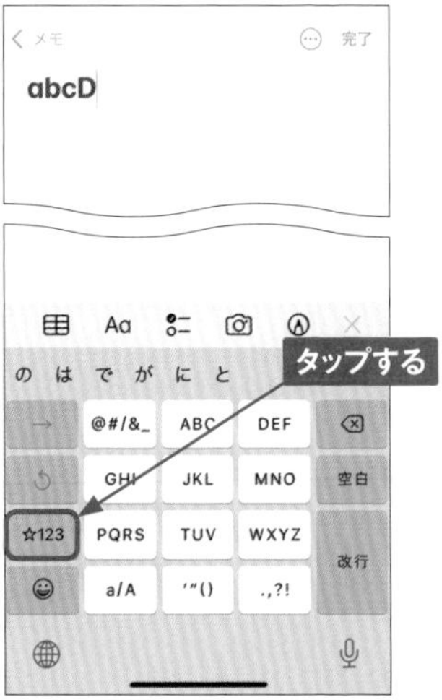

④ キーをタップすると数字を入力できます。キーをタッチしてスライドすると（P.33参照）、記号を入力できます。

そのほかの入力方法

① テンキーでは、キーを上下左右にスライドすることで文字を入力できます。入力したい文字のキーをタッチします。

② キーをタッチしたまま、入力したい文字の方向へスライドします。タッチしなくても、すばやくスワイプすると対応する文字を入力できます。

③ スライドした方向の文字が入力されます。手順②では下方向にスライドしたので、「こ」が入力されました。

MEMO

音声入力を行う

音声入力を行うには、キーボードの をタップします。初めて利用するときは、<音声入力を有効にする>をタップします。iPhoneに向かって入力したい言葉を話すと、話した言葉が入力されます。

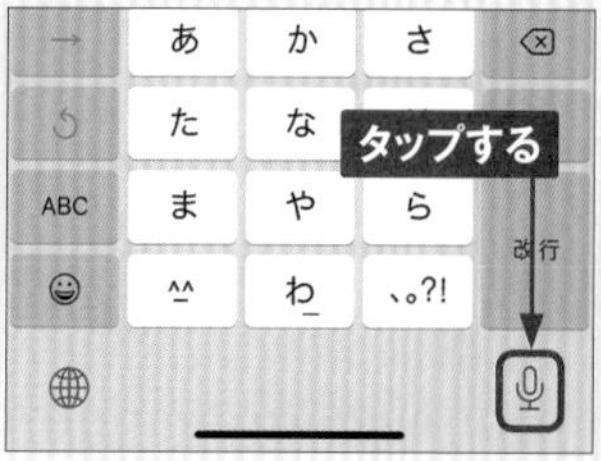

「English (Japan)」で英字・数字・記号を入力する

① P.29を参考に、「English (Japan)」を表示します。そのあと、キーをタップして英字を入力します。行頭の1文字目は大文字で入力されます。⬆をタップしてから入力すると、1文字目を小文字にできます。

② 入力した文字によって、単語の候補が表示されます。表示された候補をタップすると、単語が入力されます。

③ 数字を入力するには、123をタップします。

④ 数字や記号が入力できるようになりました。そのほかの記号を入力するときは、#+=をタップします。🌐をタップすると、「日本語かな」キーボードに戻ります。

片手入力に切り替える

① テンキーの状態で、をタッチします。

② をタップします。

③ キーボードが左寄りに配置され、片手入力に切り替わります。をタップすると、手順①の画面に戻ります。

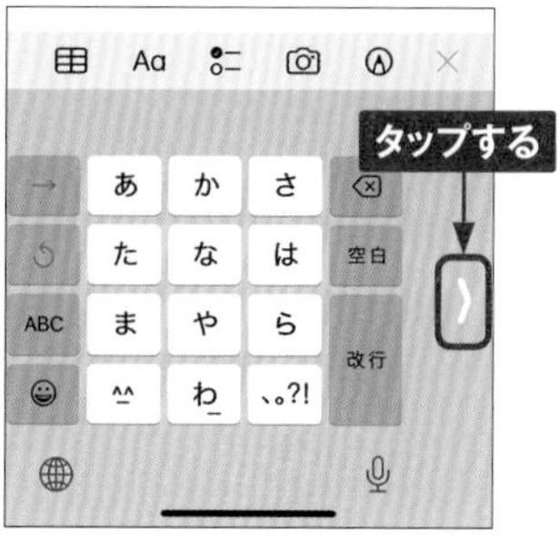

④ 手順②の画面でをタップすると、キーボードが右寄りになります。

MEMO

そのほかのキーボードから切り替える

片手入力への切り替えは、どのキーボードからでも同様に行えます。絵文字とEnglish（Japan）もをタッチすると、片手入力に切り替えられます。

Section 09

文字を編集する

iPhoneでは、入力した文字の編集や、コピー&ペーストといった操作がかんたんに行えます。メールやメモを書く際には欠かせない機能なので、使い方をしっかり覚えておきましょう。

1

文字を削除する

① 文字を削除したいときは、削除したい文字の後ろをタップします。

② ⌫を消したい文字の数だけタップすると、文字が削除されます。

MEMO タップでテキストを選択する

テキストをタップすることで、単語や文、段落を選択することができます。単語を選択するには、選択したい単語を1本指でダブルタップ、行または文を選択するには、1本指でトリプルタップします。また、選択範囲の最初の単語をダブルタップしたまま選択範囲の最後の単語までドラッグすることで、テキストの一部が選択できます。

文字をコピー&ペーストする

① コピーしたい文字列をタッチします。指を離すと、メニューが表示されるので、<選択>をタップします。

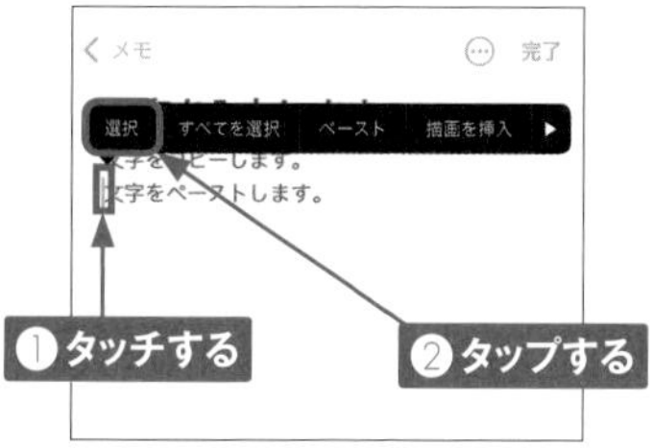

② 隣接する単語が選択された状態になります。選択範囲は、●と●をドラッグして変更します。

③ 選択範囲を調整し、指を離すとメニューが表示されるので、<コピー>をタップします。

④ コピーした文字列を貼り付けたい場所をタッチします。指を離すと、メニューが表示されるので、<ペースト>をタップします。

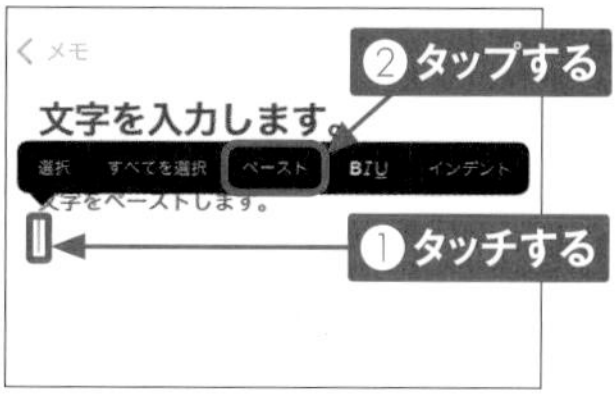

⑤ 手順③でコピーした文字列がペーストされました。

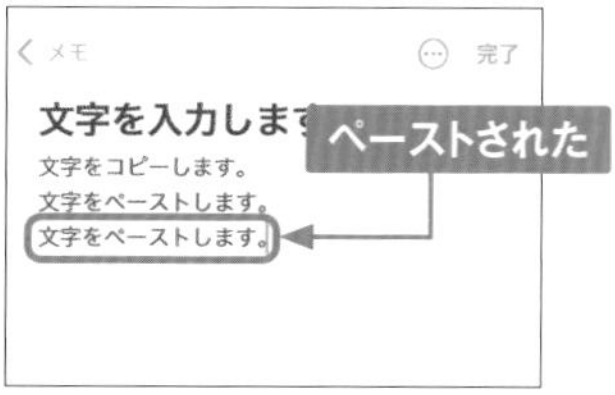

MEMO

3本指のジェスチャー操作

iPhoneでは、3本指を使う「ジェスチャー」が利用できます。下の表を参考にしてください。

コピー	3本指でピンチクローズ
カット	3本指でダブルピンチクローズ（すばやく2回ピンチクローズ）
ペースト	3本指でピンチオープン
取り消し	3本指で左方向にスワイプ
もとに戻す	3本指で右方向にスワイプ
メニュー呼び出し	3本指でタップ

カメラで認識した文字を挿入する

① P.154MEMOを参考に、文字認識を有効にすると、カメラに写した文字を挿入することができます。P.37手順④を参考にメニューを表示します。文字認識が有効になっていると、が表示されるので、タップします。

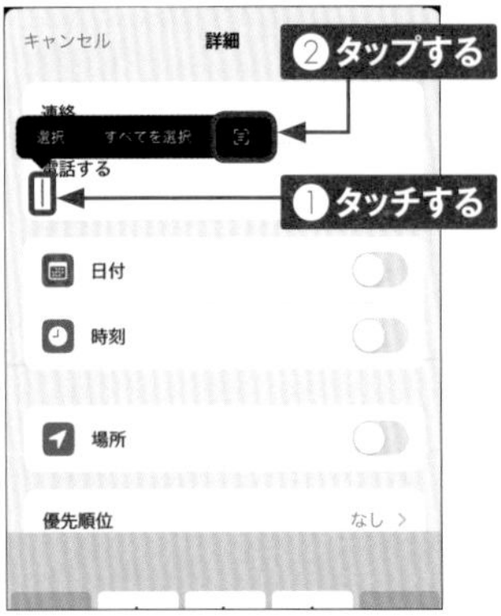

② 読み取りたい文字の範囲を表示される黄色の枠内に写して、をタップします。

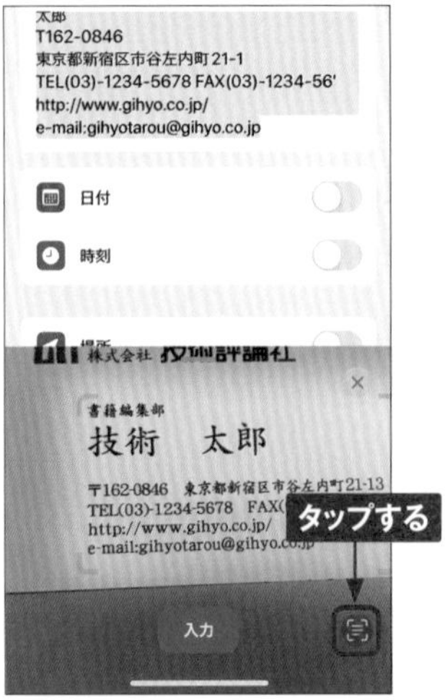

③ 枠内の文字が表示されるので、挿入したい範囲をドラッグして選択します。

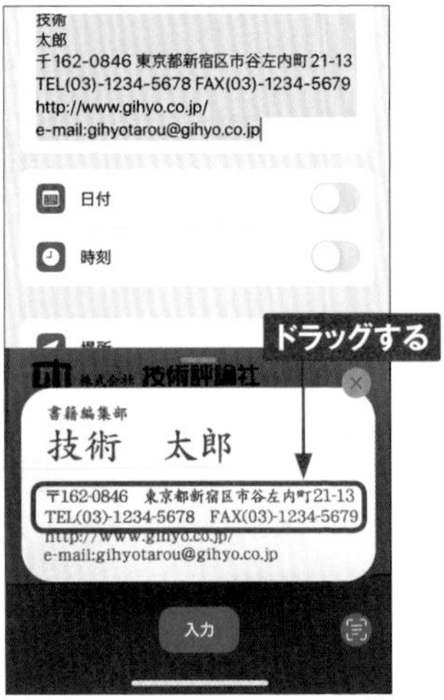

④ <入力>をタップすると、文字が挿入されます。なお、文字認識は2021年10月現在日本語に対応していないため、一部の漢字、ひらがな、カタカナは正しく認識できません。

Chapter 2

電話機能を使う

Section 10　電話をかける・受ける
Section 11　発着信履歴を確認する
Section 12　連絡先を作成する
Section 13　留守番電話を確認する
Section 14　着信拒否を設定する
Section 15　音量・着信音を変更する

Section 10

電話をかける・受ける

iPhoneで電話機能を使ってみましょう。通常の携帯電話と同じ感覚でキーパッドに電話番号を入力すると、電話の発信が可能です。着信時の操作は、1手順でかんたんに通話が開始できます。

キーパッドを使って電話をかける

① ホーム画面でをタップします。

② <キーパッド>をタップします。

③ キーパッドの数字をタップして、電話番号を入力し、をタップします。

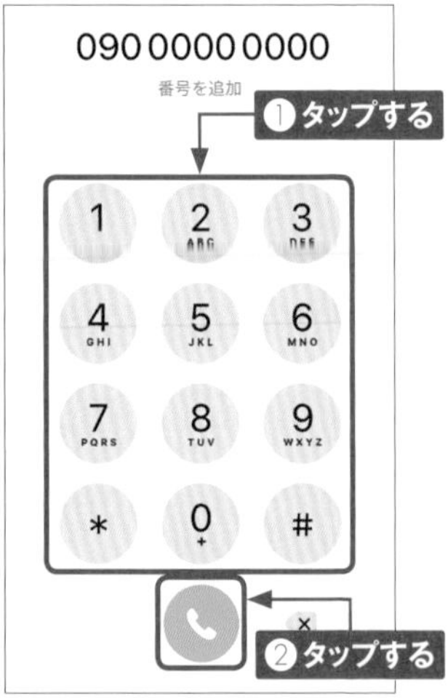

④ 相手が応答すると通話開始です。をタップすると、通話を終了します。

電話を受ける

1. iPhoneの操作中に着信のバナーが表示されたら、をタップします（MEMO参照）。

2. 通話が開始されます。通話を終えるには、をタップします。

3. 手順①でをタップすると、通話を拒否できます。

MEMO バナーが消えてしまった場合

通話中にバナーが消えてしまったときは、画面左上の背景が緑色になっている時刻をタップし、をタップします。

MEMO ロック中に着信があった場合

iPhoneがスリープ中やロック画面で着信があった場合、ロック画面にスライダーが表示されます。を右方向にスライドすると、着信に応答できます。また、サイドボタンをすばやく2回押すと、通話を拒否できます。

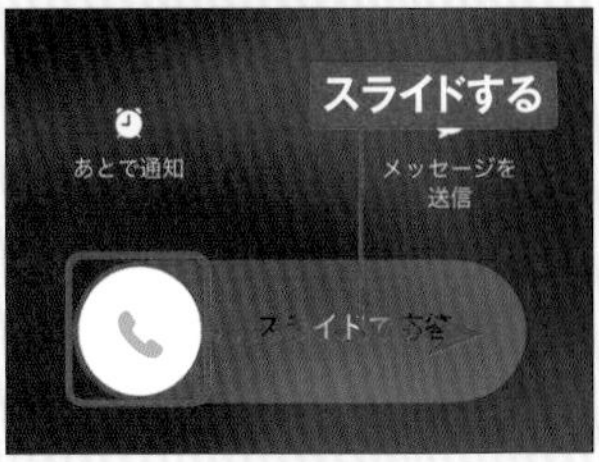

Section 11

発着信履歴を確認する

電話をかけ直すときは、発着信履歴から行うと手間をかけずに発信できます。また、発着信履歴の件数が多くなりすぎた場合は、履歴を消去して整理しましょう。

発着信履歴を確認する

① ホーム画面でをタップします。

② <履歴>をタップします。

③ 発着信履歴の一覧が表示されます。<不在着信>をタップします。

④ 発着信履歴のうち不在着信の履歴のみが表示されます。<すべて>をタップすると、手順③の画面に戻ります。

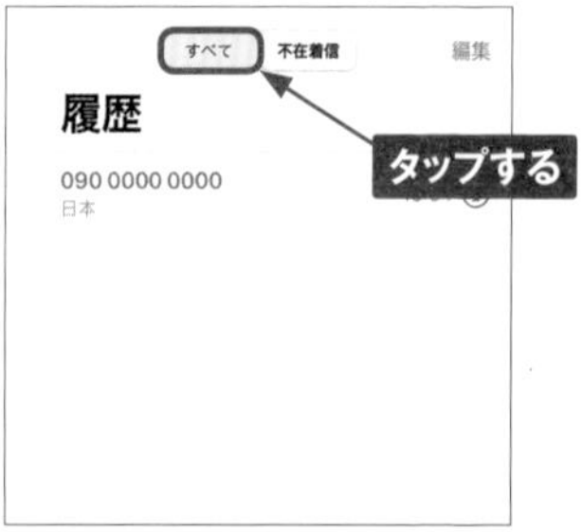

発着信履歴から発信する

① P.42手順③で通話したい相手をタップします。

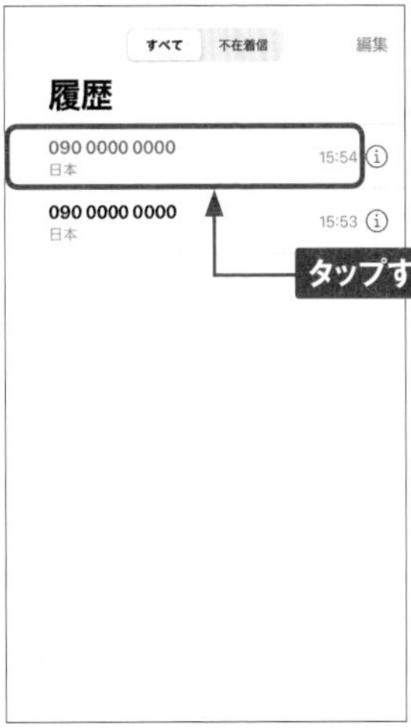

② 画面が切り替わり、発信が開始されます。

MEMO 発着信履歴を削除する

発着信履歴を削除するには、手順①の画面を表示し、画面右上の<編集>をタップします。削除したい履歴の左側にある⊖をタップすると、<削除>が表示されるので、<削除>をタップして、<完了>をタップすると削除されます。また、すべての発着信履歴を削除するには、画面左上の<消去>をタップして、<すべての履歴を消去>をタップします。

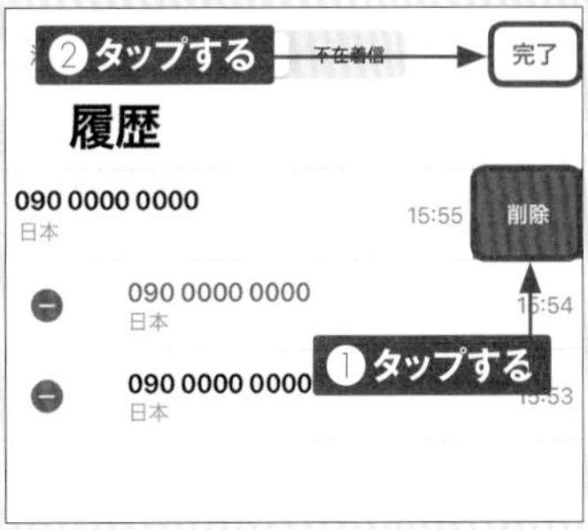

Section 12

連絡先を作成する

電話番号やメールアドレスなどの連絡先の情報を登録するには、<電話>アプリの「連絡先」を利用します。また、発着信履歴の電話番号をもとにして、連絡先を作成することも可能です。

2

連絡先を新規作成する

① ホーム画面で をタップし、<連絡先>をタップしたら、＋をタップします。

② <姓>をタップします。

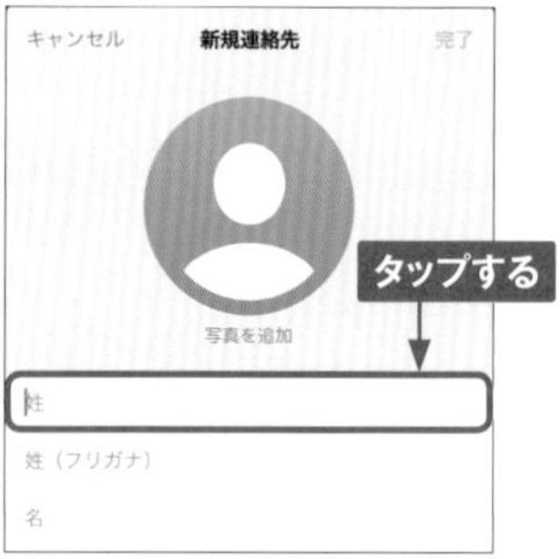

③ 登録したい相手の氏名やふりがなを入力し、<電話を追加>をタップします。

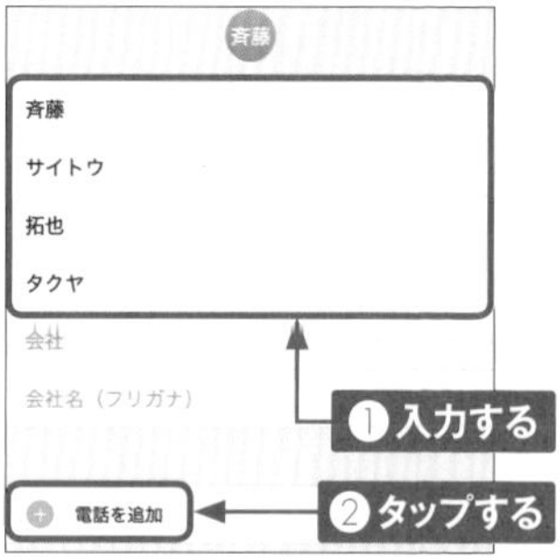

④ 電話番号を入力します。電話番号のラベルを変更したい場合は、<携帯電話>をタップします。

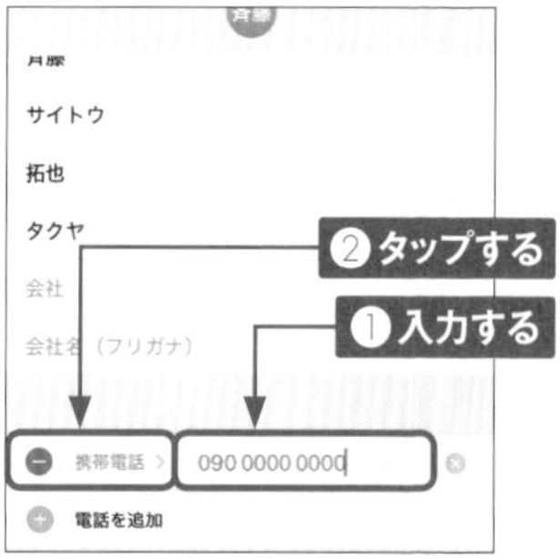

5 変更したいラベル名をタップして選択します。

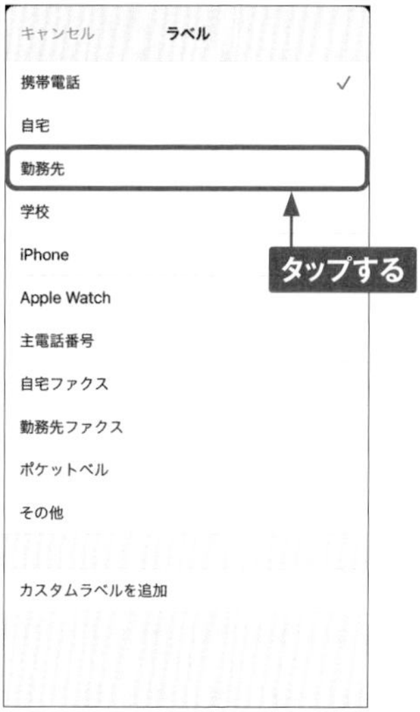

6 ラベルが変更されました。メールアドレスを登録するには、<メールを追加>をタップして、メールアドレスを入力します。

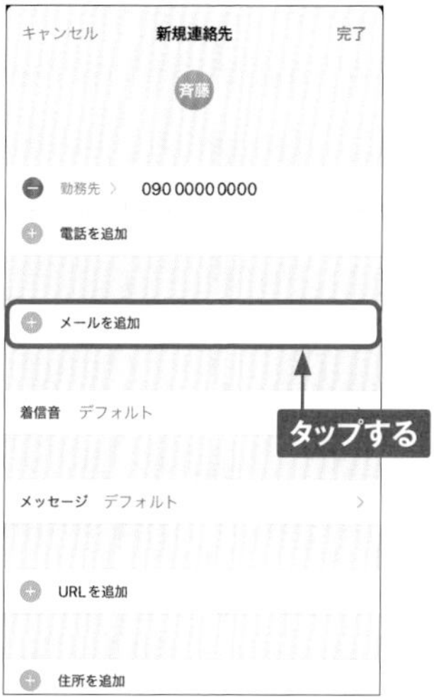

7 情報の入力が終わったら、<完了>をタップします。

MEMO

登録した連絡先に電話を発信する

P.44手順①を参考に「連絡先」画面を表示し、発信したい連絡先をタップして、電話番号をタップすると、電話を発信できます。

着信履歴から連絡先を作成する

① P.42手順③で連絡先を作成したい電話番号の右にあるⓘをタップします。

② <新規連絡先を作成>をタップします。

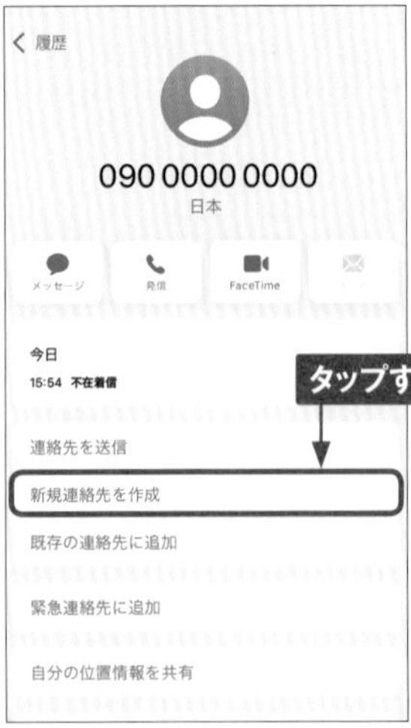

③ 電話番号が入力された状態で「新規連絡先」画面が表示されます。P.44手順②～P.45手順⑦を参考にして、連絡先を作成します。

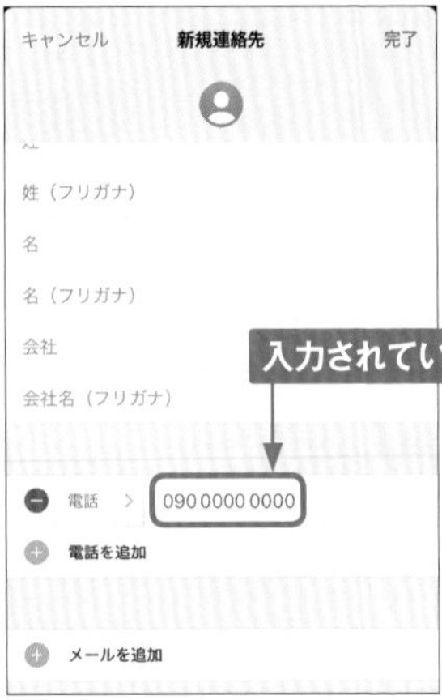

MEMO

連絡先を編集する

P.44手順①を参考に「連絡先」画面を表示し、編集したい連絡先をタップすると、連絡先の詳細画面が表示されます。画面右上の<編集>をタップして、編集したい項目をタップして情報を入力し、<完了>をタップすると編集完了です。

よく電話をかける連絡先を登録する

① P.46MEMOを参考に連絡先の詳細画面を表示し、<よく使う項目に追加>をタップします。

② 登録したいアクション（ここでは<電話>）をタップします。複数の電話番号を登録している場合は、次の画面で登録する番号をタップして選択します。

③ ホーム画面で→<よく使う項目>の順にタップし、目的の連絡先をタップするだけで、電話の発信ができるようになります。

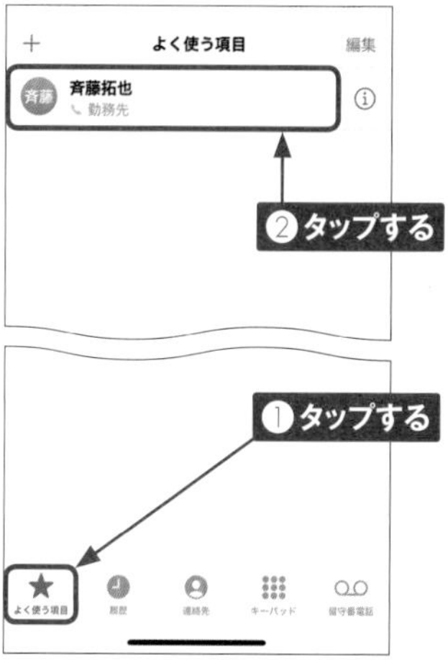

MEMO 連絡先を削除する

P.46MEMOを参考に連絡先の編集画面を表示して、画面を上方向にスワイプし、<連絡先を削除>をタップします。確認画面で<連絡先を削除>をタップすると、削除が完了します。

Section 13

留守番電話を確認する

留守番電話は、ロック画面や<電話>アプリで確認できます。留守番電話を利用するには、「お留守番サービスEX」（有料）もしくは「電話きほんパック」（有料）に加入しておく必要があります。

留守番電話を聞く

1 ホーム画面を表示し、をタップします。

2 <留守番電話>をタップします。

3 留守番電話を聞きたい相手の連絡先をタップします。

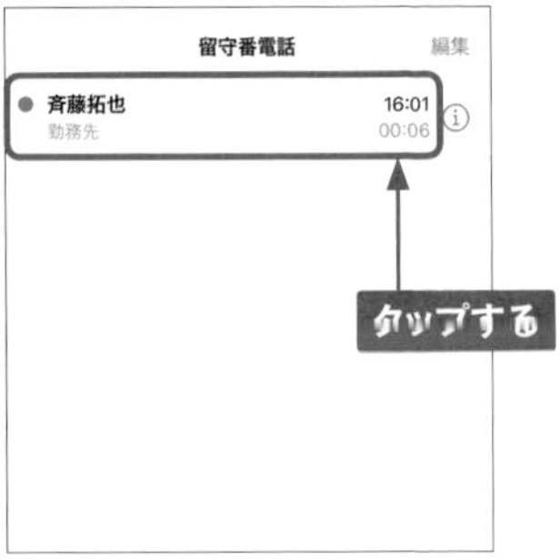

4 ▶をタップすると、保存されたメッセージを聴くことができます。

留守番電話の呼び出し時間を設定する

① P.40手順①～②を参考に＜電話＞アプリの「キーパッド」画面を表示し、「1418」と入力し、さらに留守番電話の呼び出し秒数（5～55秒。ここでは「30」）を入力して、をタップします。

② 設定が完了すると、音声案内で「設定を承りました」とアナウンスされ、通話が終了します。なお、初期状態では24秒に設定されています。

MEMO 電話きほんパックで便利に利用する

auのiPhoneで留守番電話を利用するには、オプションサービスの「お留守番サービスEX」（有料）への加入が必須となります。auではこのサービスのほか、「迷惑電話撃退サービス」（有料）、「三者通話サービス」（有料）、「待ちうた」（有料、2021年12月31日でサービス終了）の4つのサービスをセットとしている「電話きほんパック」を有料で用意しています（「割込通話サービス」（有料）もセットにした「電話きほんパック（V）」も用意されています）。「お留守番サービスEX」へ加入するのであれば、こちらを検討してみるのもよいでしょう。

Section 14

着信拒否を設定する

iPhoneでは、着信拒否機能が利用できます。なお、着信拒否が設定できるのは、発着信履歴のある相手か、「連絡先」に登録済みの相手です。

履歴から着信拒否に登録・解除する

① P.42手順①～②を参考に「履歴」画面を表示し、着信を拒否したい電話番号のⓘをタップします。

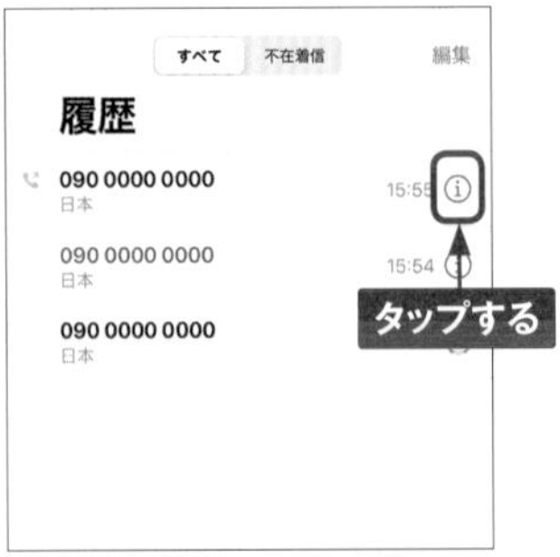

② <この発信者を着信拒否>をタップします。

③ <連絡先を着信拒否>をタップします。

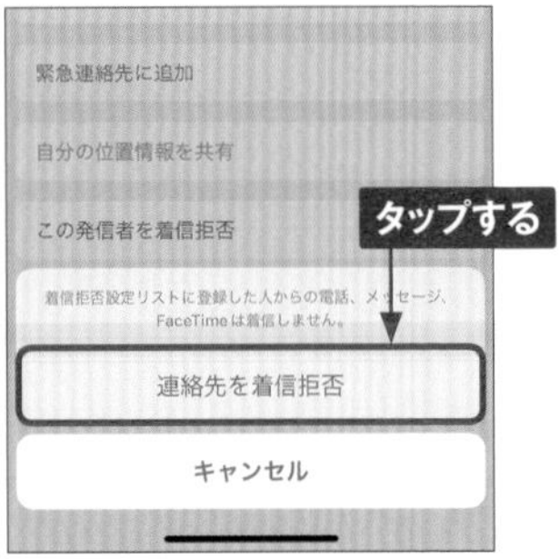

④ 着信拒否設定が完了します。<この発信者の着信拒否設定を解除>をタップすると、着信拒否設定が解除されます。

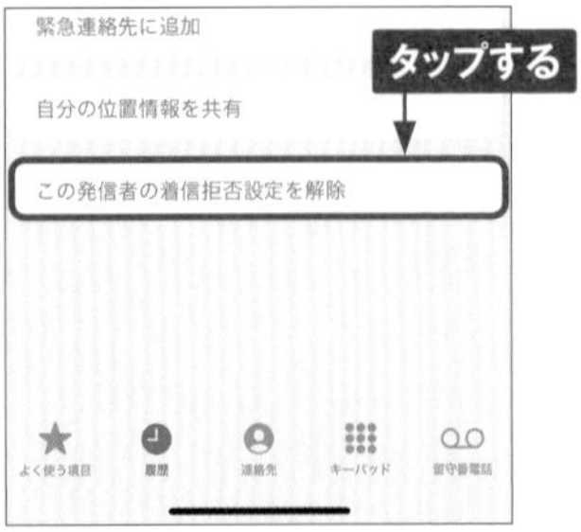

連絡先から着信を拒否する

① ホーム画面でをタップし、<連絡先>をタップします。着信を拒否したい連絡先をタップします。

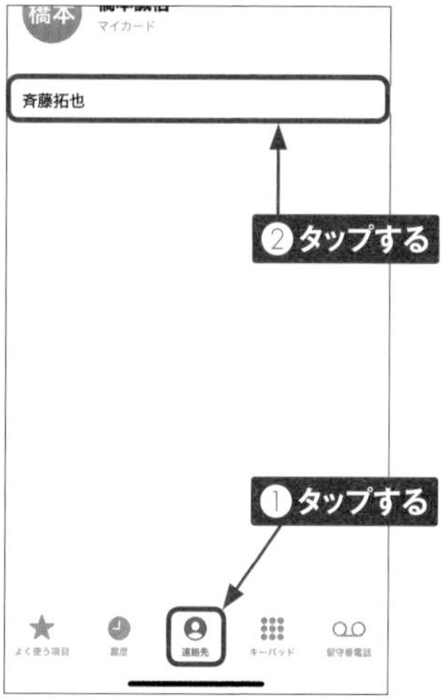

② <この発信者を着信拒否>をタップします。

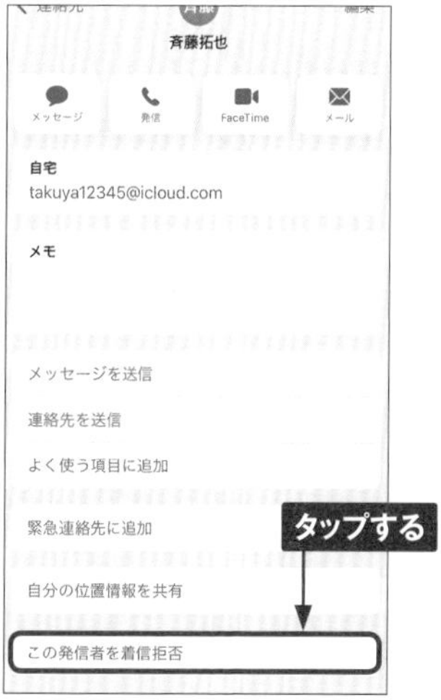

③ <連絡先を着信拒否>をタップします。

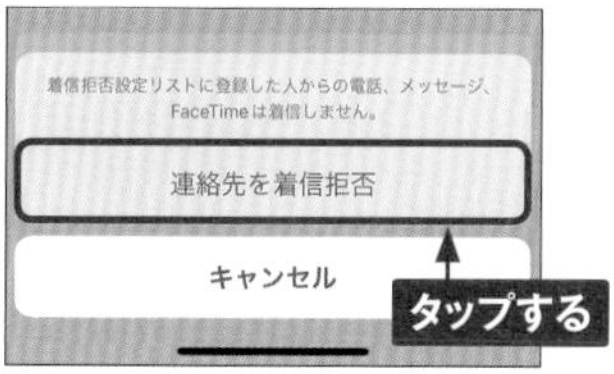

④ 着信拒否設定が完了します。<この発信者の着信拒否設定を解除>をタップすると、着信拒否設定が解除されます。

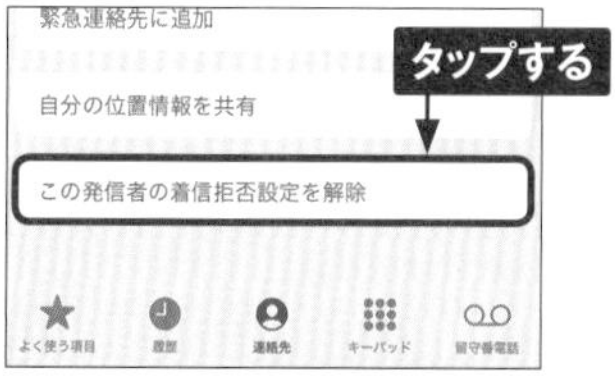

MEMO

不明な発信者を消音する

連絡先に登録していない不明な番号から着信が来た場合、「不明な発信者を消音」にする設定をしていると、着信は消音され、留守番電話に送られて、履歴に表示されます。ホーム画面から<設定>→<電話>→<不明な発信者を消音>の順にタップし、をタップしてにすると設定できます。

Section 15

音量・着信音を変更する

着信音量と着信音は、＜設定＞アプリで変更できます。標準の着信音に飽きてきたら、＜設定＞アプリの「サウンドと触覚」画面から、新しい着信音を設定してみましょう。

着信音量を調節する

1 ホーム画面で＜設定＞をタップします。

2 ＜サウンドと触覚＞をタップします。

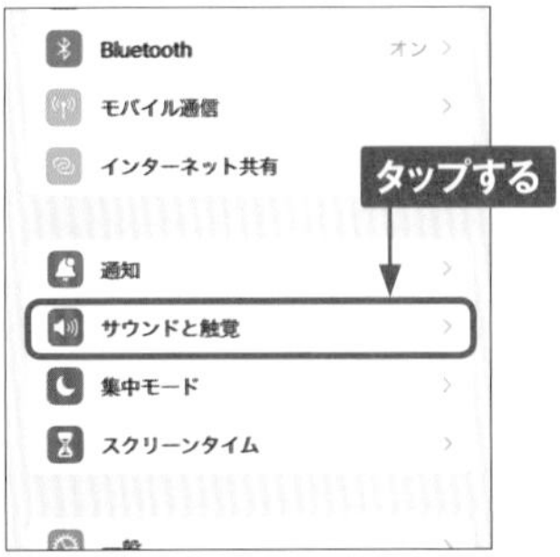

3 「着信音と通知音」の を左右にドラッグし、音量を設定します。

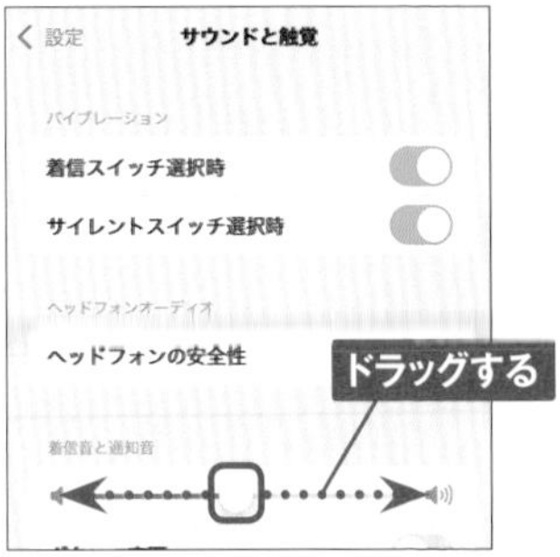

MEMO 通話音量を変更する

通話音量を変更したいときは、通話中に本体左側面の音量ボタンを押して変更します。

好きな着信音に変更する

1 P.52手順①～②を参考に「サウンドと触覚」画面を表示し、<着信音>をタップします。

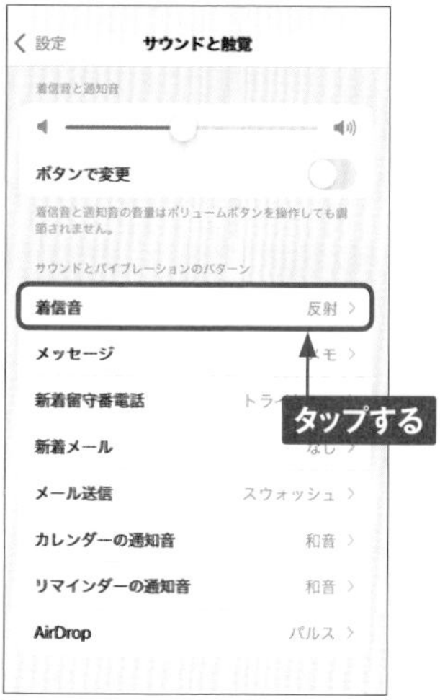

2 任意の項目をタップすると、着信音の再生が始まり、選択した項目が着信音に設定されます。<サウンドと触覚>をタップして、もとの画面に戻ります。

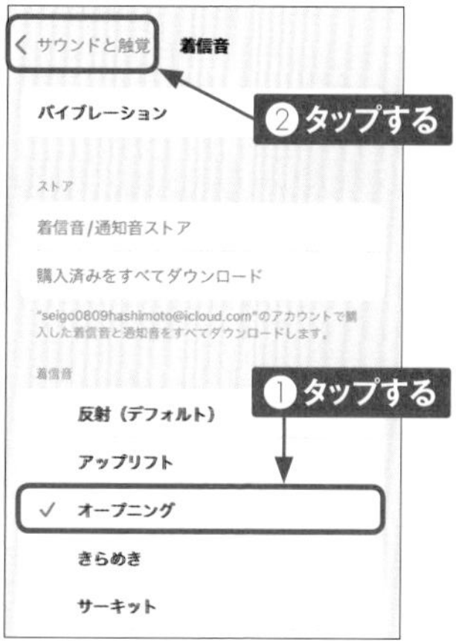

3 <メッセージ>をタップすると、メッセージ着信時の通知音を変更することができます。

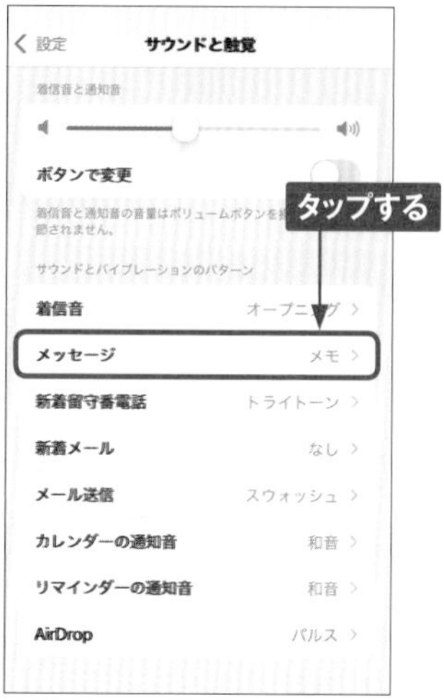

MEMO 着信音を購入する

着信音は購入することもできます。手順②の画面で<着信音/通知音ストア>をタップすると、<iTunes Store>アプリが起動し、着信音の項目に移動します。なお、着信音の購入にはApple ID（Sec.16参照）が必要です。

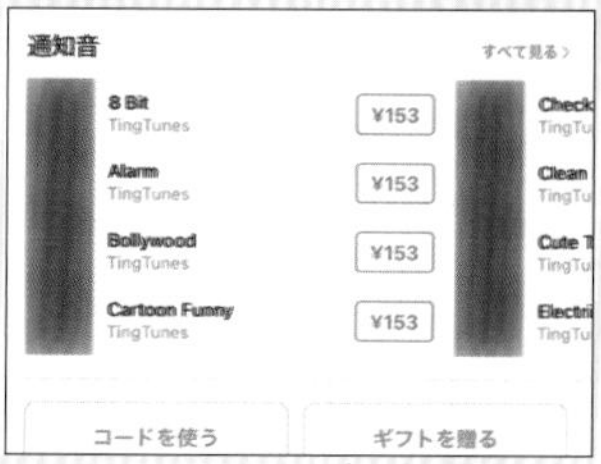

消音モードに切り替える

① 本体左側面の着信／サイレントスイッチを切り替えて、赤い帯が見える状態にします。

② iPhoneが消音モードになり、着信音と通知音、そのほかのサウンド効果が鳴らなくなります。

③ 着信／サイレントスイッチを切り替え、赤い帯が見えない状態にすると、消音モードがオフになります。

MEMO コントロールセンターから設定を切り替える

画面を右上から下方向へスワイプしてコントロールセンターを表示し、✈をタップすると「機内モード」、<集中モード>→<おやすみモード>の順にタップすると「おやすみモード」がオンになります。機内モード利用中は電話やインターネットなどのネットワーク機能がすべてオフになり、おやすみモード利用中は電話やメールの着信や通知がされなくなります。

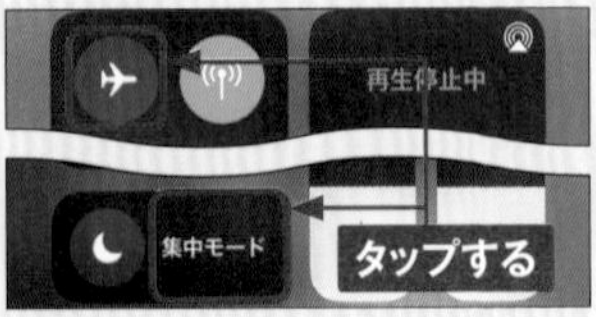

Chapter 3

基本設定を行う

Section 16 Apple IDを作成する
Section 17 Apple IDに支払い情報を登録する
Section 18 メールを設定する
Section 19 Wi-Fiを利用する

Section 16

Apple IDを作成する

Apple IDを作成すると、App StoreやiCloudといったAppleが提供するさまざまなサービスが利用できます。ここでは、iCloudメールを取得しながら、Apple IDを作成する手順を紹介します。

Apple IDを作成する

1 ホーム画面で<設定>をタップします。

2 「設定」画面が表示されるので、<iPhoneにサインイン>をタップします。「設定」画面が表示されない場合は、画面左上の＜を何度かタップします。

3 <Apple IDをお持ちでないか忘れた場合>→<Apple IDを作成>の順にタップします。

MEMO すでにApple IDを持っている場合

iPhoneを機種変更した場合など、すでにApple IDを持っている場合は、手順③の画面で「Apple ID」を入力して<次へ>をタップし、「パスワード」を入力したらP.59手順⑮へ進んでください。

4 「姓」と「名」を入力し、生年月日を上下にスワイプして設定します。<次へ>をタップします。

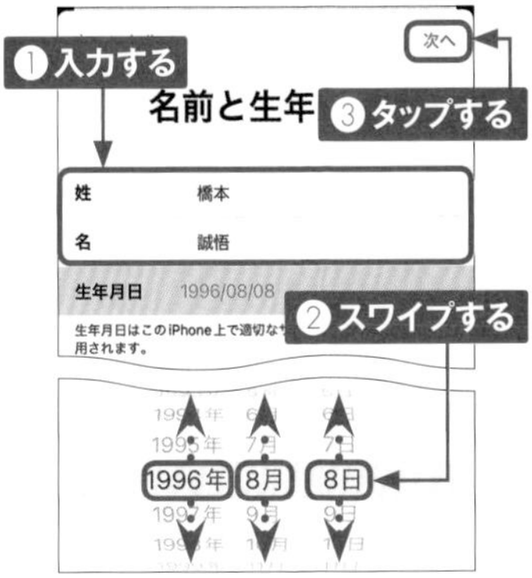

5 <メールアドレスを持っていない場合>をタップします。

6 <iCloudメールアドレスを入手する>をタップします。

7 「メールアドレス」に希望するメールアドレスを入力し、<次へ>をタップします。なお、Appleから製品やサービスに関するメールが不要な場合は、「Appleからのニュースとお知らせ」のをタップしてにしておきます。

8 <メールアドレスを作成>をタップします。

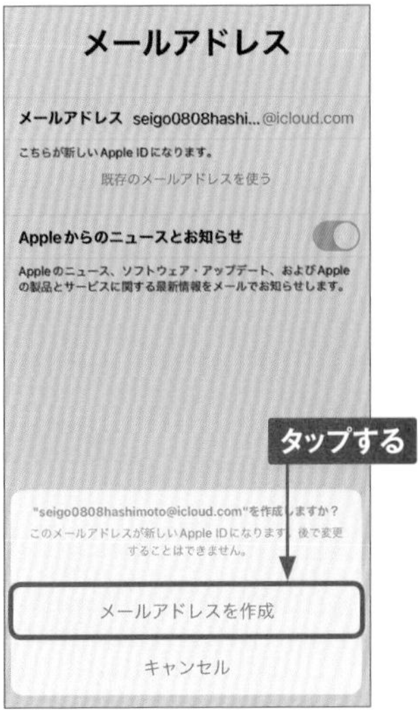

9 「パスワード」と「確認」に同じパスワードを入力し、<次へ>をタップします。なお、入力したパスワードは、絶対に忘れないようにしましょう。

く 戻る
次へ
パスワード
パスワード
確認
パスワードは8文字以上で、数字および英文字の大文字と小文字を含んでいる必要があります。
❶入力する
❷タップする

10 本人確認に使用する電話番号を確認し、<続ける>をタップします。

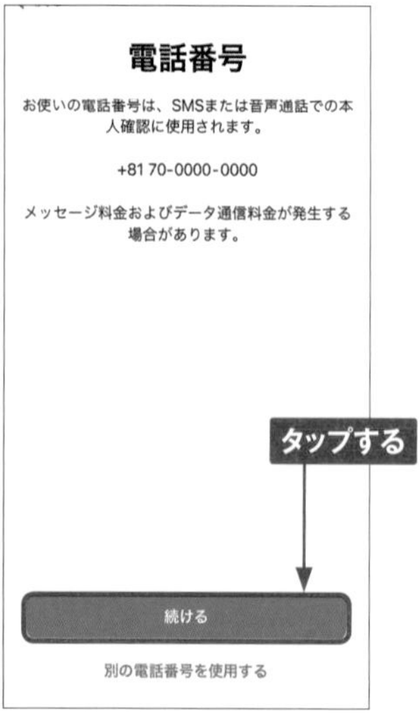

電話番号
お使いの電話番号は、SMSまたは音声通話での本人確認に使用されます。
+81 70-0000-0000
メッセージ料金およびデータ通信料金が発生する場合があります。
タップする
続ける
別の電話番号を使用する

11 「利用規約」画面が表示されるので、内容を確認します。

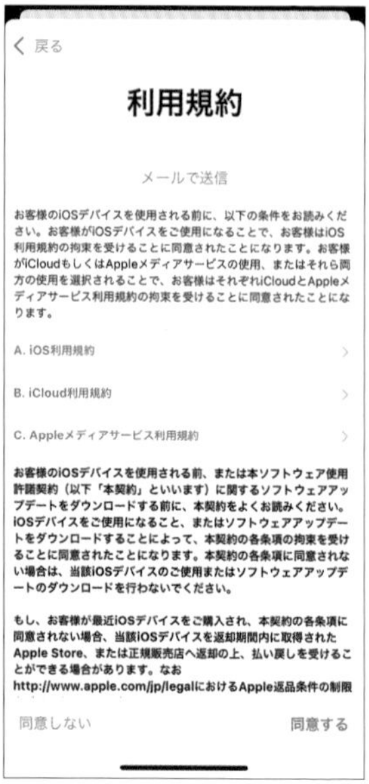

く 戻る
利用規約
メールで送信
お客様のiOSデバイスを使用される前に、以下の条件をお読みください。お客様がiOSデバイスをご使用になることで、お客様はiOS利用規約の拘束を受けることに同意されたことになります。お客様がiCloudもしくはAppleメディアサービスの使用、またはそれら両方の使用を選択されることで、お客様はそれぞれiCloudとAppleメディアサービス利用規約の拘束を受けることに同意されたことになります。
A. iOS利用規約
B. iCloud利用規約
C. Appleメディアサービス利用規約
お客様のiOSデバイスを使用される前、または本ソフトウェア使用許諾契約（以下「本契約」といいます）に関するソフトウェアアップデートをダウンロードする前に、本契約をよくお読みください。iOSデバイスをご使用になること、またはソフトウェアアップデートをダウンロードすることによって、本契約の各条項の拘束を受けることに同意されたことになります。本契約の各条項に同意されない場合は、当該iOSデバイスのご使用またはソフトウェアアップデートのダウンロードを行わないでください。
もし、お客様が最近iOSデバイスをご購入され、本契約の各条項に同意されない場合、当該iOSデバイスを返却期間内に取得されたApple Store、または正規販売店へ返却の上、払い戻しを受けることができる場合があります。なお
http://www.apple.com/jp/legalにおけるApple返品条件の制限
同意しない
同意する

MEMO 本人確認を求められた場合

2ファクタ認証の登録がされていない場合、手順9のあとに本人確認を求められるときがあります。その場合は、本人確認のコードを受け取る電話番号を確認して、確認方法を<SMS>か<音声通話>から選択してタップし、<次へ>をタップします。届いた確認コードを入力（SMSは自動入力）すると、自動的に手順11の画面が表示されます。

12 ＜同意する＞をタップします。

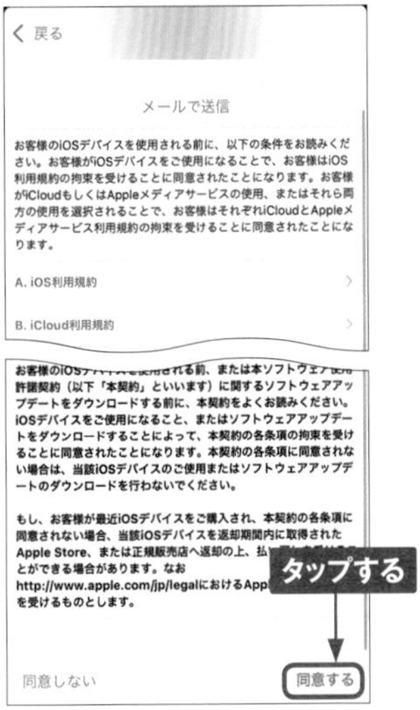
く 戻る
メールで送信
お客様のiOSデバイスを使用される前に、以下の条件をお読みください。お客様がiOSデバイスをご使用になることで、お客様はiOS利用規約の拘束を受けることに同意されたことになります。お客様がiCloudもしくはAppleメディアサービスの使用、またはそれら両方の使用を選択されることで、お客様はそれぞれiCloudとAppleメディアサービス利用規約の拘束を受けることに同意されたことになります。
A. iOS利用規約
B. iCloud利用規約
許諾契約（以下「本契約」といいます）に関するソフトウェアアップデートをダウンロードする前に、本契約をよくお読みください。iOSデバイスをご使用になること、またはソフトウェアアップデートをダウンロードすることによって、本契約の各条項の拘束を受けることに同意されたことになります。本契約の各条項に同意されない場合は、当該iOSデバイスのご使用またはソフトウェアアップデートのダウンロードを行わないでください。
もし、お客様が最近iOSデバイスをご購入され、本契約の各条項に同意されない場合、当該iOSデバイスを返却期間内に取得された
Apple Store、または正規販売店へ返却の上、払
とができる場合があります。なお
http://www.apple.com/jp/legalにおけるApp
を受けるものとします。
タップする
同意しない
同意する

13 確認画面が表示されるので、＜同意する＞をタップします。

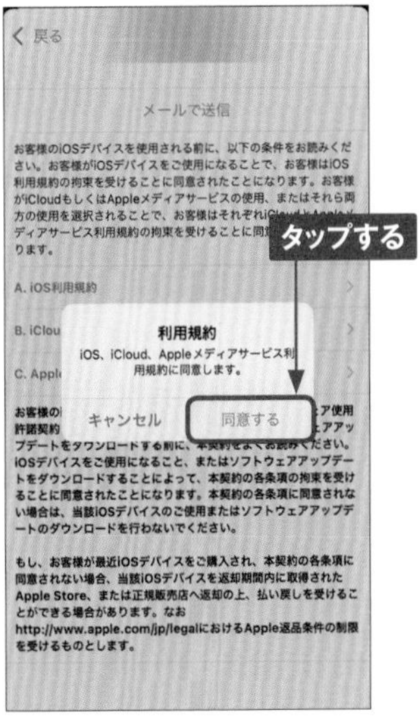
く 戻る
メールで送信
タップする
利用規約
iOS、iCloud、Appleメディアサービス利用規約に同意します。
キャンセル
同意する
iOSデバイスをご使用になること、またはソフトウェアアップデートをダウンロードすることによって、本契約の各条項の拘束を受けることに同意されたことになります。本契約の各条項に同意されない場合は、当該iOSデバイスのご使用またはソフトウェアアップデートのダウンロードを行わないでください。
もし、お客様が最近iOSデバイスをご購入され、本契約の各条項に同意されない場合、当該iOSデバイスを返却期間内に取得されたApple Store、または正規販売店へ返却の上、払い戻しを受けることができる場合があります。なお
http://www.apple.com/jp/legalにおけるApple返品条件の制限を受けるものとします。

14 Apple IDが作成されます。パスコードを設定している場合は、パスコードを入力します。

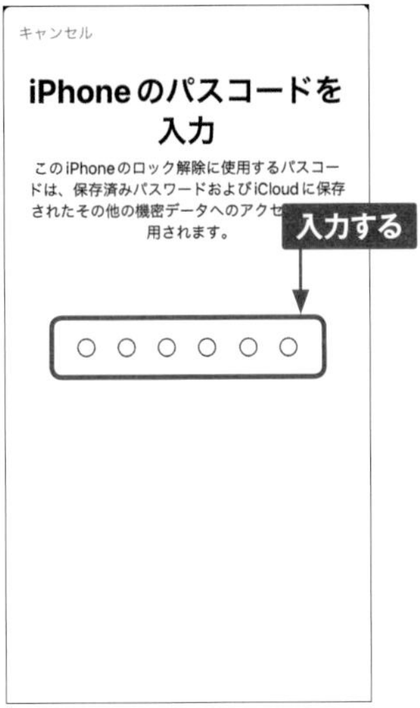
キャンセル
iPhoneのパスコードを入力
このiPhoneのロック解除に使用するパスコードは、保存済みパスワードおよびiCloudに保存されたその他の機密データへのアクセ
用されます。
入力する

15 設定が完了します。

く 設定
Apple ID
橋本誠悟
seigo0808hashimoto@icloud.com
名前、電話番号、メール
パスワードとセキュリティ
支払いと配送先 なし
iCloud 5 GB
メディアと購入 オフ
探す
ファミリー共有 詳しい情報
iPhone 13
このiPhone 13

3

Section 17

Apple IDに支払い情報を登録する

iPhoneでアプリを購入したり、音楽・動画を購入したりするには、Apple IDに支払い情報を設定します。支払い方法は、クレジットカード、キャリア決済から選べます。

Apple IDにクレジットカードを登録する

1 ホーム画面で<設定>をタップします。

2 自分の名前をタップします。

3 <支払いと配送先>をタップします。

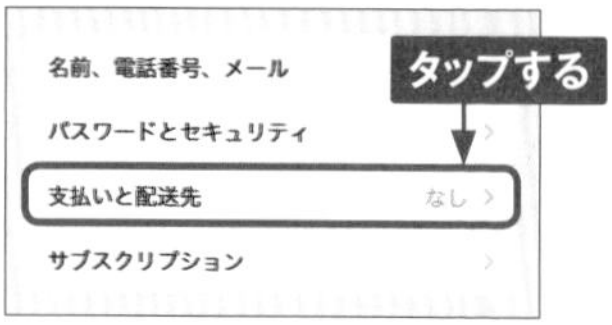

4 <お支払い方法を追加>をタップします。

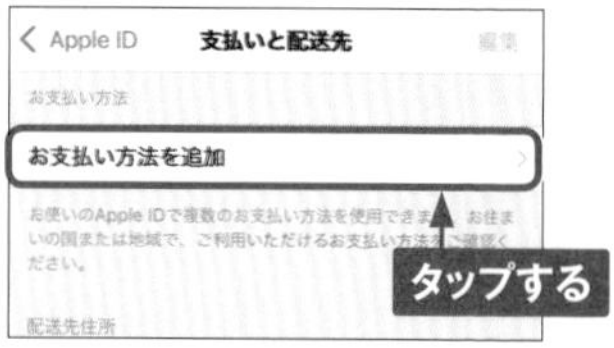

MEMO 支払い用のApple IDを登録する

すでにiPadなどのApple製品を使っていて、支払いにApple IDを登録している場合は、そのApple IDを登録すると、支払いを一本化できて便利です。iTunes StoreやApp Storeに登録するApple IDは、Sec.16で設定したApple IDと違っていても問題ありません。支払い用のApple IDの登録は、「ホーム」画面で<App Store>→(アカウントアイコン)→<サインアウト>→<サインイン>の順にタップし、支払い用のApple IDとパスワードを入力してサインインします。

5 <クレジット／デビットカード>をタップします。

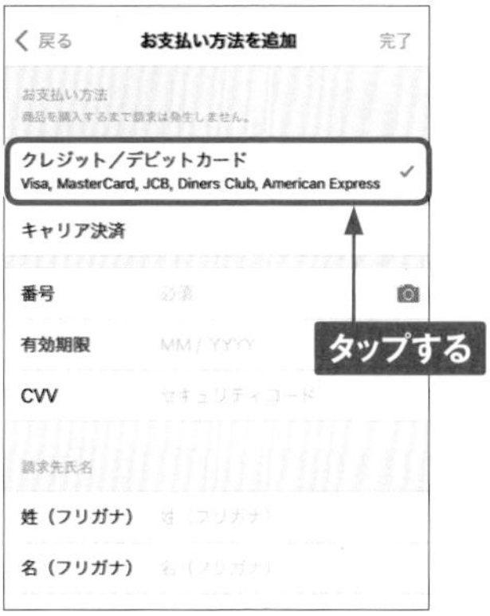

6 カード番号、有効期限、セキュリティコードを入力したら、画面を上方向にスワイプします。

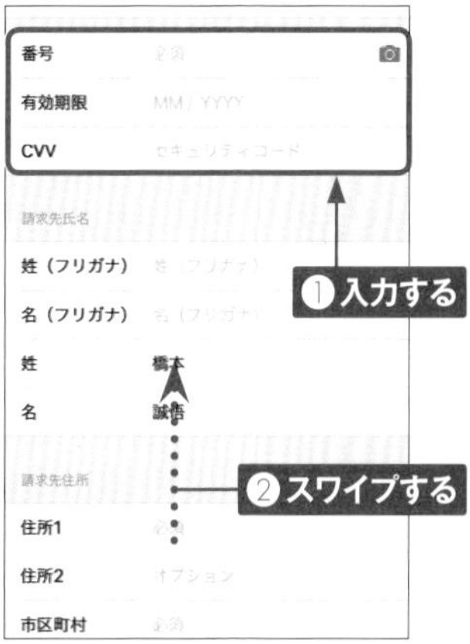

7 請求先氏名を入力します。

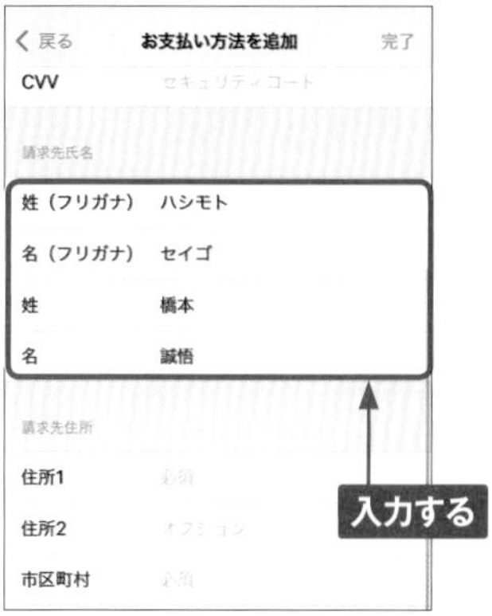

8 請求先住所を入力し、<完了>をタップします。

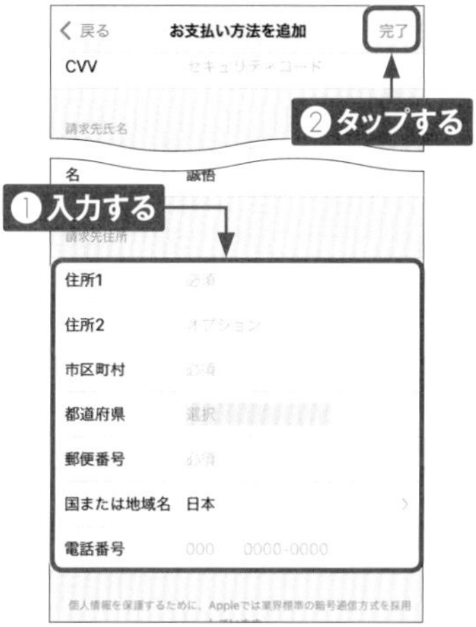

MEMO App Store&iTunesギフトカードを利用するには

支払いにクレジットカードではなく、App Store&iTunesギフトカードを利用する場合は、ホーム画面で<App Store>をタップし、→<ギフトカードまたはコードを使う>の順にタップして、画面に従って登録します。

Section 18

メールを設定する

Application

iPhoneではテキストでの連絡用に、＜メール＞と＜メッセージ＞の2つのアプリが用意されています。まずはWi-Fiを未接続にしたあと、設定を行いましょう。

＜メール＞アプリと＜メッセージ＞アプリ

iPhoneでは、＜メール＞と＜メッセージ＞というアプリを使って、相手とテキストで連絡を取り合えます。＜メール＞アプリでは、パソコンのメールソフトのように、「iCloudメール」や「Gmail」など複数のメールアカウントを設定して、それぞれ使い分けることができます。会社やプロバイダーのメールアカウント、また各キャリアで用意されているメールアカウントも登録可能です（Sec.22 ～ 25参照）。一方＜メッセージ＞アプリは、SMSとMMS、iMessageの3つのサービスが利用できます（Sec.20 ～ 21参照）。送受信した内容が吹き出しのように画面の左右に一覧表示され、これまでの履歴をすぐ確認できるのが特徴です。
auのiPhoneでは、1つのメールアカウント（キャリアメール）に対して連絡用のアプリが2つ用意されていることから、相手から連絡が来た場合、どのように受信するか事前に決めておく必要があります。＜メッセージ＞アプリで自動受信した内容を＜メール＞アプリでも手動で受信するか、＜メッセージ＞アプリは使用せず＜メール＞アプリだけで相手からの連絡をすべて送受信するかのどちらかを選べます。
本書では＜メール＞アプリで受信する方法を解説しています。＜メッセージ＞アプリで受信する方法はP.71MEMOを参照しましょう。

キャンセル
お花をありがとう！
宛先: 浅田葉月
Cc/Bcc、差出人: seigo0808hashimoto@icloud.com
件名: お花をありがとう！
さっそく飾ってみたよー

＜メール＞アプリは、携帯電話と同じようにキャリアメールを利用できます。

+81 90 0000 0000
SMS/MMS
今日 18:04
明日は何時に集合する？
12時に北口でどうかな？

＜メッセージ＞アプリは、やり取りした内容をすぐに確認できます。

初期設定を行う

1 Sec.44を参考に、<My au>をインストールしておきます。ホーム画面で<My au>をタップします。

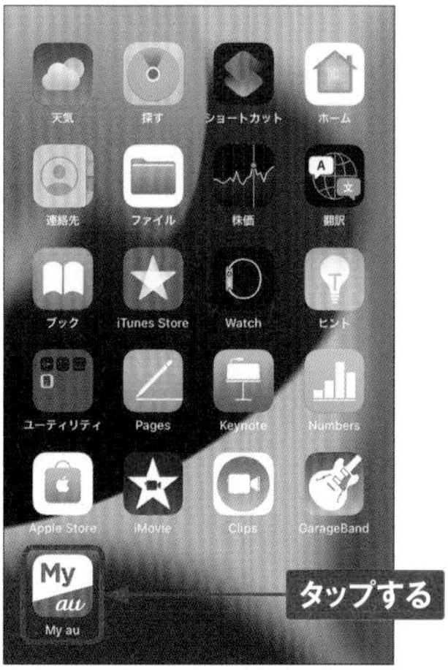

2 初回起動時は通知の送信についての確認が表示されるので、<許可>をタップします。

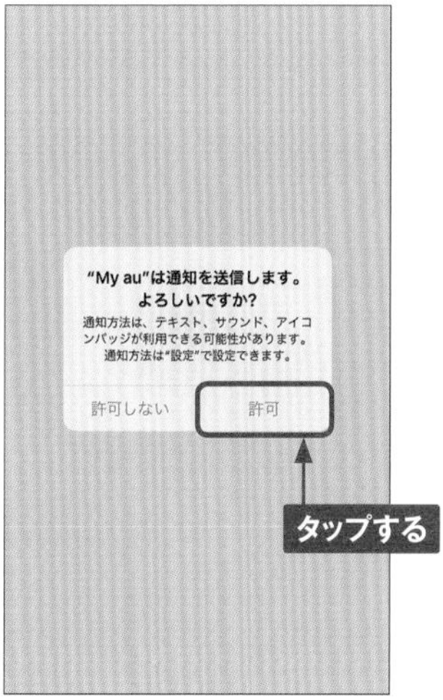

3 <au IDでログインする>をタップします。

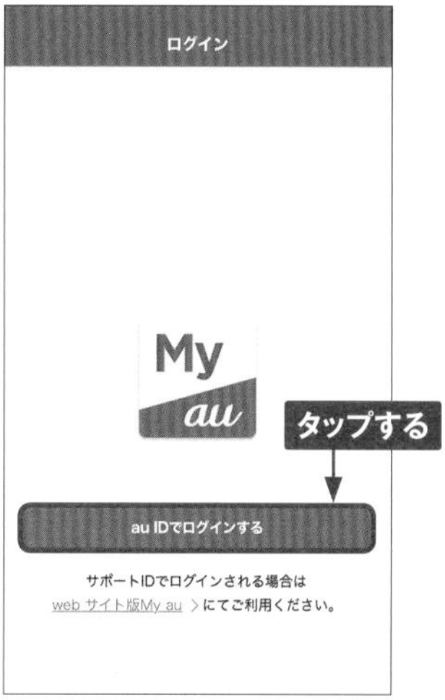

4 <SMS送信画面へ>をタップします。

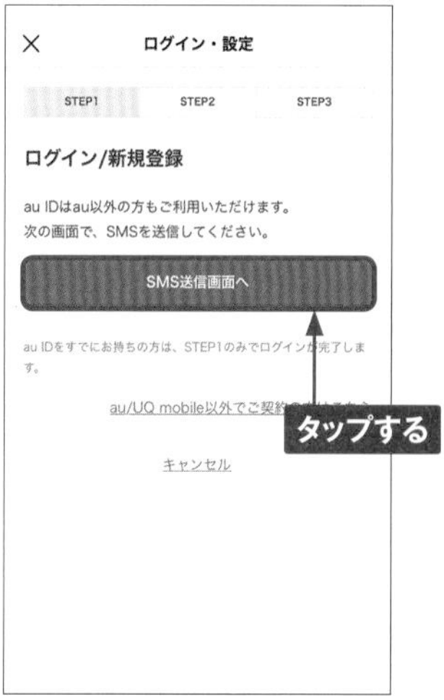

5 メール作成画面が表示されたら、そのまま をタップします。

6 <OK>をタップします。

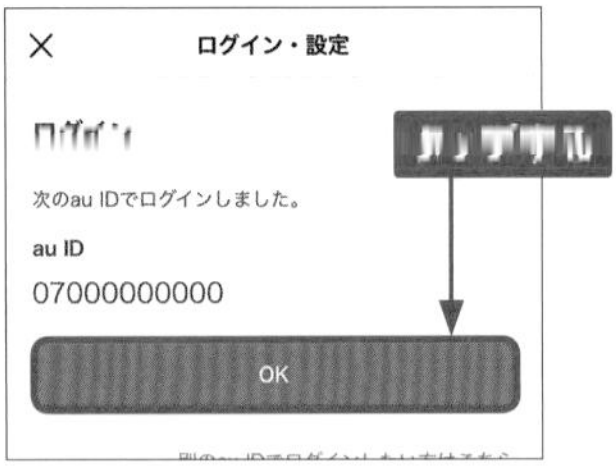

7 「利用許諾」画面が表示されるので画面を上方向にスワイプして<同意する>をタップします。

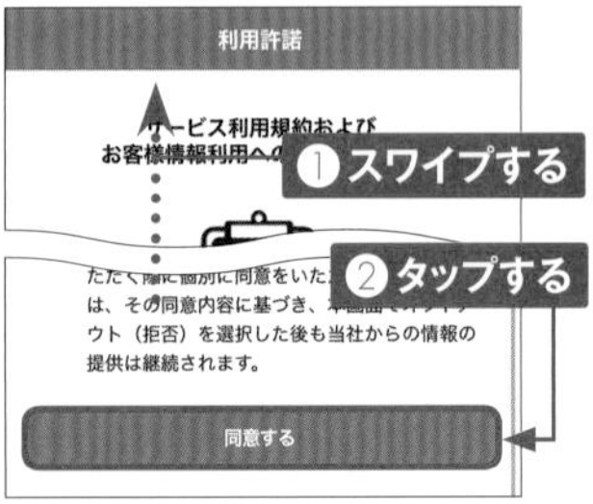

8 画面を上方向にスワイプして、<同意する>をタップします。

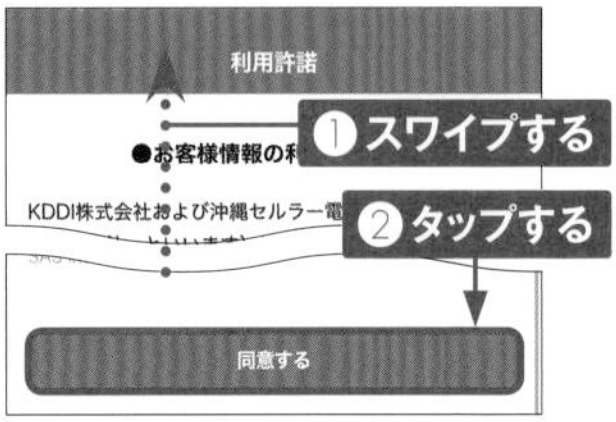

9 <同意する>をタップします。

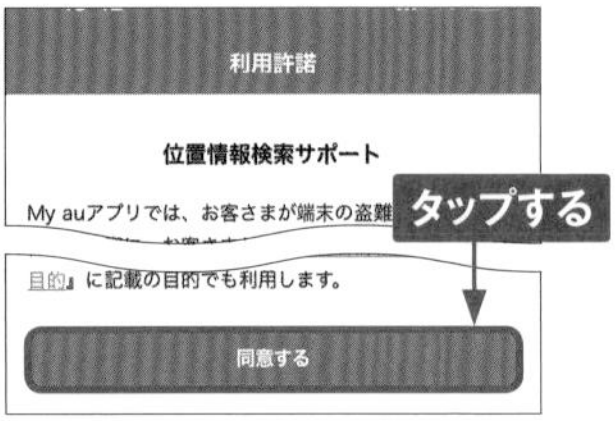

10 「ようこそMy auへ」画面が表示されたら<はじめる>をタップします。

11 <Appの使用中は許可>をタップして、アプリを終了します。

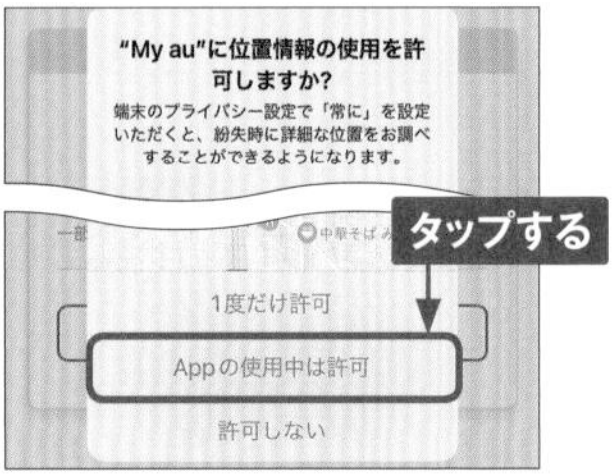

メールアドレスの利用設定を行う

1 ホーム画面でをタップします。

2 画面下部のをタップします。

3 ＜auサポート＞をタップします。

MEMO Wi-Fiに接続していたら

iPhoneがWi-Fiに接続している状態だと、メールの設定を行うことができません。もしWi-Fiに接続していたら、P.22を参考にWi-Fiを未接続に切り替えましょう。

本設定は、下記いずれかの場合、ご利用いただけません。

- Wi-Fi接続中
- VPN接続中
- iOS15以降をご利用
  かつ　iCloudプライベートリレーがオンになっている

お手数ですが、該当の機能をオフにしてから
再度アクセスしてください。
※設定完了後は、オンにしていただいて問題ありません。

3

4 画面を上方向にスワイプし、<メールなどの初期設定・その他の設定はこちら>をタップします。

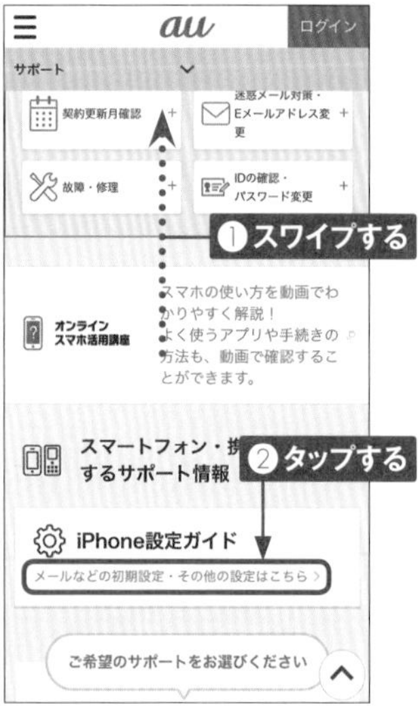
au
ログイン
サポート
契約更新月確認
迷惑メール対策・Eメールアドレス変更
故障・修理
IDの確認・パスワード変更
①スワイプする
スマホの使い方を動画でわかりやすく解説！
よく使うアプリや手続きの方法も、動画で確認することができます。
オンラインスマホ活用講座
スマートフォン・携
するサポート情報
②タップする
iPhone設定ガイド
メールなどの初期設定・その他の設定はこちら
ご希望のサポートをお選びください

5 <メールの初期設定方法>をタップします。

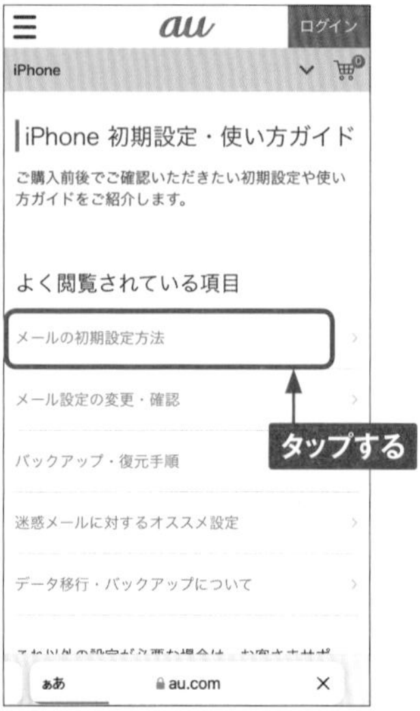
au
ログイン
iPhone
iPhone 初期設定・使い方ガイド
ご購入前後でご確認いただきたい初期設定や使い方ガイドをご紹介します。
よく閲覧されている項目
メールの初期設定方法
メール設定の変更・確認
タップする
バックアップ・復元手順
迷惑メールに対するオススメ設定
データ移行・バックアップについて
ぁあ
au.com

6 <メール初期設定へ>をタップします。

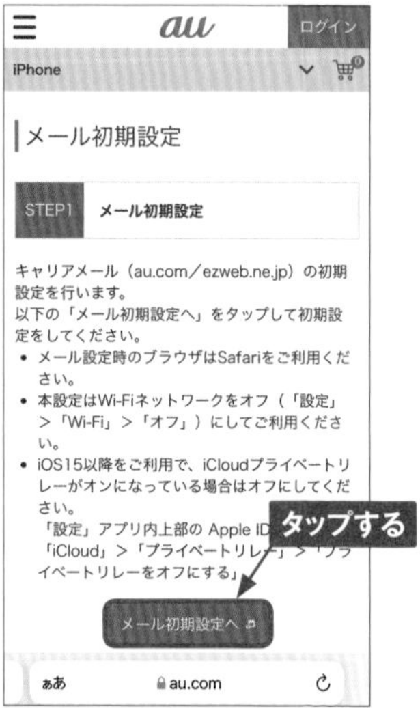
au
ログイン
iPhone
メール初期設定
STEP1 メール初期設定
キャリアメール（au.com／ezweb.ne.jp）の初期設定を行います。
以下の「メール初期設定へ」をタップして初期設定をしてください。
メール設定時のブラウザはSafariをご利用ください。
本設定はWi-Fiネットワークをオフ（「設定」>「Wi-Fi」>「オフ」）にしてご利用ください。
iOS15以降をご利用で、iCloudプライベートリレーがオンになっている場合はオフにしてください。
タップする
メール初期設定へ
ぁあ
au.com

7 電話番号を入力し、<次へ>をタップします。

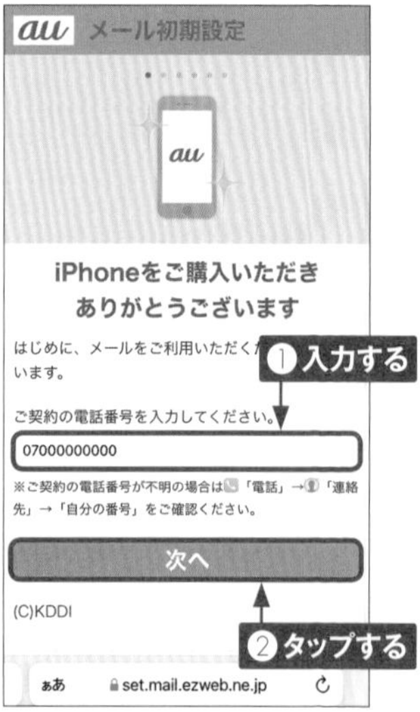
au メール初期設定
au
iPhoneをご購入いただき
ありがとうございます
①入力する
ご契約の電話番号を入力してください。
07000000000
※ご契約の電話番号が不明の場合は「電話」→「連絡先」→「自分の番号」をご確認ください。
次へ
(C)KDDI
②タップする
ぁあ
set.mail.ezweb.ne.jp

8 <次へ>をタップします。

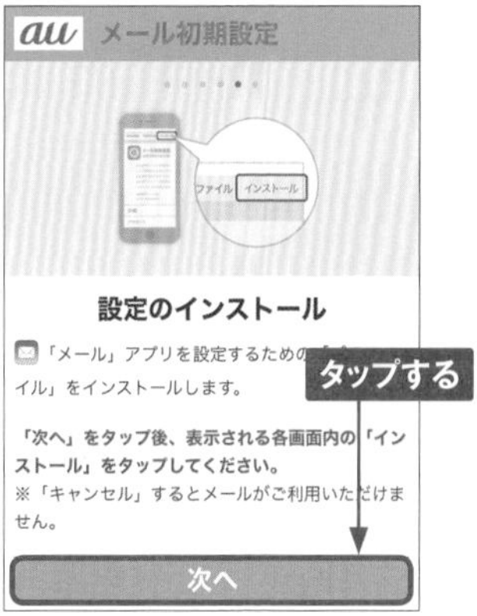

au メール初期設定
ファイル インストール
設定のインストール
「メール」アプリを設定するための「プ
イル」をインストールします。
「次へ」をタップ後、表示される各画面内の「インストール」をタップしてください。
※「キャンセル」するとメールがご利用いただけません。
次へ
タップする

9 <許可>をタップします。

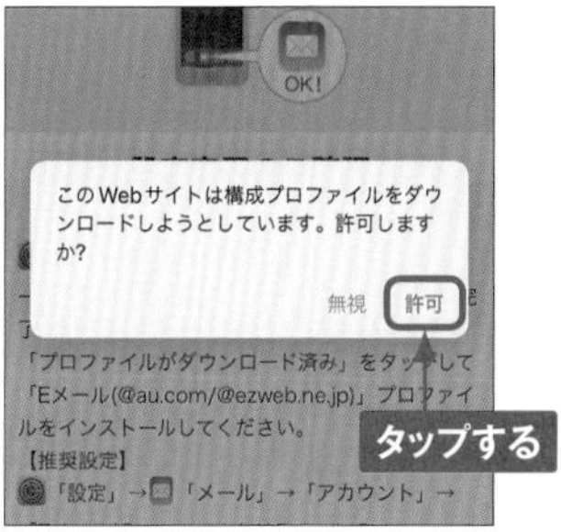

OK!
このWebサイトは構成プロファイルをダウンロードしようとしています。許可しますか?
無視
許可
「プロファイルがダウンロード済み」をタップして
「Eメール(@au.com/@ezweb.ne.jp)」プロファイルをインストールしてください。
【推奨設定】
「設定」→「メール」→「アカウント」→
タップする

10 <閉じる>をタップします。

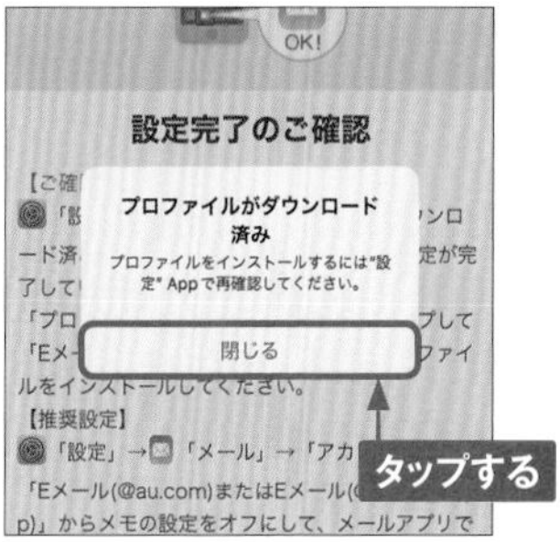

OK!
設定完了のご確認
プロファイルがダウンロード済み
プロファイルをインストールするには"設定" App で再確認してください。
閉じる
ルをインストールしてください。
【推奨設定】
「設定」→「メール」→「アカ
「Eメール(@au.com)またはEメール(
p)」からメモの設定をオフにして、メールアプリで
タップする

11 ホーム画面で<設定>をタップし、<プロファイルがダウンロード済み>をタップします。

設定
橋本誠悟
Apple ID、iCloud、メディアと
AppleCare 保証を追加できます
今から 26 日以内であれば、この iPhone に AppleCare+ 保証を追加できます。
プロファイルがダウンロード済み
機内モード
Wi-Fi オフ
Bluetooth オン
モバイル通信
インターネット共有 オフ
通知
タップする

12 <インストール>をタップします。

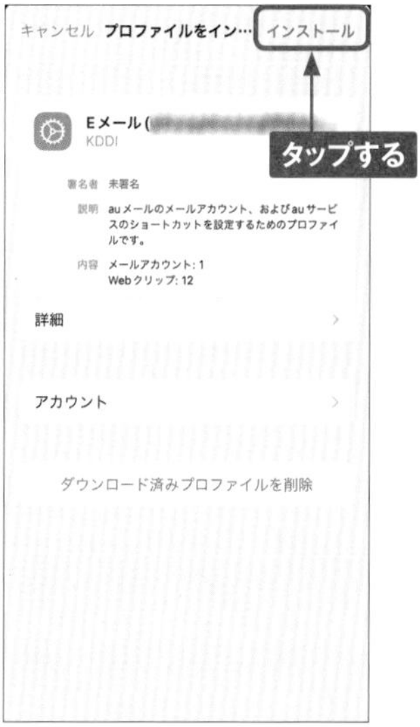

キャンセル プロファイルをイン… インストール
Eメール(
KDDI
署名者 未署名
説明 auメールのメールアカウント、およびauサービスのショートカットを設定するためのプロファイルです。
内容 メールアカウント: 1
Webクリップ: 12
詳細
アカウント
ダウンロード済みプロファイルを削除
タップする

3

13 パスコードを設定している場合は、パスコードの入力画面が表示されます。パスコードを入力します。

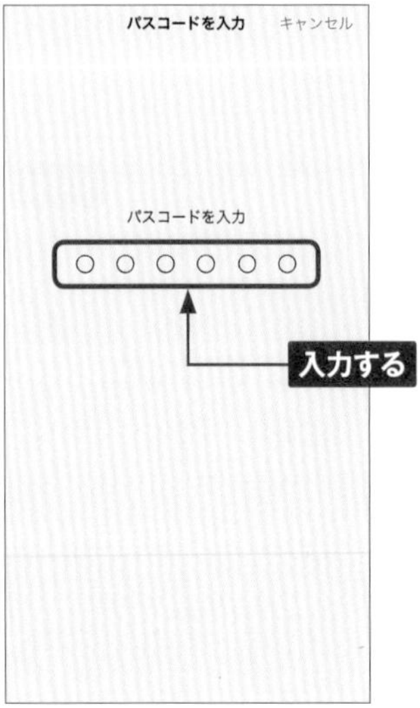

14 「警告」画面が表示されたら、＜インストール＞をタップします。

15 ＜インストール＞をタップします。

16 ＜完了＞をタップすると設定が完了します。

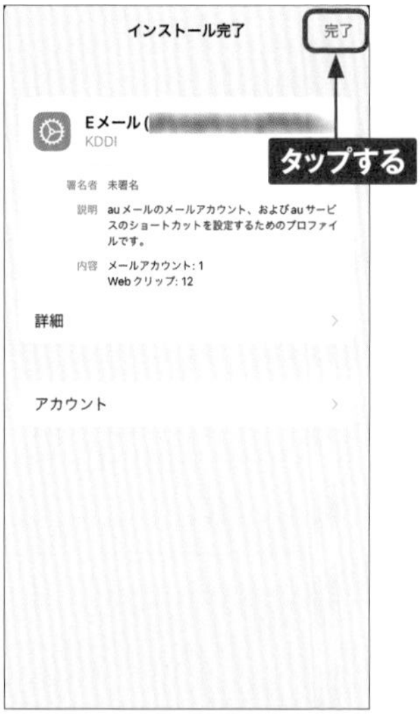

メールアドレスを変更する

1 P.66手順⑥の画面で上方向にスワイプし、＜メール関連のその他の設定はこちら＞をタップします。

レーがオンになっている場合はオフにしてください。
「設定」アプリ内上部の Apple ID ＞「iCloud」＞「プライベートリレー」＞「プライベートリレーをオ
❶スワイプする
メール初期設定へ
機種変更ご利用時の注意点
iPhoneからiPhoneへの機種変更のお客さまのうち、機種変更前にiCloud・iTunesでバックアップを行われたお客さまは、「STEP 0：iPhoneからの復元」を行っておく必要があります。
詳細はこちら
初期設定の方法はこちらをご覧く
❷タップする
メール初期設定方法はこちら
メール関連のその他の設定はこちら

2 ＜メール設定画面へ＞をタップします。au IDのログイン画面が表示された場合は、ログインしてください。

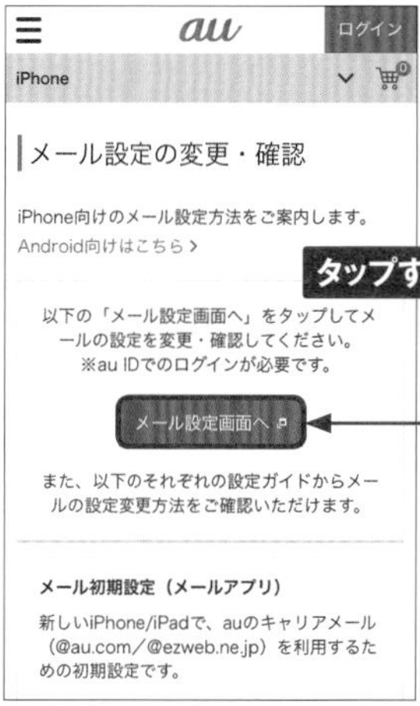
ログイン
iPhone
メール設定の変更・確認
iPhone向けのメール設定方法をご案内します。
Android向けはこちら
タップする
以下の「メール設定画面へ」をタップしてメールの設定を変更・確認してください。
※au IDでのログインが必要です。
メール設定画面へ
また、以下のそれぞれの設定ガイドからメールの設定変更方法をご確認いただけます。
メール初期設定（メールアプリ）
新しいiPhone/iPadで、auのキャリアメール（@au.com／@ezweb.ne.jp）を利用するための初期設定です。

3 ＜メールアドレス変更・迷惑メールフィルター・自動転送＞をタップします。

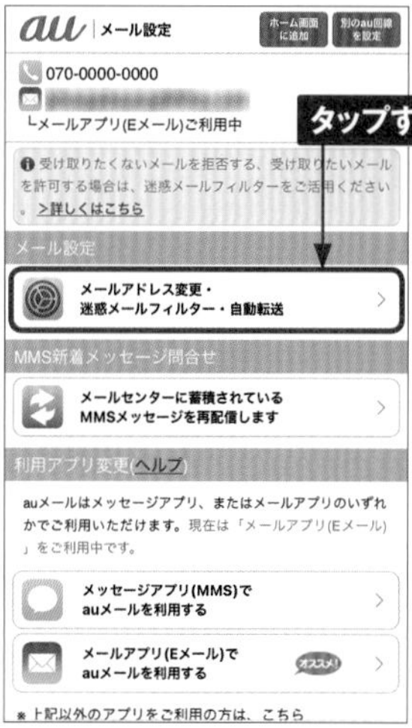
メール設定
ホーム画面に追加
別のau回線を設定
070-0000-0000
└メールアプリ(Eメール)ご利用中
タップする
受け取りたくないメールを拒否する、受け取りたいメールを許可する場合は、迷惑メールフィルターをご活用ください。>詳しくはこちら
メール設定
メールアドレス変更・迷惑メールフィルター・自動転送
MMS新着メッセージ問合せ
メールセンターに蓄積されているMMSメッセージを再配信します
利用アプリ変更(ヘルプ)
auメールはメッセージアプリ、またはメールアプリのいずれかでご利用いただけます。現在は「メールアプリ(Eメール)」をご利用中です。
メッセージアプリ(MMS)でauメールを利用する
メールアプリ(Eメール)でauメールを利用する
オススメ!
※上記以外のアプリをご利用の方は、こちら

4 ＜メールアドレスの変更へ＞をタップします。

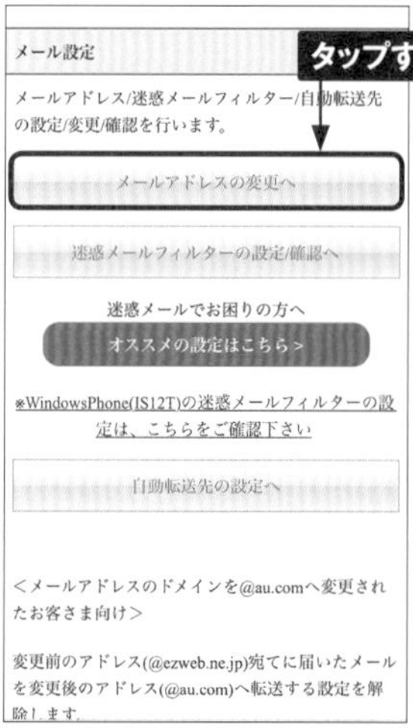
メール設定
タップする
メールアドレス/迷惑メールフィルター/自動転送先の設定/変更/確認を行います。
メールアドレスの変更へ
迷惑メールフィルターの設定/確認へ
迷惑メールでお困りの方へ
オススメの設定はこちら＞
※WindowsPhone(IS12T)の迷惑メールフィルターの設定は、こちらをご確認下さい
自動転送先の設定へ
＜メールアドレスのドメインを@au.comへ変更されたお客さま向け＞
変更前のアドレス(@ezweb.ne.jp)宛てに届いたメールを変更後のアドレス(@au.com)へ転送する設定を解

3

5 契約時に設定した4桁の暗証番号を入力し、＜送信＞をタップします。

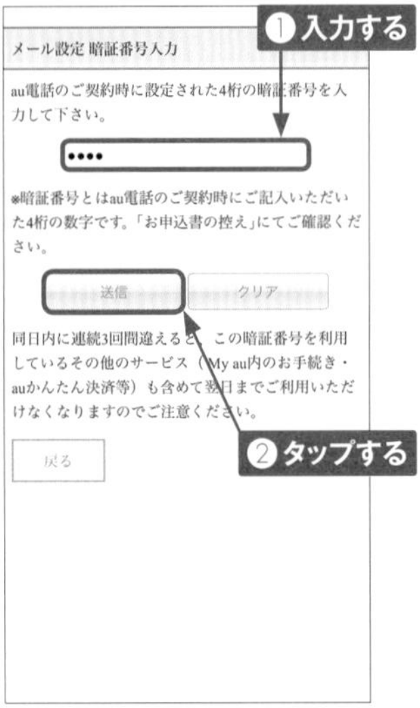

①入力する
メール設定 暗証番号入力
au電話のご契約時に設定された4桁の暗証番号を入力して下さい。
••••
※暗証番号とはau電話のご契約時にご記入いただいた4桁の数字です。「お申込書の控え」にてご確認ください。
送信
クリア
同日内に連続3回間違えると、この暗証番号を利用しているその他のサービス（My au内のお手続き・auかんたん決済等）も含めて翌日までご利用いただけなくなりますのでご注意ください。
戻る
②タップする

6 ＜承諾する＞をタップします。

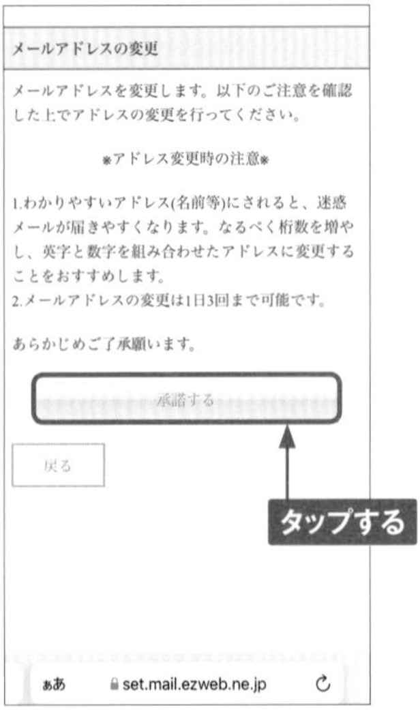

メールアドレスの変更
メールアドレスを変更します。以下のご注意を確認した上でアドレスの変更を行ってください。
※アドレス変更時の注意※
1.わかりやすいアドレス(名前等)にされると、迷惑メールが届きやすくなります。なるべく桁数を増やし、英字と数字を組み合わせたアドレスに変更することをおすすめします。
2.メールアドレスの変更は1日3回まで可能です。
あらかじめご了承願います。
承諾する
戻る
タップする
ぁあ set.mail.ezweb.ne.jp

7 希望するメールアドレスの「@au.com」以前の部分を半角英数字30文字以内で入力します。入力が完了したら＜送信＞をタップします。

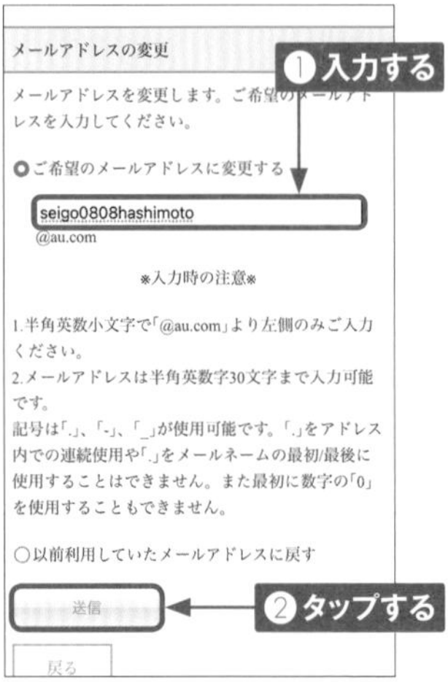

メールアドレスの変更
①入力する
メールアドレスを変更します。ご希望のメールアドレスを入力してください。
ご希望のメールアドレスに変更する
seigo0808hashimoto
@au.com
※入力時の注意※
1.半角英数小文字で「@au.com」より左側のみご入力ください。
2.メールアドレスは半角英数字30文字まで入力可能です。
記号は「.」、「-」、「_」が使用可能です。「.」をアドレス内での連続使用や「.」をメールネームの最初/最後に使用することはできません。また最初に数字の「0」を使用することもできません。
以前利用していたメールアドレスに戻す
送信
②タップする
戻る

8 入力したメールアドレスを確認し、＜OK＞をタップします。

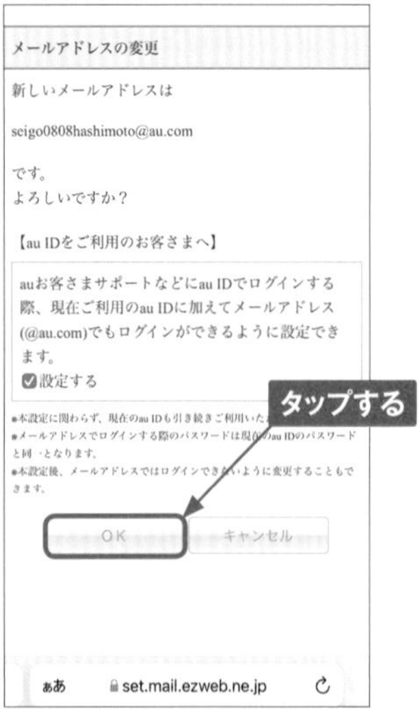

メールアドレスの変更
新しいメールアドレスは
seigo0808hashimoto@au.com
です。
よろしいですか？
【au IDをご利用のお客さまへ】
auお客さまサポートなどにau IDでログインする際、現在ご利用のau IDに加えてメールアドレス(@au.com)でもログインができるように設定できます。
設定する
タップする
OK
キャンセル
ぁあ set.mail.ezweb.ne.jp

9 メールアドレスの変更が完了し、変更後のメールアドレスを記載したSMSが届きます。画面下部を上方向にスワイプしてホーム画面に戻ります。

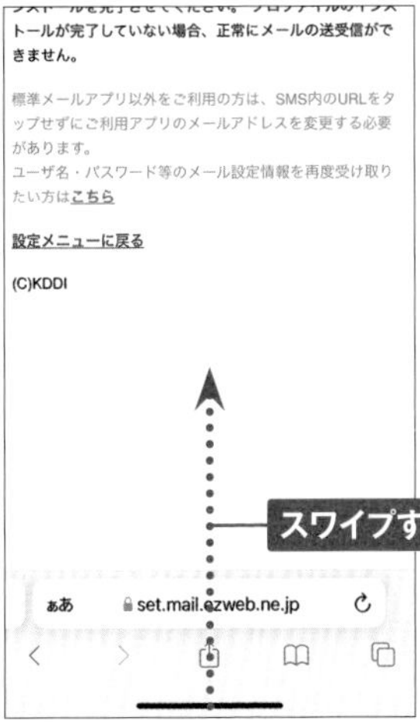

10 ホーム画面でをタップします。設定が必要な旨が表示されたら、<キャンセル>をタップします。受信したメッセージを表示し、本文中のURLをタップします。

11 <許可>をタップします。

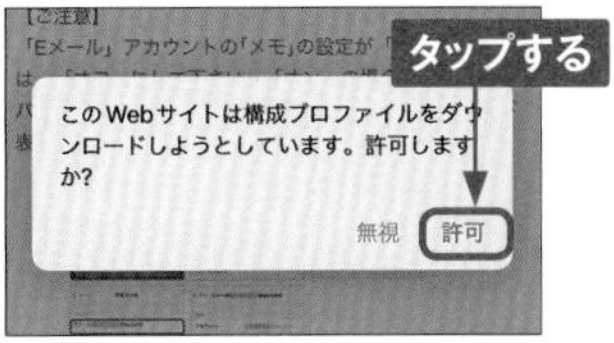

12 P.67手順⑩以降を参考にプロファイルをインストールします。

MEMO

<メッセージ>アプリでキャリアメールを受信する

<メッセージ>アプリでキャリアメール(auメール)を受信するには、P.69手順③の画面で<メッセージアプリ(MMS)でauメールを利用する>をタップし、次の画面で<メッセージアプリ(MMS)利用設定>をタップして設定します。

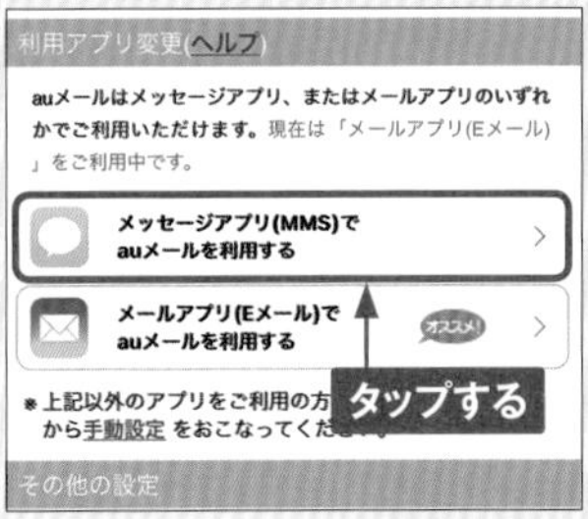

Wi-Fiを利用する

Wi-Fi（無線LAN）を利用してインターネットに接続しましょう。ほとんどのWi-Fiにはパスワードが設定されているので、Wi-Fi接続前に必要な情報を用意しておきましょう。

Wi-Fiに接続する

1 ホーム画面で<設定>→<Wi-Fi>の順にタップします。

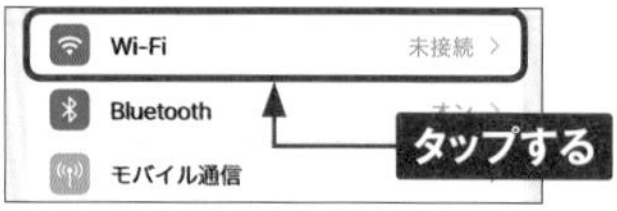

2 「Wi-Fi」が であることを確認し、利用するネットワークをタップします。

3 接続に必要なパスワードを入力し、<接続>をタップします。

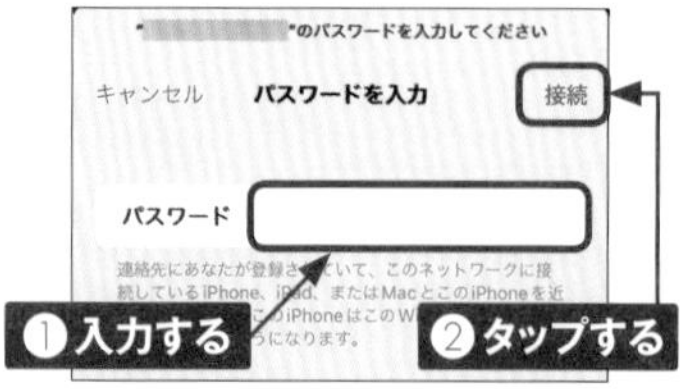

4 接続に成功すると右上に が表示され、接続したネットワーク名に✓が表示されます。

MEMO au Wi-Fi SPOTに接続する

au Wi-Fi SPOTのサービスエリアでは、手順②の「Wi-Fi」が であれば、auが提供する公衆Wi-Fiサービスに自動的に接続できます。詳細は「https://www.au.com/mobile/service/wifi/wifi-spot/」を参考にしてください。

手動でWi-Fiを設定する

1 P.72手順②で一覧に接続するネットワーク名が表示されないときは、<その他>をタップします。

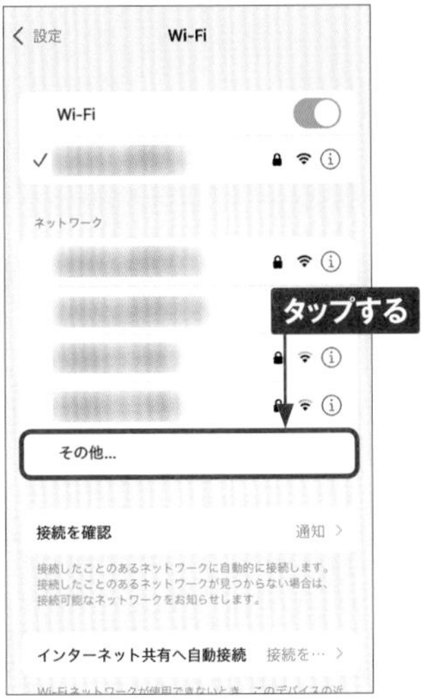

2 ネットワーク名（SSID）を入力し、<セキュリティ>をタップします。

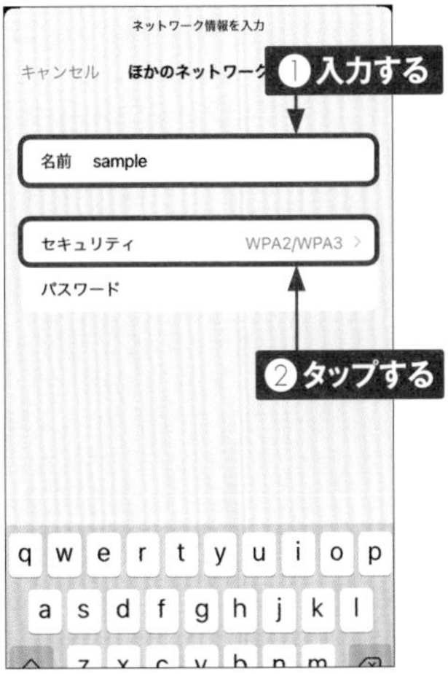

3 設定されているセキュリティの種類をタップして、<戻る>をタップします。

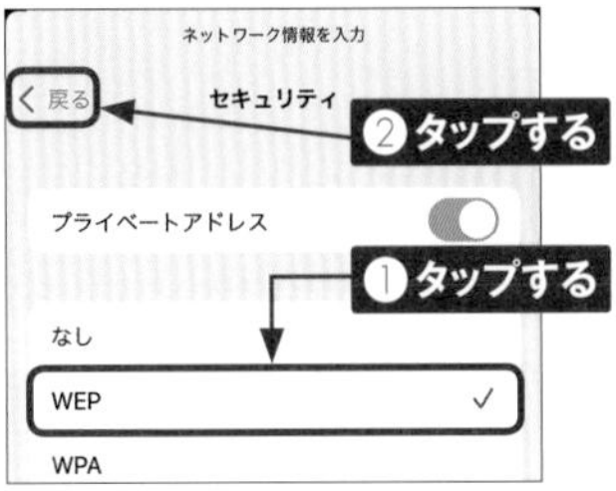

4 パスワードを入力し、<接続>をタップすると、Wi-Fiに接続されます。

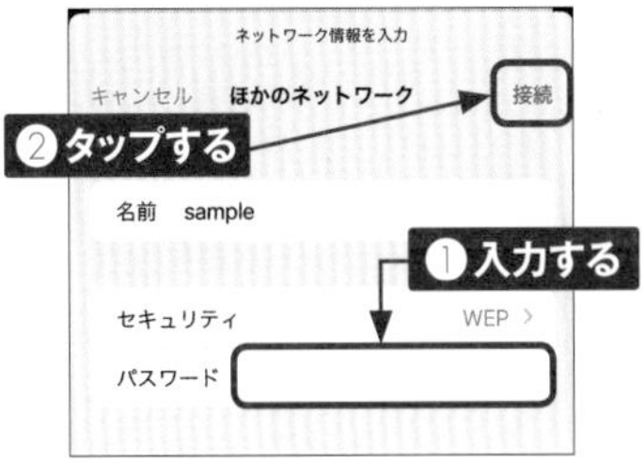

MEMO プライベートアドレス

プライバシーリスク軽減のため、標準では各Wi-Fiネットワークで、ランダムに割り振られた個別のWi-Fi MACアドレス（プライベートアドレス）を使用します。プライベートアドレスをオフにするには、手順①の画面で、ネットワーク名の右の ⓘ をタップし、<プライベートアドレス>をタップします。

MEMO アプリの位置情報

iPhoneでは、GPSやWi-Fiスポット、携帯電話の基地局などを利用して現在地の位置情報を取得することができます。その位置情報をアプリ内で利用するには、アプリごとに許可が必要です。アプリの起動時や使用中に位置情報の利用を許可するかどうかの画面が表示された場合、＜Appの使用中は許可＞または＜1度だけ許可＞をタップすることで、そのアプリ内での位置情報の利用が可能となります。
位置情報を利用することで、Twitterで自分の現在地を知らせたり、Facebookで現在地のスポットを表示したりと、便利に活用することができます。しかし、うっかり自宅の位置を送信してしまったり、知られたくない相手に自分の居場所が知られてしまったりすることもあります。注意して利用しましょう。
なお、アプリの位置情報の利用許可はあとから変更することもできます。ホーム画面から＜設定＞→＜プライバシー＞→＜位置情報サービス＞の順にタップするとアプリごとになし／次回確認／このAppの使用中のみ許可の中から変更できるので、一度設定を見直しておくとよいでしょう。

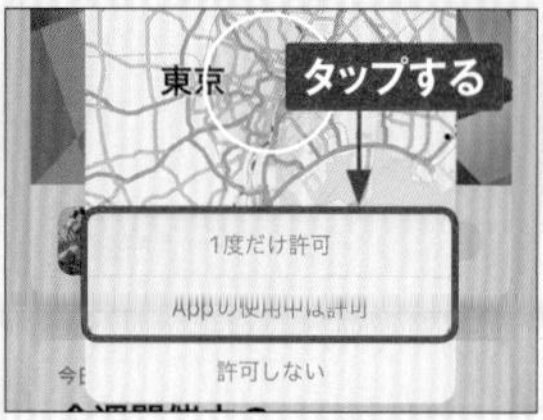

アプリ内で位置情報を求められた例です。＜Appの使用中は許可＞または＜1度だけ許可＞をタップすると、アプリ内で位置情報が利用できるようになります。

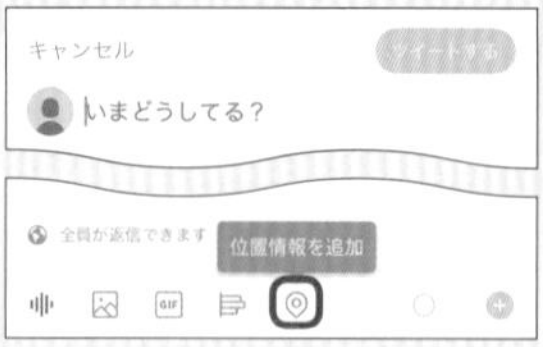

＜Twitter＞アプリで位置情報の利用を許可した場合、新規ツイートを投稿する際に、位置情報がタグ付けできるようになります。

ホーム画面から＜設定＞→＜プライバシー＞→＜位置情報サービス＞の順にタップして、変更したいアプリをタップし、＜なし＞をタップすると、位置情報の利用をオフにできます。また、＜正確な位置情報＞をオフにすると、おおよその位置情報が利用されます。

Chapter 4

メール機能を利用する

Section 20　メッセージを利用する
Section 21　iMessageの便利な機能を使う
Section 22　メールを利用する
Section 23　メールを活用する
Section 24　迷惑メール対策を行う
Section 25　PCメールを利用する

Section 20

メッセージを利用する

Application

<メッセージ>アプリでは、SMS / MMS、iMessageというメッセージを使えます（キャリアメールをMMSとして使うにはP.71MEMOの設定が必要）。ここでは、メールアドレスの設定を行います。

メッセージの種類

SMS（Short Message Service）は、電話番号宛にメッセージを送受信できるサービスです。1回の送信には別途通信料がかかります。またMMS（Multimedia Messaging Service）はSMSの拡張版で、電話番号だけでなく、メールアドレス宛にメッセージを送信できます。最大3MBまで送信できるので、写真や動画を添付して送信することも可能です。
iMessageは、iPhoneの電話番号や、Apple IDとして設定したメールアドレス宛にメッセージを送受信できます。一見SMS / MMSと似ていますが、iMessageはiPhoneやiPad、iPod touchなどのApple製品との間でテキストのほか写真や動画などもやりとりすることができます。また、パケット料金は発生しますが（定額コースは無料）、それ以外の料金はかかりません。Wi-Fi経由でも利用できます。
<メッセージ>アプリは、両者を切り替えて使う必要はなく、連絡先に登録した内容によって、自動的にSMS / MMSとiMessageを使い分けてくれます。

●SMS / MMS

+81 90 0000 0000
SMS/MMS
今日 18:04
明日は何時に集合する？
12時に北口でどうかな？

「宛先」に電話番号を入力するとSMSに、メールアドレスを入力するとMMSになります。両者とも絵文字が使え、ドコモやソフトバンクといった他キャリアの携帯電話とも送受信ができます。なおSMSの利用には別途料金がかかりますが、MMSの送信料はパケット定額に含まれています。

●iMessage

松田
松田百恵
iMessage
今日 18:14
来週の土日空いてる？
空いてるよ！
みんなでキャンプに行くんだけど

iMessageではiPhoneの電話番号もしくはApple IDとして設定したアドレスを使って連絡を取り合います。SMSなどと区別がつくよう画面上部には「iMessage」の文字が表示され、吹き出しも青く表示されます。また、写真や動画、音声なども送信することが可能です。

「SMS ／ MMS」と「iMessage」の使い分け

iPhoneの＜メッセージ＞アプリでは、宛先に入力した電話番号やメールアドレスを自動判別して、「SMS ／ MMS」と「iMessage」を使い分けています。
＜メッセージ＞アプリの新規作成画面で宛先に電話番号を入力すると、相手がiMessageを利用可能にしている場合（P.83参照）は、自動的にiMessageの入力画面になります。それ以外ではSMS ／ MMSの入力画面になり、テキストだけならSMSが、写真やビデオを添付するとMMSが送信されます。なお、電話番号宛にMMSを送信できるのは、相手がauのiPhoneのときだけです。
一方、宛先にメールアドレスを入力した場合は、アドレスがiMessageの着信用メールアドレス（P.82参照）なら、iMessageの入力画面になります。それ以外ではMMSの入力画面になります（P.71MEMOの設定をした場合）。

●送信されるメッセージの種類と適用条件（上から優先的に適用される）

メッセージの種類	宛先	相手の端末	相手のiMessage
iMessage	電話番号	iPhone	有効
	メールアドレス（iMessage着信用）	iPhone ／ iPad ／ iPod touch Mac（OS X Mountain Lion以降）	有効
SMS	電話番号 ※1	すべての携帯電話	―
MMS ※2	電話番号 ※3	auのiPhone ※4	無効
	メールアドレス	携帯電話、パソコンなどメールを受信できる端末	―

※1　全角670文字以内のテキストだけのメッセージの場合、SMSになる
※2　MMSを利用するには、P.71MEMOを参考に設定を行う必要がある
※3　全角670文字より多いテキストメッセージや、写真・動画を添付したメッセージの場合、MMSになる
※4　auのiPhone以外に送信すると、送信に失敗する

MEMO 「SMS ／ MMS」と「iMessage」のそのほかの違い

＜メッセージ＞アプリで利用できる、「SMS」、「MMS」、「iMessage」は、上記で解説した以外にもさまざまな違いがあります。たとえば、料金面ではSMSだと送信料が通話料金に含まれますが、MMSになるとデータ定額が適用されます。一方で、iMessageはWi-Fi環境があれば無料で利用することができ、Wi-Fi環境でない場合はMMSと同様のデータ通信料がかかります。料金のほかにも、メッセージ開封を確認する機能や、メッセージの同期設定などにそれぞれ違いがあるので、利用する際は確認しておくとよいでしょう。

MMSのメールアドレスを設定する

1 ホーム画面で＜設定＞をタップします。

2 ＜メッセージ＞をタップします。

3 「MMSメールアドレス」にP.69～71で設定したメールアドレスを入力します。

4 入力が終わったら左上の＜設定＞をタップします。

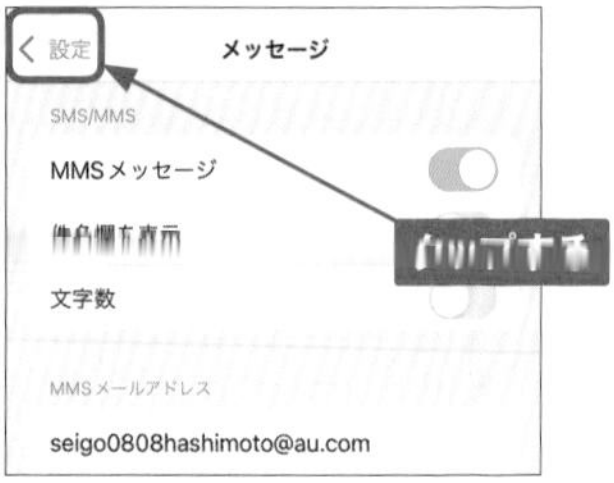

MEMO キャリアメールとMMS

新規契約した際のキャリアメールのアドレスは、ランダムな文字列が設定されている場合があります。その場合は、P.69～71を参考に、MMSで利用するアドレスを変更しましょう。また、キャリアメールをMMSとして受信するには、P.71MEMOの設定を行う必要があります。

SMS／MMSのメッセージを送信する

1 ホーム画面でをタップします。

2 <メッセージ>アプリが起動するので、をタップします。

3 宛先に送信先の携帯電話番号を入力し、本文入力フィールドに本文を入力します。最後にをタップすると、SMSのメッセージが送信されます。

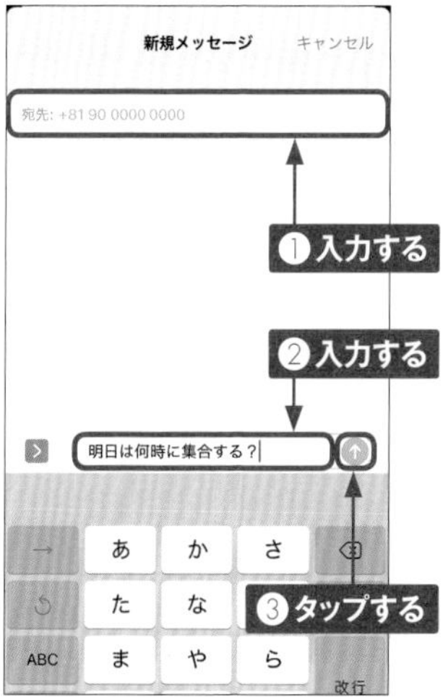

4 画面左上のをタップします。

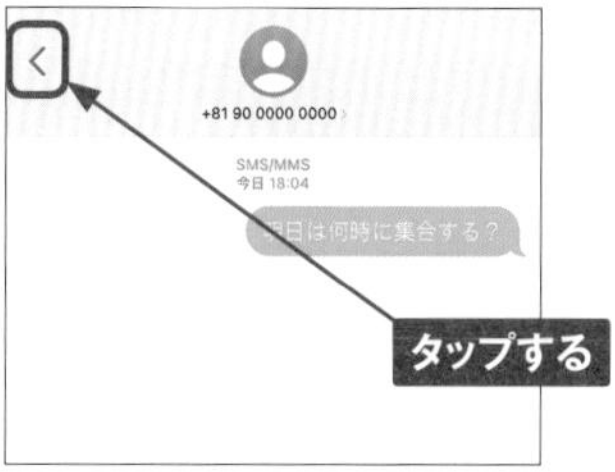

5 やりとりがメッセージや電話番号ごとに分かれて表示されています。

MEMO SMSとiMessageの見分け方

相手がApple製品以外の場合は、手順③の入力フィールドに「SMS/MMS」と表示されますが、Apple製品の場合は、「iMessage」と表示されます。

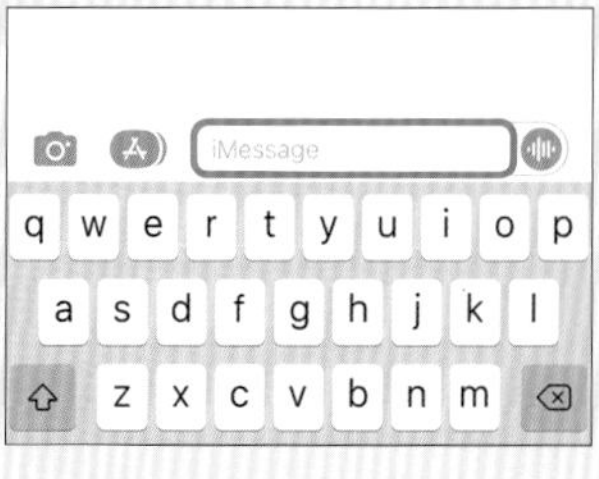

4

SMS／MMSのメッセージを受信する

① 画面にSMSの通知のバナーが表示されたら（通知設定による）、バナーをタップします。

② SMSのメッセージが表示されます。

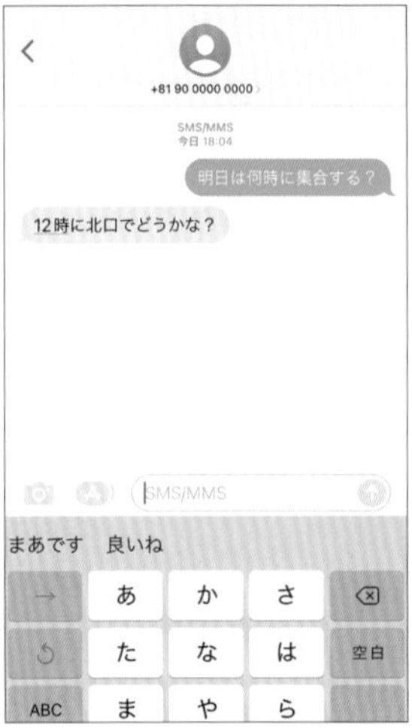

③ 本文入力フィールドに返信内容を入力して、⬆をタップすると、すぐに返信できます。

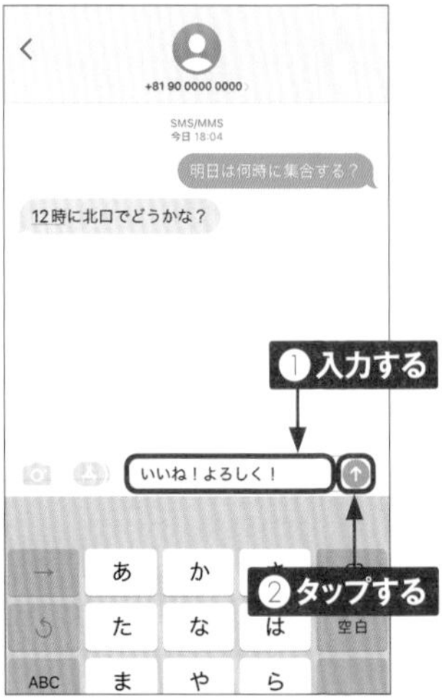

MEMO

画面ロック中に受信したとき

iPhoneがスリープ中にSMSのメッセージを受信すると、ロック画面に通知が表示されます。通知をタップし、＜開く＞をタップすると、手順②の画面が表示されます。

4

iMessageを設定する

① ホーム画面で<設定>をタップします。

② <メッセージ>をタップします。

③ 「iMessage」が◯であることを確認したら、<送受信>をタップします。

④ <iMessageにApple IDを使用>をタップします。

⑤ <サインイン>をタップします。

⑥ iMessage着信用の連絡先情報欄で、利用したい電話番号やメールアドレスをタップしてチェックを付けます。

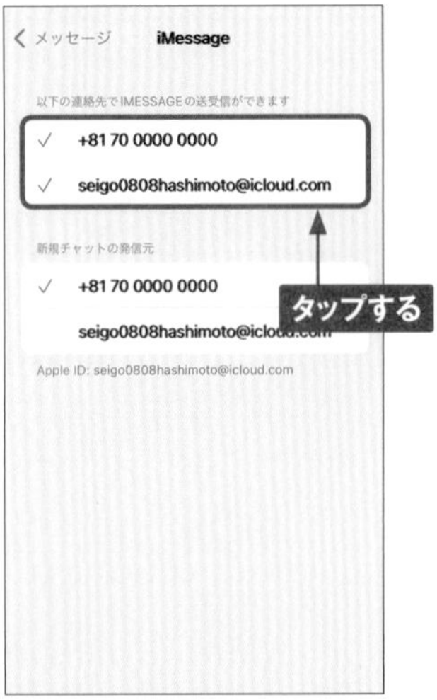

⑦ 「新規チャットの発信元」内の連絡先(電話番号かメールアドレス)をタップしてチェックを付けると、その連絡先がiMessageの発信元になります。

MEMO 別のメールアドレスを追加する

iMessageの着信用連絡先に別のメールアドレスを追加したい場合は、P.81手順②の画面で上部の<自分の名前>→<名前、電話番号、メール>→<編集>→<メールまたは電話番号を追加>→<メールアドレスを追加>の順にタップします。追加したいメールアドレスを入力し、キーボードの<return>をタップすれば、メールアドレスが追加されます。

iMessageを利用する

1 ホーム画面でをタップし、をタップします。

2 宛先に相手のiMessage受信用の電話番号やメールアドレスを入力し、本文入力フィールドをタップします。このときiMessageのやりとりが可能な相手の場合、本文入力フィールドに「iMessage」と表示されます。

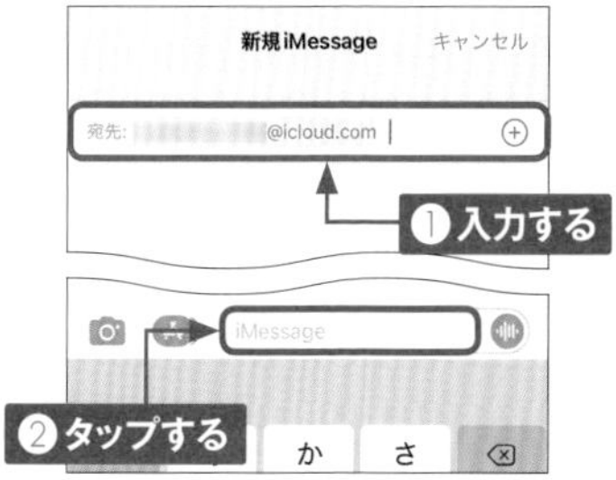

3 本文を入力し、をタップします。

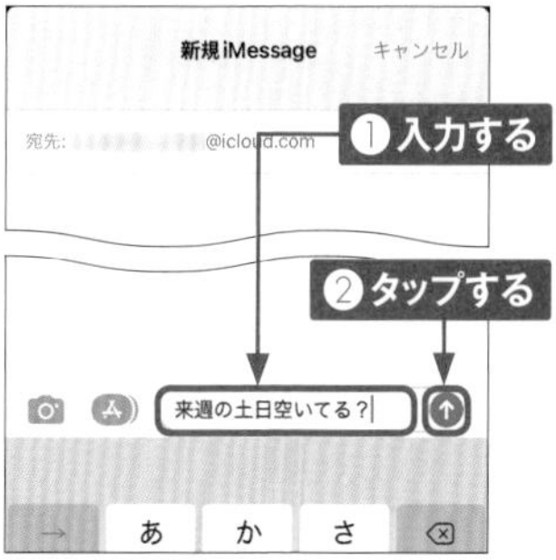

4 iMessageで送信されると、吹き出しが青く表示されます。相手からの返信があると、同様に吹き出しで表示されます。

MEMO

相手がメッセージを入力中のとき

相手がメッセージを入力しているときは、が表示されます。

メッセージを削除する

① P.79手順①を参考に<メッセージ>アプリを起動し、メッセージ一覧から、削除したい会話をタップします。

② メッセージをタッチして、<その他...>をタップします。

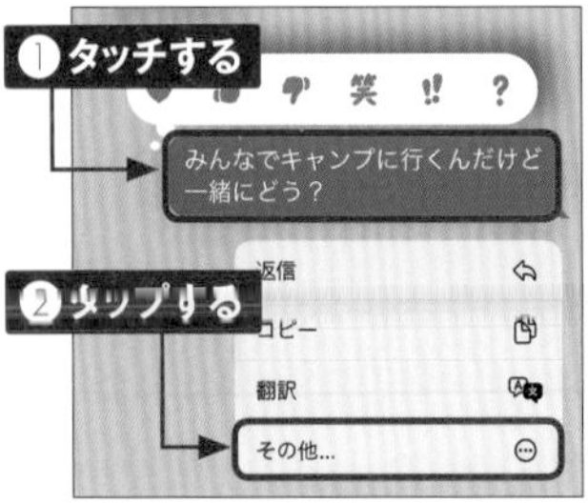

③ 削除したいメッセージの◯をタップして✓にし、🗑をタップします。

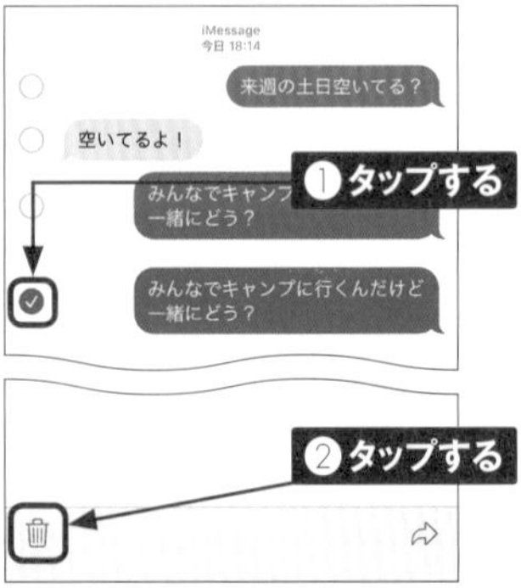

④ <メッセージを削除>をタップします。

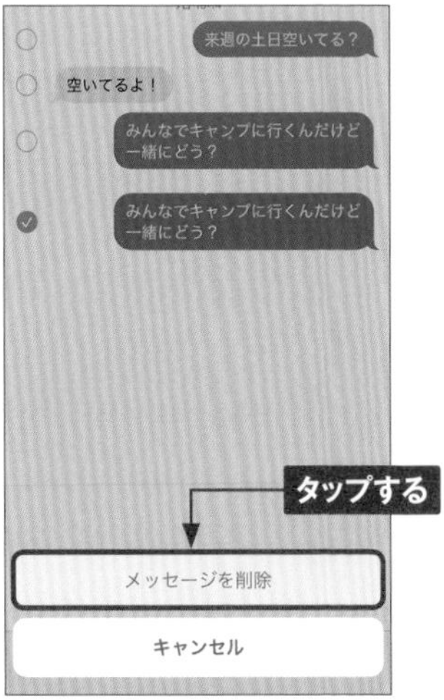

⑤ メッセージが削除されました。なお、この操作は自分のメッセージウインドウから削除するだけで、相手には影響がありません。

メッセージを転送する

1 P.84手順①を参考に転送したいメッセージがある会話をタップし、メッセージ画面を表示します。

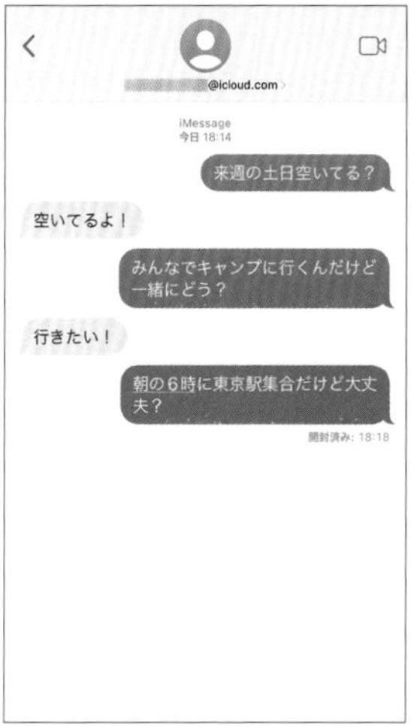

2 転送したいメッセージをタッチして、<その他...>をタップします。

3 転送したいメッセージのをタップしてにし、をタップします。

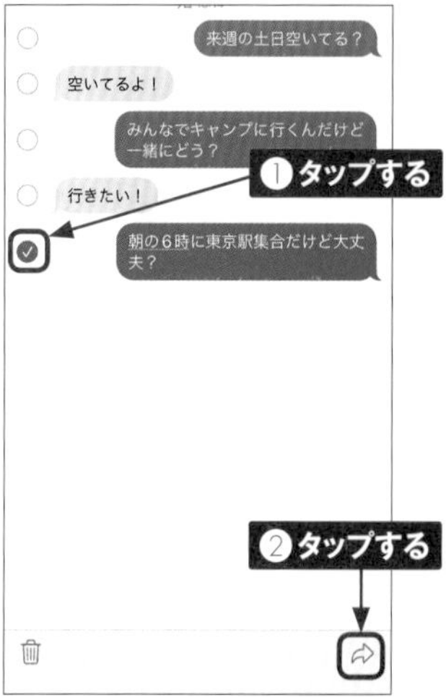

4 宛先に転送先の電話番号やメールアドレスを入力します。さらに追加したいメッセージがあれば、本文入力フィールドに入力することもできます。最後にをタップすると、転送されます。

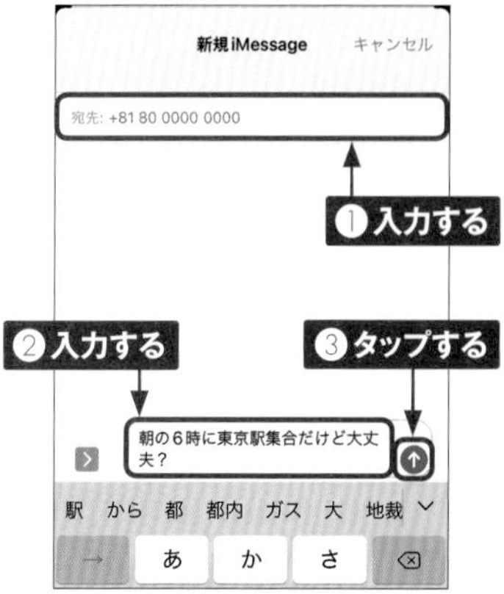

受信したメッセージから連絡先を新規作成する

① メッセージ一覧から、連絡先に登録したいやりとりをタップします。

② 👤をタップします。

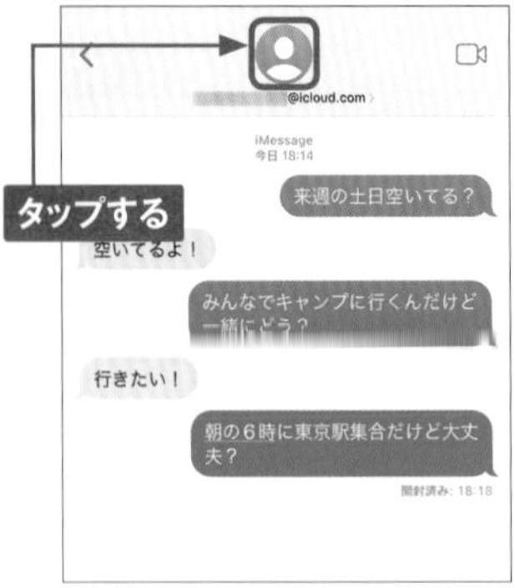

③ メニューが表示されるので、<情報>をタップします。

④ <新規連絡先を作成>をタップします。

⑤ 電話番号かメールアドレスがあらかじめ入力された状態で「新規連絡先」画面が表示されます。連絡先情報を入力し、<完了>をタップすると登録完了です。

メッセージを検索する

1 P.79手順①を参考に<メッセージ>アプリを起動し、検索フィールドをタップします。共有された写真やリンクがある場合は、下部に表示されます。

2 検索したい文字を入力して、<検索>をタップし、検索結果をタップします。

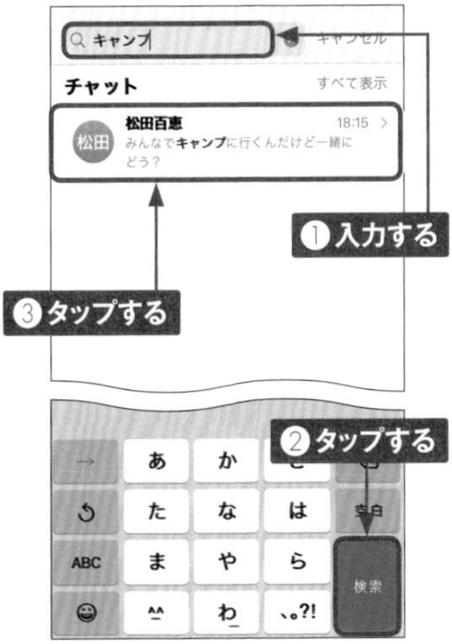

3 検索した文字を含むメッセージが表示されます。

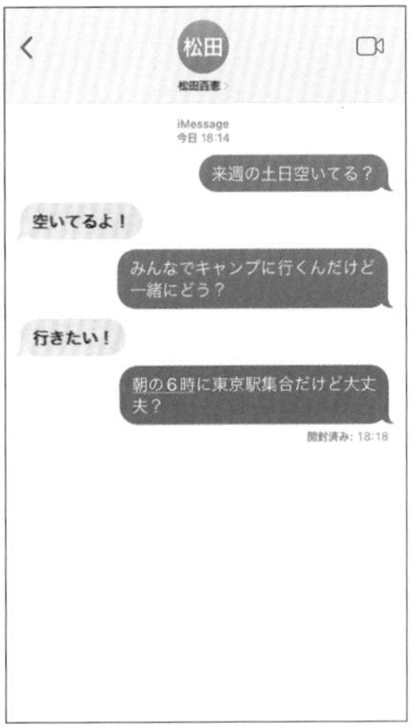

MEMO メッセージから予定を作成する

メッセージの中に時間や月日に関する言葉があるとき、下線が引かれることがあります。下線の引かれた言葉をタッチし、<イベントを作成>をタップすると、カレンダーに予定を追加することができます。

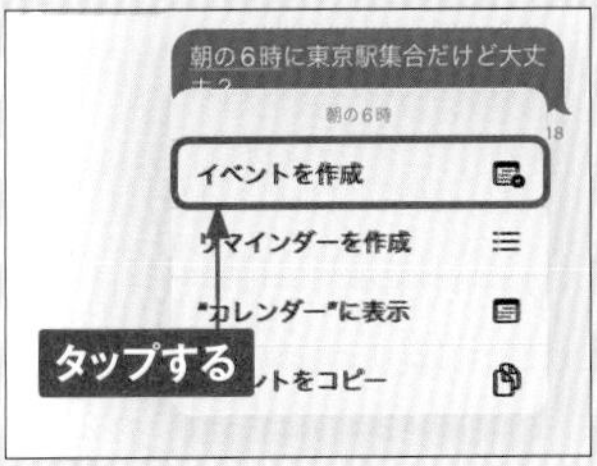

Section 21

iMessageの便利な機能を使う

<メッセージ>アプリでは、音声や位置情報をスムーズに送信できる便利な機能が利用できます。なお、それらの機能を利用できるのは、iMessageが利用可能な相手のみとなります。

音声をメッセージで送信する

1 <メッセージ>アプリでiMessageを利用中に、をタッチします。

2 音声の録音が開始されます。画面をタッチしている間、録音されます。録音が完了したら指を離します。

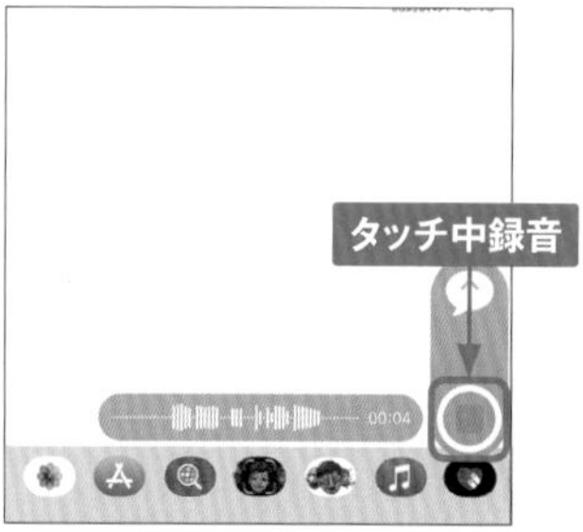

3 音声をそのまま送信する場合は、をタップします。をタップすると、録音したメッセージが再生されます。をタップすると、キャンセルできます。

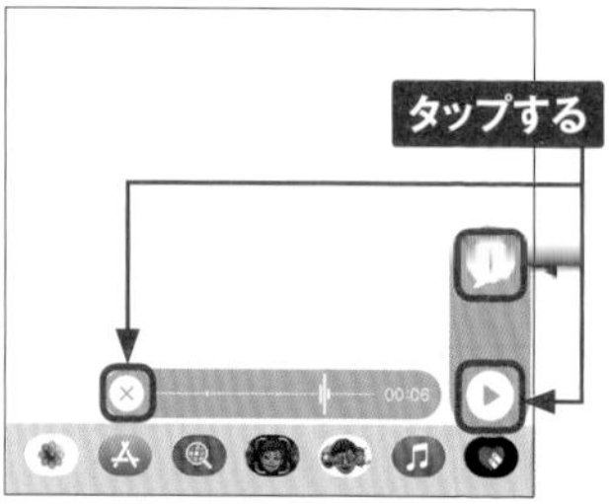

4 音声が送信されます。

メッセージで利用できる機能

メッセージでは、iMessageに対応したアプリやメッセージ効果を利用して、メッセージを装飾することができます。

●各ボタンの機能

❶写真を撮影して送信できます（P.96参照）。

❷❸～❾のアイコンの表示／非表示を切り替えます。

❸メッセージに写真や動画を添付できます（P.95参照）。

❹iMessages App Storeが開き、iMessage対応アプリをダウンロードできます。

❺GIF画像の検索と送信ができます。

❻ミー文字の作成と送信ができます（P.92参照）。

❼ステッカーを送信できます。

❽＜ミュージック＞アプリ（Sec.36～37参照）で最近聞いた曲を共有できます。

❾Digital Touchを使ってスケッチのアニメーション、タップ、キス、ハートビートなどを送信できます。

●メッセージに効果を加える

メッセージを入力し、⬆をタッチするとエフェクトが表示されます。エフェクトには、「吹き出し」と「スクリーン」の2タイプがあります。

●手書きメッセージを送信する

iPhoneを横向きにしてキーボードのをタップすると、手書き文字の入力画面になります。画面をなぞることで文字を書けます。

位置情報をメッセージで送信する

1 <メッセージ>アプリでiMessageを利用中に、相手の名前をタップします。

2 <現在地を送信>をタップします。位置情報に関する項目が表示されたら<Appの使用中は許可>をタップして、<メッセージ>アプリの使用を許可します（P.74MEMO参照）。

3 位置情報が送信されます。タップすると、「現在地」画面が表示され、そこで地図をタップすると、全画面で地図が表示され、より詳細に周辺の地図を確認することができます。

MEMO リアクションを送る

相手のメッセージをタッチすると、上部にTapbackが現れます。リアクションのアイコンをタップして送信します。

メッセージをピン留めする

① メッセージ一覧でピン留めしたいメッセージを右方向にスワイプし、をタップします。

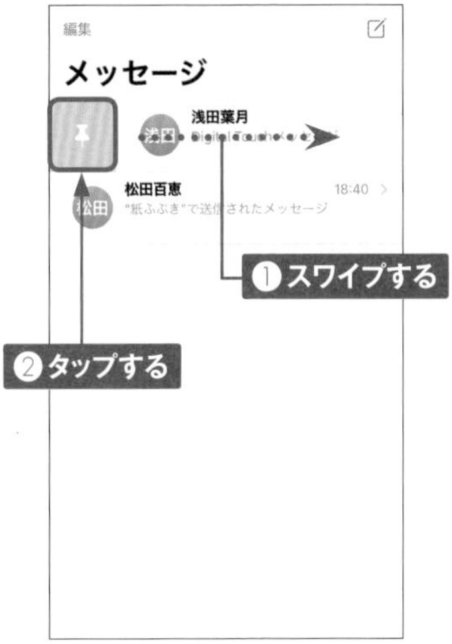

② 画面上部にメッセージがピン留めされます。ピン留めの編集をしたいときは、＜編集＞をタップします。

③ ＜ピンを編集＞をタップします。

④ ピンを削除するときは、をタップします。編集が完了したら、＜完了＞をタップします。この画面でをタップすることでも、メッセージのピン留めができます。

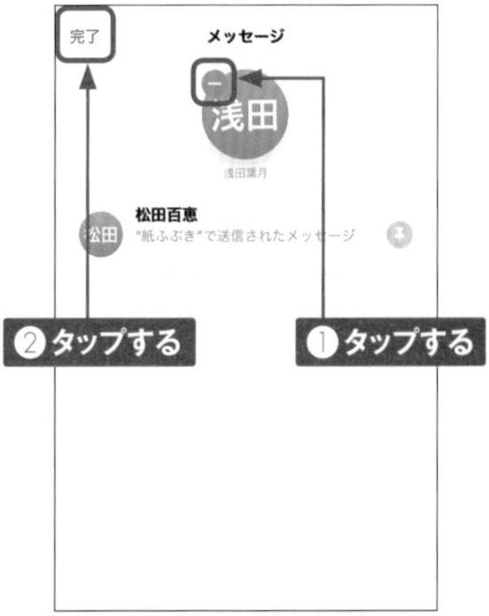

表情を表すスタンプを送信する

① ＜メッセージ＞アプリでiMessageを利用中に、 をタップします。

② 初回は＜続ける＞をタップし、＋をタップします。

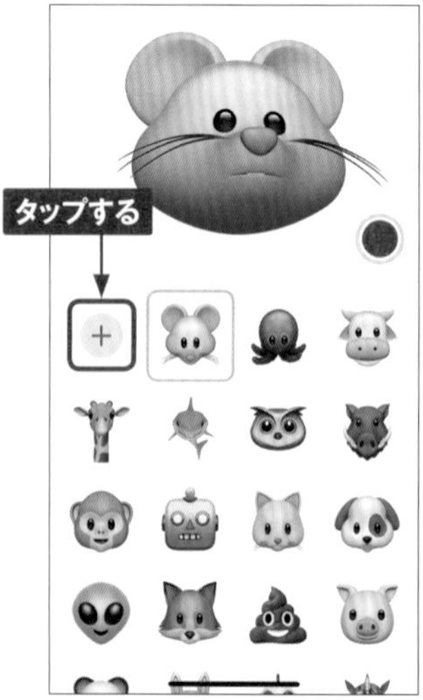

③ ＜はじめよう＞をタップします。

④ 画面上部のプレビューで確認しながら、肌やヘアスタイルなどの色や種類を選択します。左方向にスワイプすると、それぞれ変更が可能です。

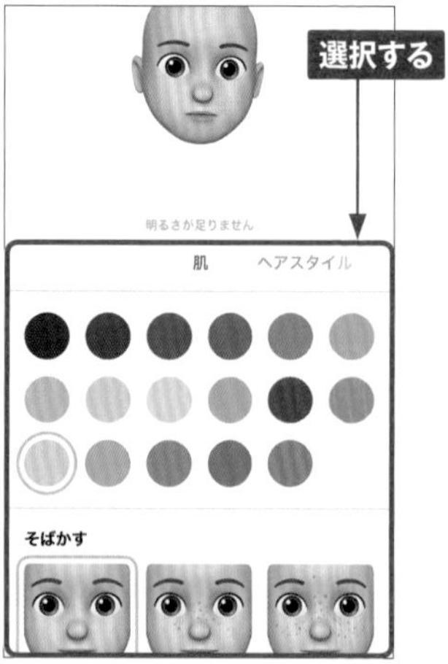

5 作成が終わったら、<完了>をタップします。

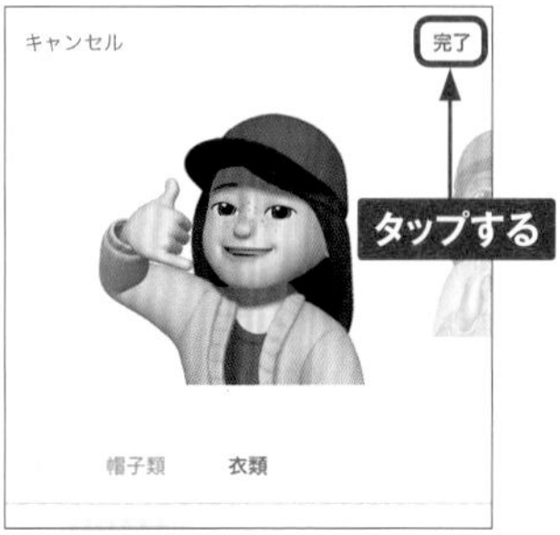

6 ミー文字を作成すると、P.92手順②の画面に作成したミー文字が表示されるようになります。

7 作成したミー文字を送信するときは、iPhoneをまっすぐ覗き込み、●をタップし、録画します。なお、録画時間は最長で30秒です。

8 録画が終わったら■をタップし、↑をタップして送信します。なお、録画を撮り直す場合は、をタップします。

9 ミー文字で録画したスタンプが送信されます。

MEMO

アニ文字とミー文字

アニ文字は、動物などのキャラクターを自分の声で話させたり、表情を変えたりして利用できるスタンプです。また、ミー文字はアニ文字のキャラクターをカスタマイズし、自分に似せて利用できるスタンプです。

4

グループ iMessageを利用する

●グループ iMessageを送受信する

① グループ iMessageは、P.83手順②の画面で宛先に2人以上のiMessage受信用の電話番号やメールアドレスなどを入力して始めます。

② グループ iMessageでは、メッセージに名前を入力し、名前部分をタップしてアイコンをタップすると、メンションできます。

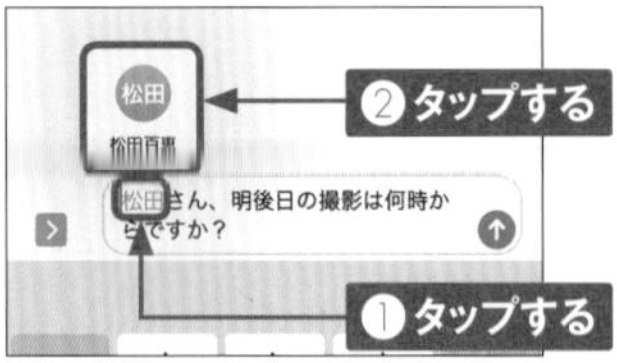

③ 特定のメッセージに返信したいときは、返信したいメッセージをタッチし、<返信>をタップして、返信メッセージを入力したらをタップして送信します。

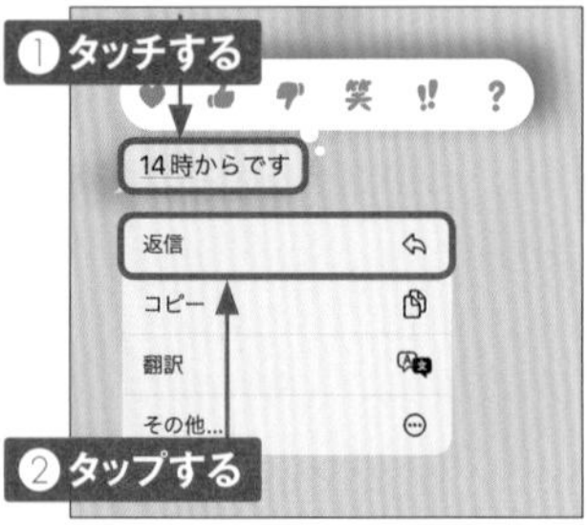

●グループ iMessageを編集する

① グループ iMessageを利用中に画面上部の<○人>をタップし、<名前と写真を変更>をタップします。

② グループ名を入力し、グループ写真を変更したいときはをタップします。

③ 写真をタップして選択し、<選択>→<完了>→<完了>→<完了>の順にタップします。

写真や動画をメッセージに添付する

1 P.83を参考にiMessageを作成します。作成が終わったら、→の順にタップします。

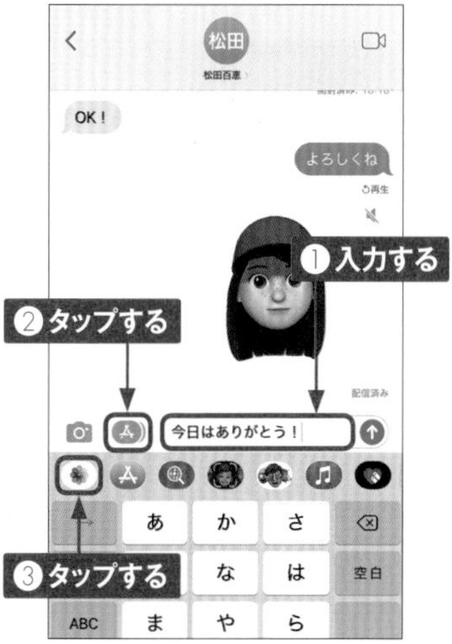

2 添付する写真や動画をスワイプして選択し、タップします。添付が完了すると、メッセージ欄にプレビューが表示されます。をタップして、メッセージを送信します。

3 写真が添付されたメッセージが送信されました。

MEMO ほかのアプリで共有されたコンテンツを確認する

受信した写真やリンクは、ほかのアプリから確認することができます。写真は、<写真>アプリのライブラリや、「For You」の「あなたと共有」セクション、「メモリー」と「おすすめの写真」に表示されます。Webページのリンクは、Safariのスタートページの「あなたと共有」セクションに自動的に表示されます。

写真を撮影して送信する

1 iMessageの作成画面でをタップすると、<カメラ>アプリが起動します。

2 撮りたいものにフレームを合わせて、をタップします。

3 <完了>をタップすると、メッセージを付けて送ることができます。なお、をタップすると、画像のみ送信されます。

MEMO

送信時にLive Photosをオフにする

手順②の画面でをタップすると、Live Photos（P.163参照）をオフにして写真を送信できます。

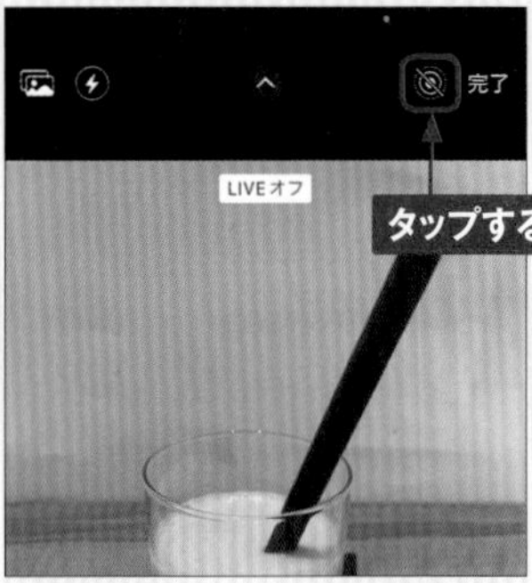

写真のコレクションを表示する

1 iMessageで4枚以上の写真が同時に送られてくると、フォトスタックにグループ化されます。

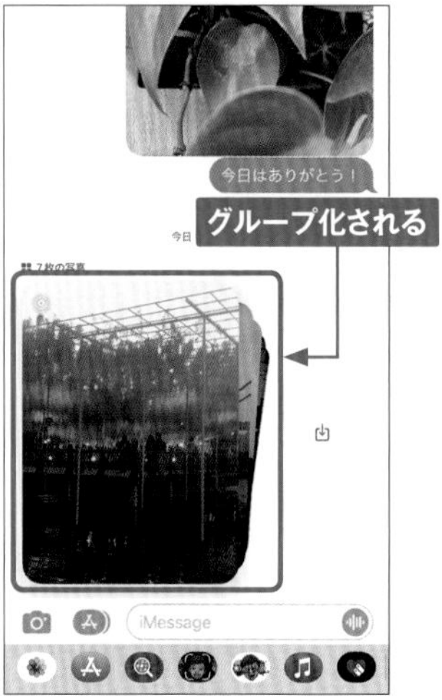

2 フォトスタックを左右にスワイプすることでそれぞれの写真を閲覧できます。また、写真をタップすると拡大表示されます。

3 をタップすると、写真をiPhone内に保存できます。

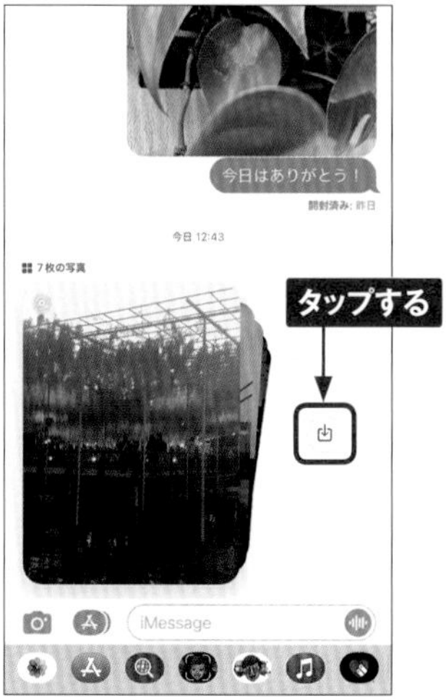

MEMO 自動コラージュ

2～3枚の写真を同時に受信した場合は、自動的に写真がコラージュされた状態で表示されます。なお、自分が複数の写真を送信した場合は、写真のコラージュやグループ化は行われません。

4

Section 22

メールを利用する

iPhoneでは、キャリアメール（auメール）を＜メール＞アプリで使用することができます。初期設定では自動受信になっており、携帯メールと同じ感覚で利用できます。

メールアプリで受信できるメールと「メールボックス」画面

iPhoneの＜メール＞アプリでは、auメール以外にもiCloudやGmailなどさまざまなメールアカウントを登録して利用することができます。複数のメールアカウントを登録している場合、「メールボックス」画面（P.99手順④参照）には、下の画面のようにメールアカウントごとのメールボックスが表示されます。なお、メールアカウントが1つだけの場合は、「全受信」は「受信」と表示されます。
複数のメールアカウントを登録した状態でメールを新規作成すると、差出人には最初に登録したメールアカウント（デフォルトアカウント）のアドレスが設定されていますが、変更することができます（P.100手順③～④参照）。デフォルトアカウントは、P.112手順③の画面で、画面最下部の＜デフォルトアカウント＞をタップすることで、切り替えることができます。

❶タップすると、すべてのアカウントの受信メールをまとめて表示することができます。

❷タップすると、各アカウントの受信メールを表示することができます。

❸タップすると、VIP リストに追加した連絡先からのメールを表示することができます。

❹各アカウントのメールボックスです。アカウント名をタップして、メールボックスの表示／非表示を切り替えることができます。＜受信＞をタップすると、❷のアカウント名をタップしたときと同じ画面が表示されます。

メールを受信する

① 新しいメールが届くと、＜メール＞アプリへの着信が表示されます。＜メール＞をタップします。

② 初回は「メールプライバシー保護」画面が表示されるので、＜“メール”でのアクティビティを保護＞または＜“メール”でのアクティビティを保護しない＞をタップし、＜続ける＞をタップします。

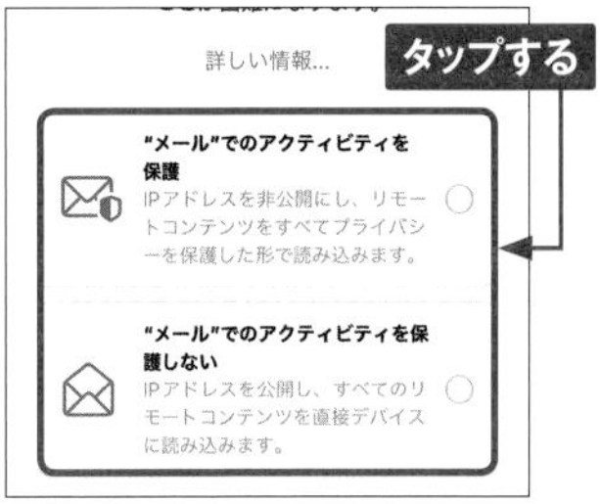

③ メールアカウントの「全受信」画面が表示された場合は、画面左上の＜をタップします。

④ 受信を確認したいメールアドレスを「メールボックス」の中からタップします。ここでは、＜iCloud＞をタップしています。

⑤ 読みたいメールをタップします。メールの左側にある●は、そのメールが未読であることを表しています。

⑥ メールの本文が表示されます。画面左上の＜受信＞をタップし、画面左上の＜iCloud＞をタップすると、「メールボックス」画面に戻ります。

メールを送信する

1 P.99手順④で画面下部の をタップします。

2 「宛先」に、送信したい相手のメールアドレスを入力し、<Cc/Bcc、差出人>をタップします。

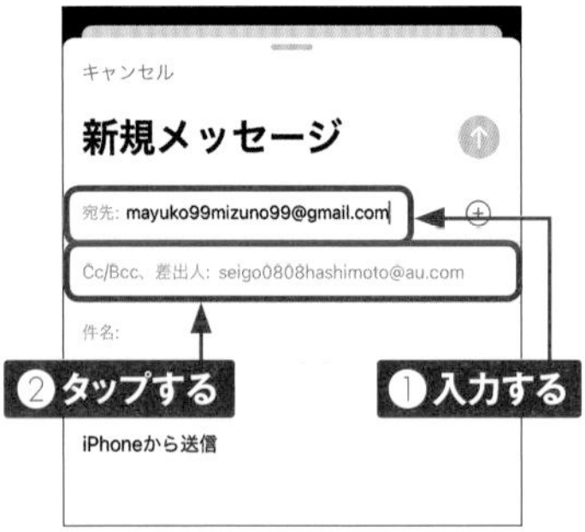

3 <差出人>をタップします。

4 使用したいメールアドレスをタップして選択します。ここでは@icloud.comのメールアドレスを選択しています。

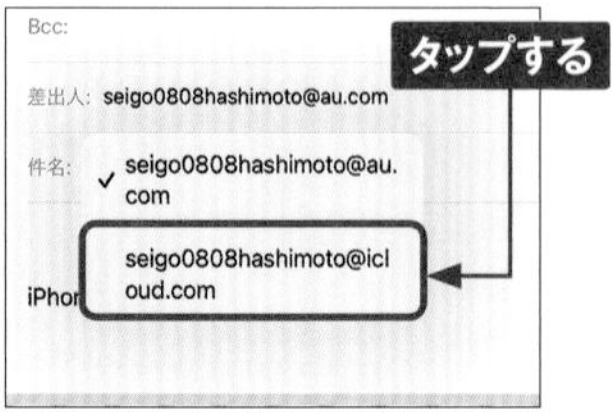

5 <件名>をタップし、件名を入力します。入力が終わったら、本文の入力フィールドをタップします。

6 本文を入力し、画面右上の を タップします。これで、送信が終了しました。

メールを返信する

1 メールを返信したいときは、P.99手順⑥で、画面下部にある↩を タップします。

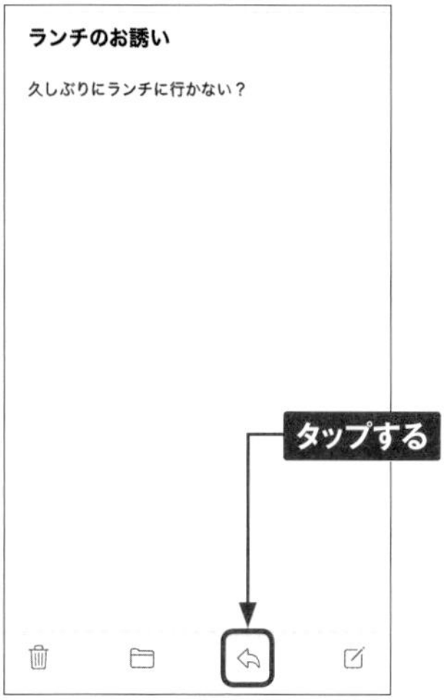

2 ＜返信＞をタップします。

3 本文入力フィールドをタップし、メッセージを入力します。本文の入力が終了したら、⬆をタップします。相手に返信のメールが届きます。

MEMO

メールを転送する

手順②で＜転送＞をタップして宛先を入力し、⬆をタップすると、メールを転送できます。

Section 23

メールを活用する

<メール>アプリでは、特定の連絡先をVIPリストに追加しておくと、その連絡先からのメールをVIPリスト用のメールボックスに保存できます。また、メール作成中に写真や動画を添付できます。

写真や動画をメールに添付する

1 ホーム画面で<メール>をタップします。

2 画面右下の☑をタップします。

3 宛先や件名、メールの本文内容を入力したら、本文入力フィールドをタップして選択し、🖼をタップします。

MEMO Live PhotosをApple機器以外に送るときの制限

Live Photos(P.163参照)は、基本的にはiPhoneやiPad、MacなどのApple機器でないと再生ができません。Androidスマートフォンやwindowsパソコンなどで開いた場合、普通の写真として表示されるので、Apple機器以外の端末に送るときは注意しましょう。

④ 一覧表示されている写真の部分を上方向にスワイプします。

⑤ 添付したい写真をタップし、× をタップします。

⑥ 写真が添付できました。⬆をタップします。

⑦ 写真を添付する際、サイズを変更するメニューが表示されたら、サイズをタップして選択すると、メールが送信されます。

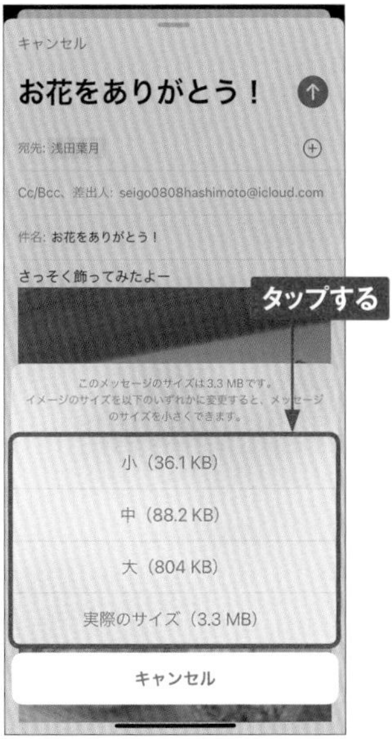

MEMO

動画を添付する際の注意

手順⑤で動画を選択した場合、ファイルサイズを小さくするために圧縮処理が行われます。ただし、いくら圧縮できるといっても、もとの動画のサイズが大きければ、圧縮後のファイルサイズも大きくなります。また、メールの種類によって添付できるファイルサイズに上限があるので、大容量の動画を添付する場合は注意しましょう。

テキストフォーマットツールを利用する

1 P.100を参考にメールの件名と本文を入力し、書式設定したい箇所をタップしてカーソルを置きます。

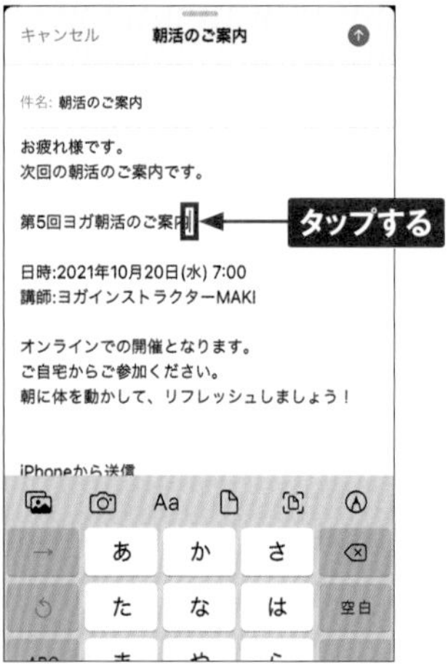
キャンセル
朝活のご案内
件名: 朝活のご案内
お疲れ様です。
次回の朝活のご案内です。
第5回ヨガ朝活のご案内
タップする
日時:2021年10月20日(水) 7:00
講師:ヨガインストラクターMAKI
オンラインでの開催となります。
ご自宅からご参加ください。
朝に体を動かして、リフレッシュしましょう！
Aa
あ
か
さ
た
な
は
空白

2 Aaをタップします。

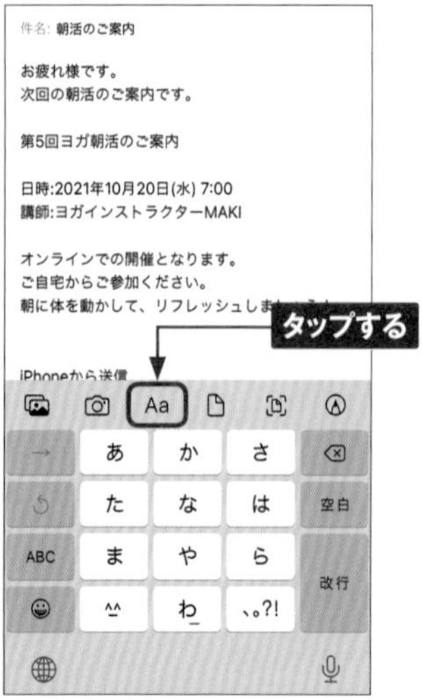
件名: 朝活のご案内
お疲れ様です。
次回の朝活のご案内です。
第5回ヨガ朝活のご案内
日時:2021年10月20日(水) 7:00
講師:ヨガインストラクターMAKI
オンラインでの開催となります。
ご自宅からご参加ください。
タップする
Aa
あ
か
さ
た
な
は
空白
ABC
ま
や
ら
改行
^^
わ
、。?!

3 画面下のキーボードが「フォーマット」の書式設定画面に切り替わります。設定したい書式をタップします。ここでは、☰（中央揃え）をタップします。

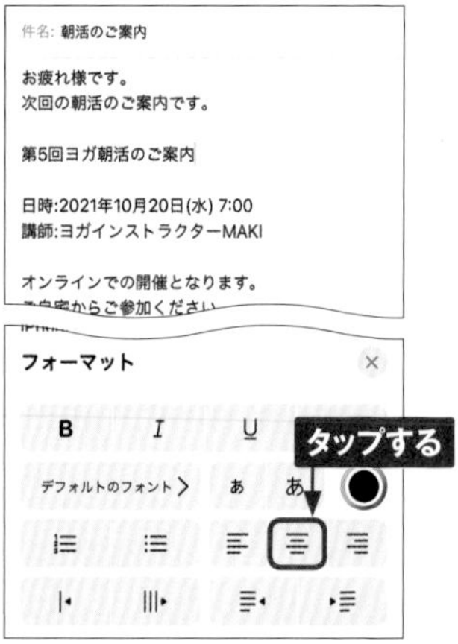
件名: 朝活のご案内
お疲れ様です。
次回の朝活のご案内です。
第5回ヨガ朝活のご案内
日時:2021年10月20日(水) 7:00
講師:ヨガインストラクターMAKI
オンラインでの開催となります。
フォーマット
B
I
U
タップする
デフォルトのフォント
あ

4 カーソルを置いた行に中央揃えが設定されます。×をタップすると、「フォーマット」の書式設定画面からキーボードに戻ります。

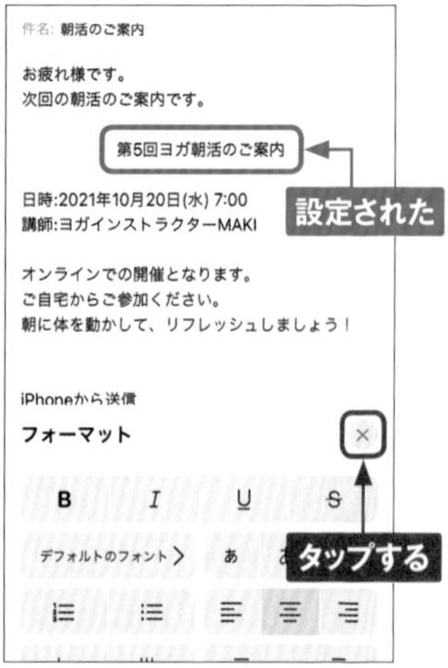
件名: 朝活のご案内
お疲れ様です。
次回の朝活のご案内です。
第5回ヨガ朝活のご案内
設定された
日時:2021年10月20日(水) 7:00
講師:ヨガインストラクターMAKI
オンラインでの開催となります。
ご自宅からご参加ください。
朝に体を動かして、リフレッシュしましょう！
iPhoneから送信
フォーマット
B
I
U
S
デフォルトのフォント
あ
タップする

テキストフォーマットツールでできる機能

●箇条書き

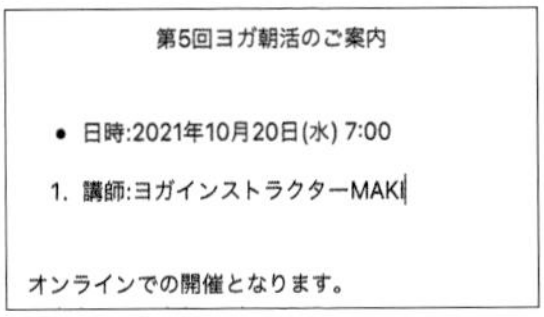

第5回ヨガ朝活のご案内

- 日時:2021年10月20日(水) 7:00

1. 講師:ヨガインストラクターMAKI

オンラインでの開催となります。

対象としたいテキストを選択し、☰をタップすると、箇条書きの書式に設定されます。☰をタップすると「・」ではなく番号付きによる箇条書きになります。

●カラー

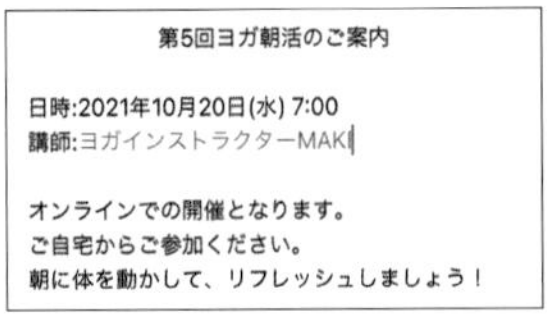

第5回ヨガ朝活のご案内

日時:2021年10月20日(水) 7:00
講師:ヨガインストラクターMAKI

オンラインでの開催となります。
ご自宅からご参加ください。
朝に体を動かして、リフレッシュしましょう！

対象としたいテキストを選択し、◉をタップすると、「カラーパレット」が表示されます。任意のカラーをタップするとテキストに色が付きます。

●インデント

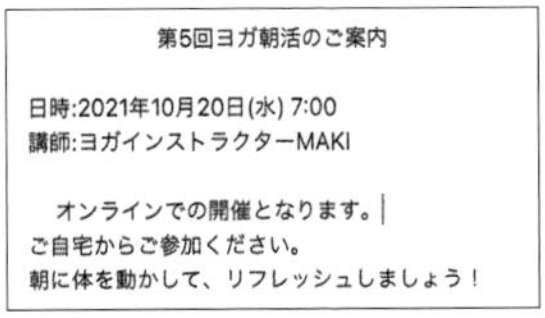

第5回ヨガ朝活のご案内

日時:2021年10月20日(水) 7:00
講師:ヨガインストラクターMAKI

　オンラインでの開催となります。
ご自宅からご参加ください。
朝に体を動かして、リフレッシュしましょう！

対象としたいテキストを選択し、☰をタップすると、インデントが設定されます。☰をタップすると、インデントが解除されます。

●太字

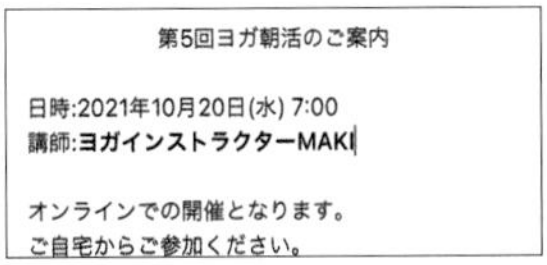

第5回ヨガ朝活のご案内

日時:2021年10月20日(水) 7:00
講師:ヨガインストラクターMAKI

オンラインでの開催となります。
ご自宅からご参加ください。

対象としたいテキストを選択し、**B**をタップすると、太字に設定されます。太字に設定されたテキストを選択し、もう一度**B**をタップすると太字が解除されます。

●取り消し線

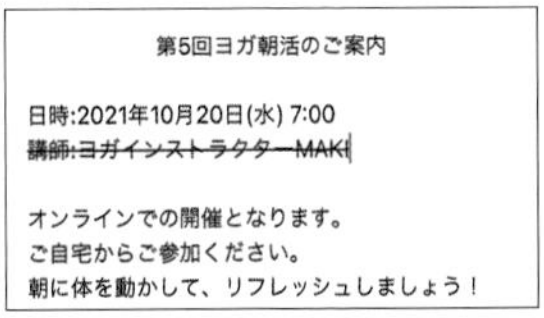

第5回ヨガ朝活のご案内

日時:2021年10月20日(水) 7:00
~~講師:ヨガインストラクターMAKI~~

オンラインでの開催となります。
ご自宅からご参加ください。
朝に体を動かして、リフレッシュしましょう！

対象としたいテキストを選択し、~~S~~をタップすると、取り消し線が設定されます。取り消し線のついたテキストを選択し、もう一度~~S~~をタップすると取り消し線が解除されます。

●フォントスタイル

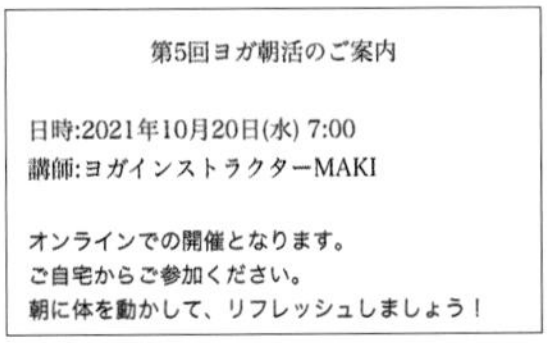

第5回ヨガ朝活のご案内

日時:2021年10月20日(水) 7:00
講師:ヨガインストラクターMAKI

オンラインでの開催となります。
ご自宅からご参加ください。
朝に体を動かして、リフレッシュしましょう！

対象としたいテキストを選択し、<デフォルトのフォント>をタップすると、フォントの書体を設定できます。

Section 24

迷惑メール対策を行う

キャリアメールアドレスにたくさんの迷惑メールが届いてしまうときは、auのお客さまサポートから迷惑メールフィルターを設定しましょう。 なお、 設定を行う際は、 Wi-Fiを未接続にする必要があります。

迷惑メール対策を設定する

1 P.65～66手順①～④を行い、＜メール設定の変更・確認＞をタップします。

2 ＜メール設定画面へ＞をタップし、＜メールアドレス変更・迷惑メールフィルター・自動転送＞をタップします。

3 ＜迷惑メールフィルターの設定/確認へ＞をタップします。

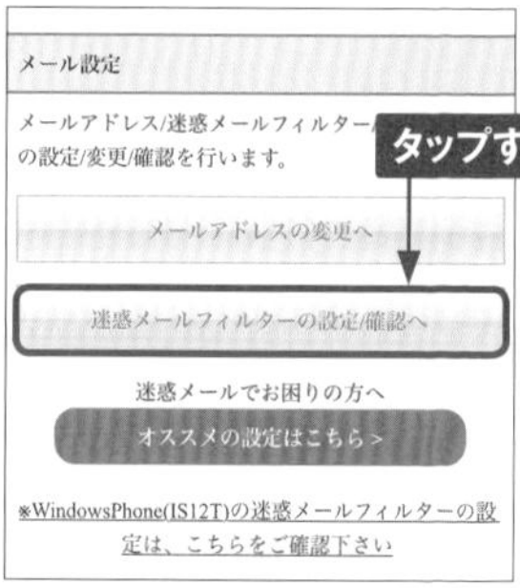

4 4桁の暗証番号を入力して、＜送信＞をタップします。

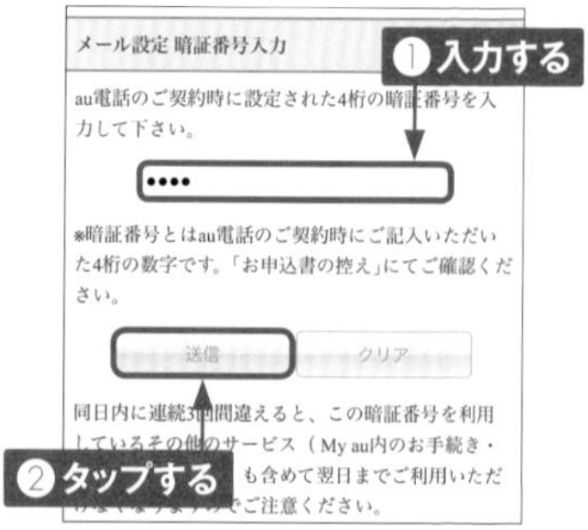

5 ＜オススメ設定をする＞をタップします。

ヘルプ
迷惑メールフィルター　トップ
TOPIC
詳しくはこちら
大事なお知らせ
迷惑メールフィルターの「受信リスト」「拒否リスト」について機能改善いたしました。
タップする
オススメ設定
迷惑メールを大幅削減！まずはこちらを設定ください
オススメ設定をする

6 フィルター設定を登録する確認画面が表示されるので、＜OK＞をタップします。

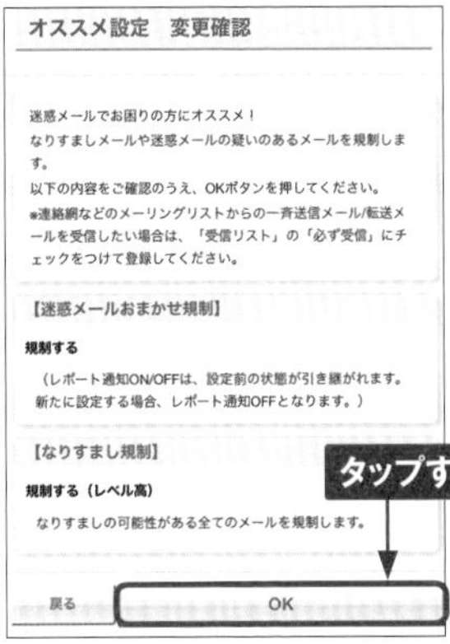
オススメ設定　変更確認
迷惑メールでお困りの方にオススメ！
なりすましメールや迷惑メールの疑いのあるメールを規制します。
以下の内容をご確認のうえ、OKボタンを押してください。
※連絡網などのメーリングリストからの一斉送信メール/転送メールを受信したい場合は、「受信リスト」の「必ず受信」にチェックをつけて登録してください。
【迷惑メールおまかせ規制】
規制する
（レポート通知ON/OFFは、設定前の状態が引き継がれます。新たに設定する場合、レポート通知OFFとなります。）
【なりすまし規制】
規制する（レベル高）
なりすましの可能性がある全てのメールを規制します。
タップする
戻る
OK

7 登録が完了しました。＜トップへ戻る＞をタップします。

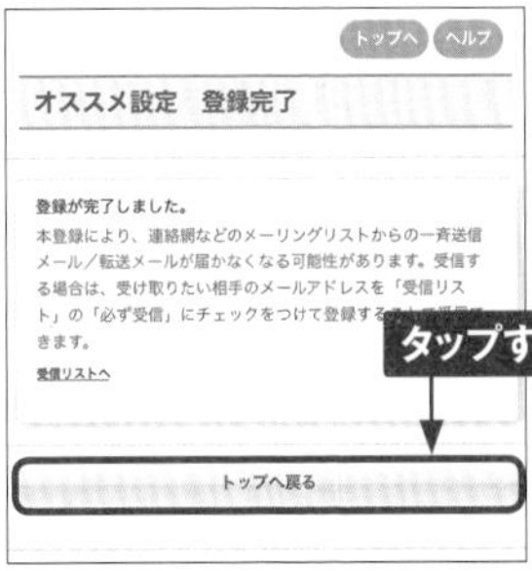
トップへ
ヘルプ
オススメ設定　登録完了
登録が完了しました。
本登録により、連絡網などのメーリングリストからの一斉送信メール／転送メールが届かなくなる可能性があります。受信する場合は、受け取りたい相手のメールアドレスを「受信リスト」の「必ず受信」にチェックをつけて登録する
きます。
受信リストへ
タップする
トップへ戻る

8 「迷惑メールフィルター　トップ」画面が表示されます。

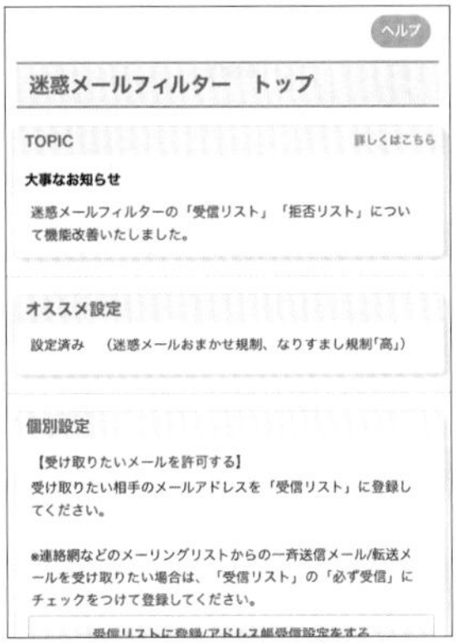
ヘルプ
迷惑メールフィルター　トップ
TOPIC
詳しくはこちら
大事なお知らせ
迷惑メールフィルターの「受信リスト」「拒否リスト」について機能改善いたしました。
オススメ設定
設定済み　（迷惑メールおまかせ規制、なりすまし規制「高」）
個別設定
【受け取りたいメールを許可する】
受け取りたい相手のメールアドレスを「受信リスト」に登録してください。
※連絡網などのメーリングリストからの一斉送信メール/転送メールを受け取りたい場合は、「受信リスト」の「必ず受信」にチェックをつけて登録してください。

MEMO

au IDとパスワードがわからない場合

P.106手順③のあとに、au IDのログイン画面が表示される場合は、＜au IDとパスワードを入力してログインする＞をタップします。au IDとパスワードがわからない場合は、ログイン画面で＜パスワードを忘れた方はこちら＞をタップし、電話番号と暗証番号を入力し、＜メッセージ（SMS）を送信する＞をタップすると、＜メッセージ＞アプリにSMSが届きます。メッセージ内容のURLリンクをタップすると、au IDの確認とパスワード再設定画面が表示されます。

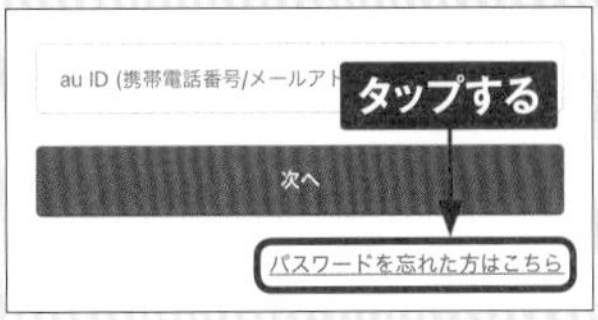
au ID (携帯電話番号/メールアド
タップする
次へ
パスワードを忘れた方はこちら

迷惑メールフィルターの設定を変更する

1 迷惑メールフィルターを設定してからメールが届かなくなってしまった場合は、P.107手順⑤の画面で「個別設定」の＜受信リストに登録/アドレス帳受信設定をする＞をタップします。

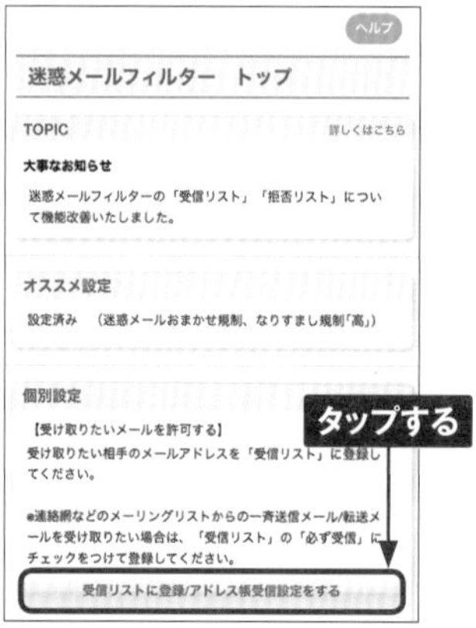
ヘルプ
迷惑メールフィルター　トップ
TOPIC
詳しくはこちら
大事なお知らせ
迷惑メールフィルターの「受信リスト」「拒否リスト」について機能改善いたしました。
オススメ設定
設定済み　（迷惑メールおまかせ規制、なりすまし規制「高」）
個別設定
【受け取りたいメールを許可する】
受け取りたい相手のメールアドレスを「受信リスト」に登録してください。
●連絡網などのメーリングリストからの一斉送信メール/転送メールを受け取りたい場合は、「受信リスト」の「必ず受信」にチェックをつけて登録してください。
受信リストに登録/アドレス帳受信設定をする
タップする

2 「受信リスト設定」画面が表示されるので、画面を上方向にスワイプします。

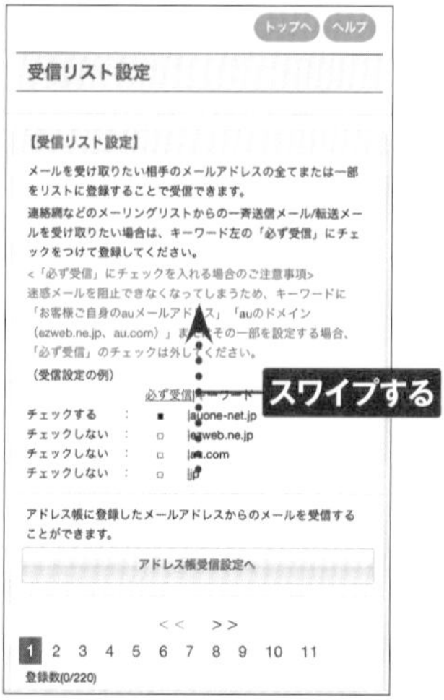
トップへ
ヘルプ
受信リスト設定
【受信リスト設定】
メールを受け取りたい相手のメールアドレスの全てまたは一部をリストに登録することで受信できます。
連絡網などのメーリングリストからの一斉送信メール/転送メールを受け取りたい場合は、キーワード左の「必ず受信」にチェックをつけて登録してください。
アドレス帳に登録したメールアドレスからのメールを受信することができます。
アドレス帳受信設定へ
<< >>
1 2 3 4 5 6 7 8 9 10 11
登録数(0/220)
スワイプする

3 入力フィールドに、届かなくなったメールアドレスや、その一部を入力します。

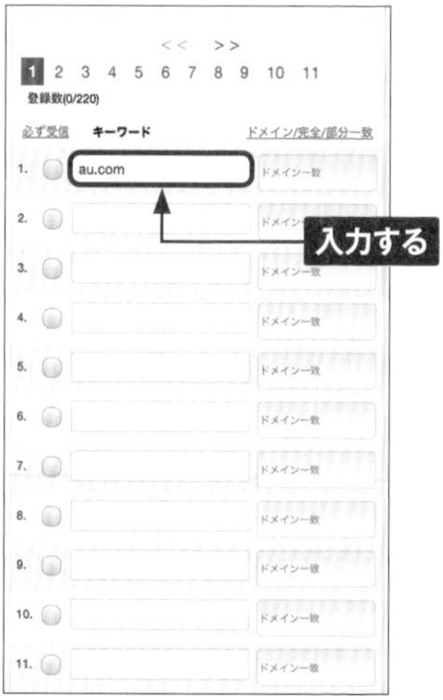
< < > >
1 2 3 4 5 6 7 8 9 10 11
登録数(0/220)
必ず受信
キーワード
ドメイン/完全/部分一致
au.com
入力する

4 入力が完了したら、上方向にスワイプし、＜有効＞をタップして、＜変更する＞をタップします。

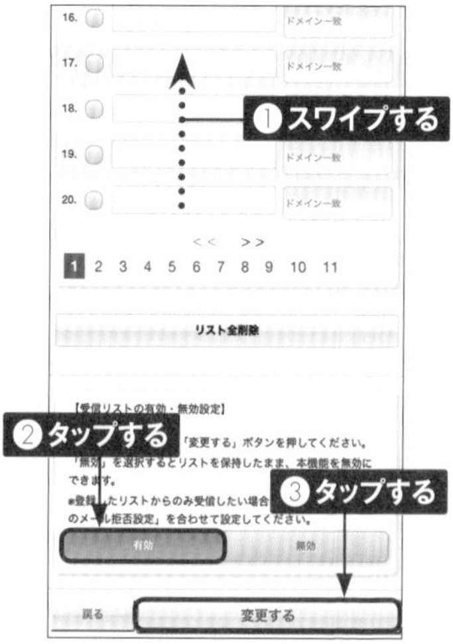
①スワイプする
< < > >
1 2 3 4 5 6 7 8 9 10 11
リスト全削除
②タップする
③タップする
有効
無効
戻る
変更する

4

5 設定の確認画面が表示されるので、＜OK＞をタップします。

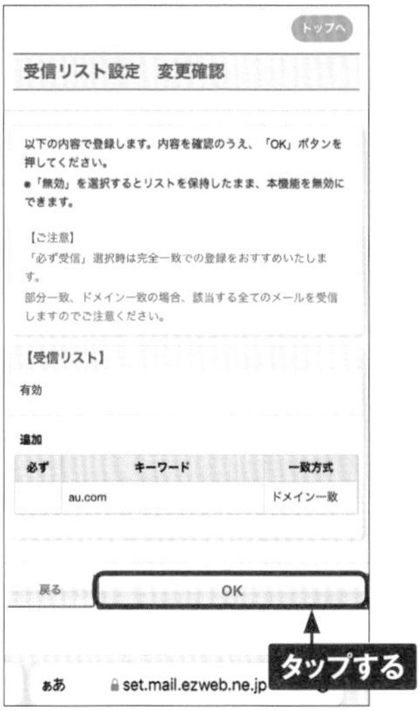

6 登録が完了しました。＜受信リスト設定画面へ戻る＞をタップします。

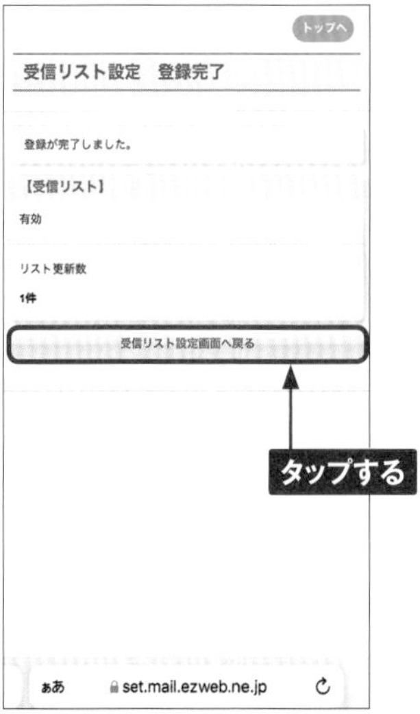

7 受信リストに設定している情報を確認できます。

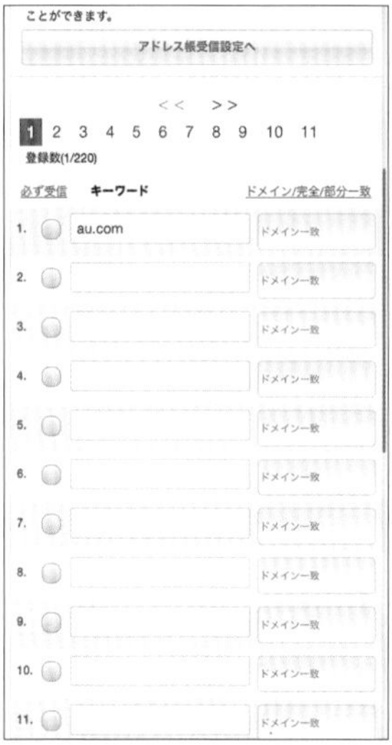

MEMO 迷惑メールフィルターの設定を確認する

P.107手順⑤の画面では、現在どのような迷惑メールフィルター設定がされているかを確認できます。画面下部の＜全ての設定を一括解除する＞→＜OK＞の順にタップすると、設定を解除できます。

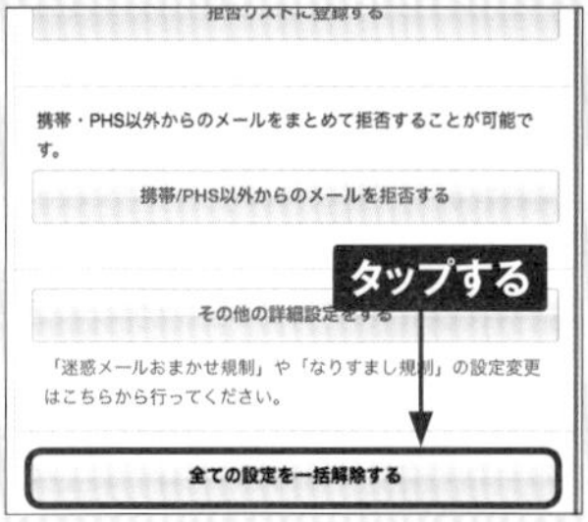

4

Section 25

PCメールを利用する

パソコンで使用しているメールのアカウントを登録しておけば、<メール>アプリを使ってかんたんにメールの送受信ができます。ここでは、一般的な会社のアカウントを例にして、設定方法を解説します。

PCメールのアカウントを登録する

1 ホーム画面で<設定>をタップします。

2 <メール>をタップします。

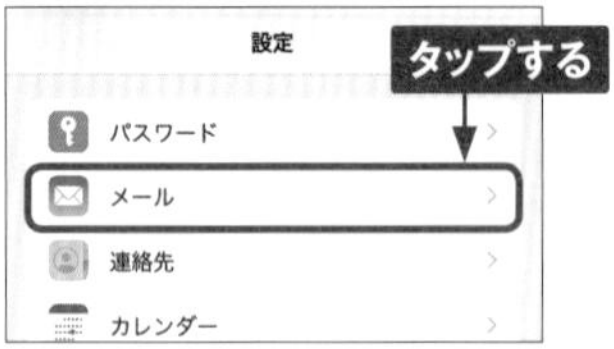

3 <アカウント>をタップします。

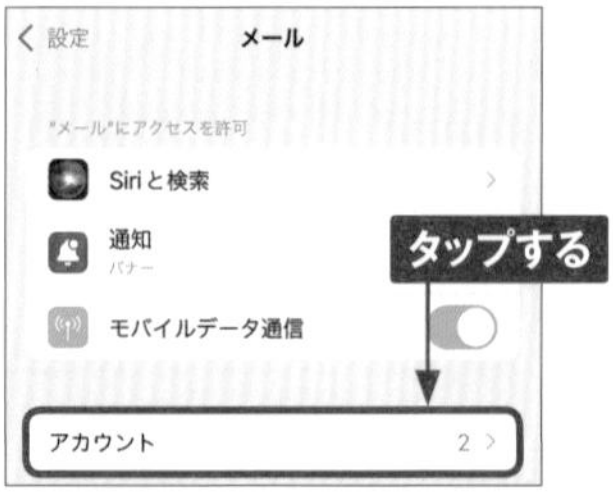

4 <アカウントを追加>をタップします。

5 <その他>をタップします。サービス名が表示されている場合は、タップして画面に従って操作します。

6 <メールアカウントを追加>をタップします。

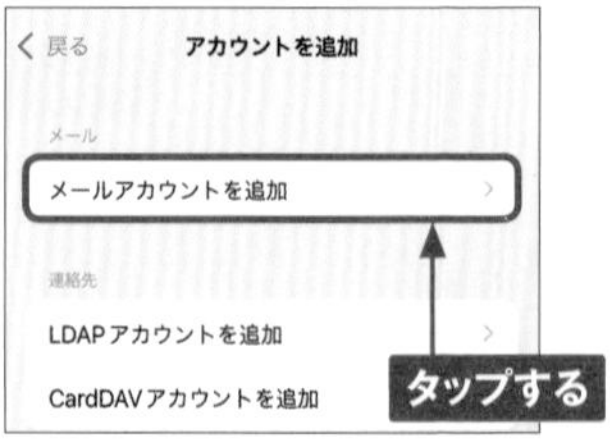

7 「メール」や「パスワード」など必要な項目を入力します。

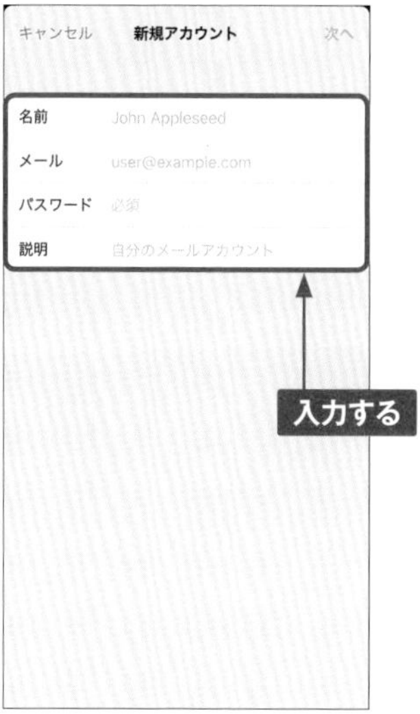

8 入力が完了すると、<次へ>がタップできるようになるので、タップします。

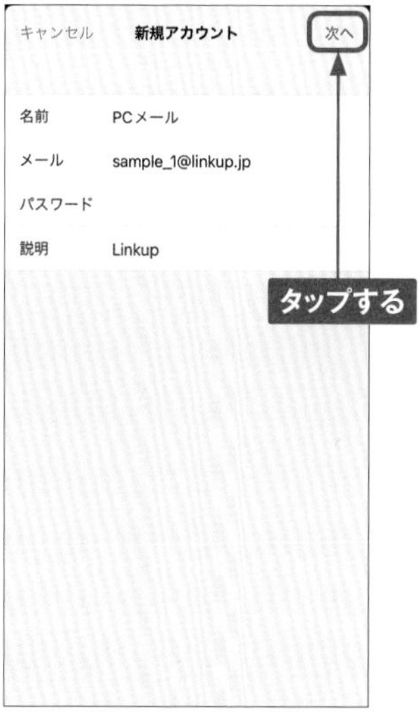

9 使用しているサーバに合わせて<IMAP>か<POP>をタップし、「受信メールサーバ」と「送信メールサーバ」の情報を入力します。

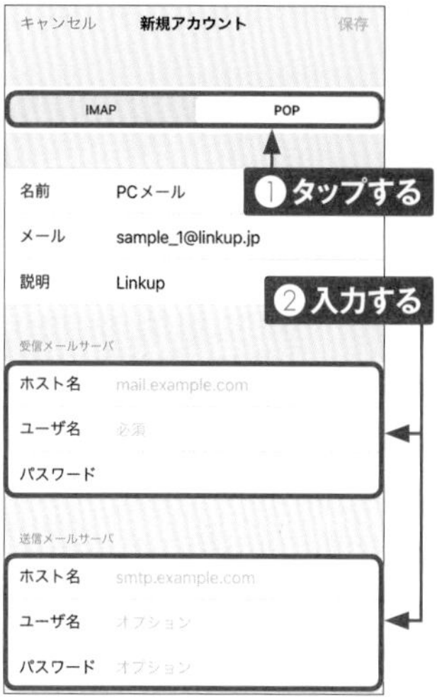

10 入力が完了したら、<保存>をタップします。

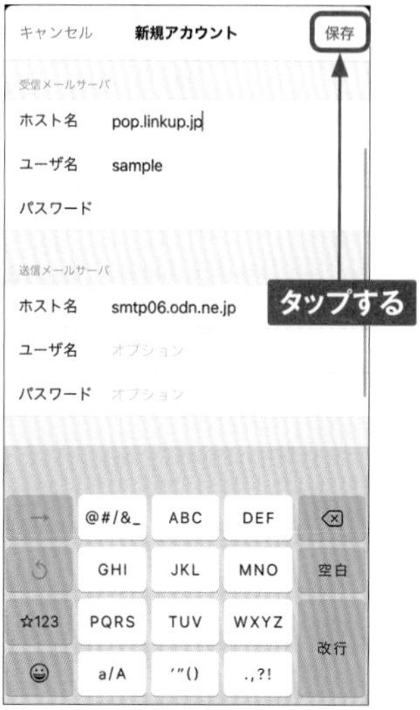

メールの設定を変更する

① ホーム画面で<設定>をタップします。

② <メール>をタップします。

③ メールの設定画面が表示されます。各項目のをタップするなどして、設定を変更します。

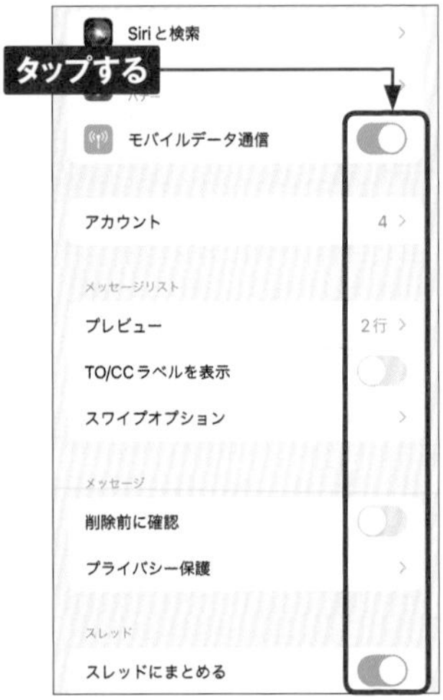

MEMO

メールの設定項目

メールの設定画面では、プレビューで確認できる行数を変更したり、メールを削除する際にメッセージを表示したりできるほか、署名の内容なども書き換えられます。より<メール>アプリが使いやすくなるよう設定してみましょう。

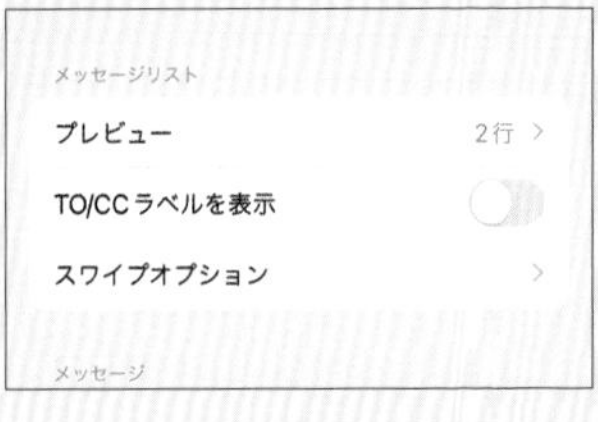

Chapter 5

インターネットを楽しむ

Section 26 Webページを閲覧する
Section 27 新しいWebページを表示する
Section 28 複数のWebページを同時に開く
Section 29 ブックマークを利用する
Section 30 Google検索を利用する
Section 31 リーディングリストを利用する
Section 32 プライバシーレポートを確認する
Section 33 プライベートブラウズモードを利用する
Section 34 拡張機能を利用する

Webページを閲覧する

iPhoneには「Safari」というWebブラウザが標準アプリとしてインストールされており、パソコンなどと同様にWebブラウジングが楽しめます。

SafariでWebページを閲覧する

① ホーム画面で をタップします。

② 初回はスタートページが表示されます。ここでは＜Yahoo＞をタップします。

③ Webページが表示されました。

MEMO

スタートページとは

スタートページには、ブックマークの「お気に入り」に登録されたサイトが一覧表示されます（P.127参照）。また新規タブ（P.122MEMO参照）を開いたときにも、スタートページが表示されます。

ツールバーを表示する

① Webページを開くと、画面下部にタブバーとツールバーが表示されます。

② Webページを閲覧中、上方向にスワイプしていると、タブバーやツールバーが消える場合があります。

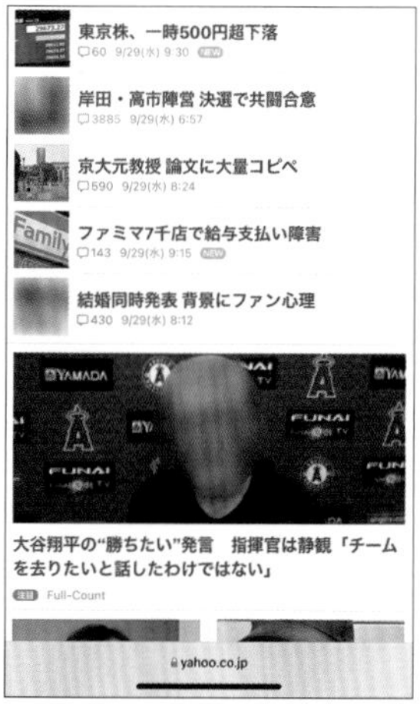

③ 画面を下方向へスワイプするか、画面の上端か下端をタップすると、タブバーやツールバーを表示できます。

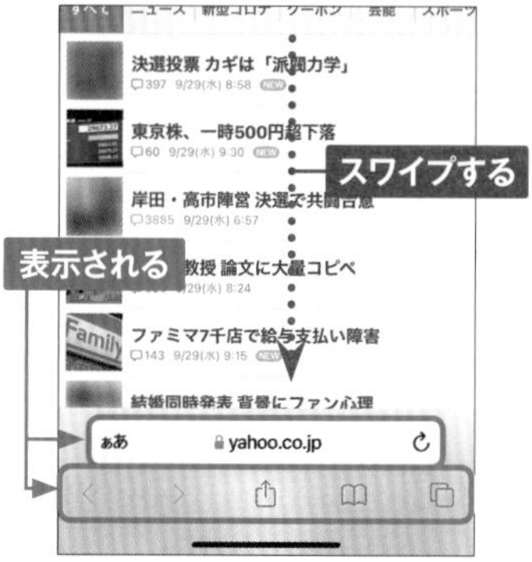

MEMO

ピンチやタップで表示を拡大／縮小する

Safariの画面をピンチオープンすると拡大で表示され、ピンチクローズすると縮小で表示されます。デスクトップ用表示（P.118参照）では、ダブルタップで拡大／縮小を切り替えることができます。

ページを移動する

1 Webページの閲覧中に、リンク先のページに移動したい場合は、ページ内のリンクをタップします。

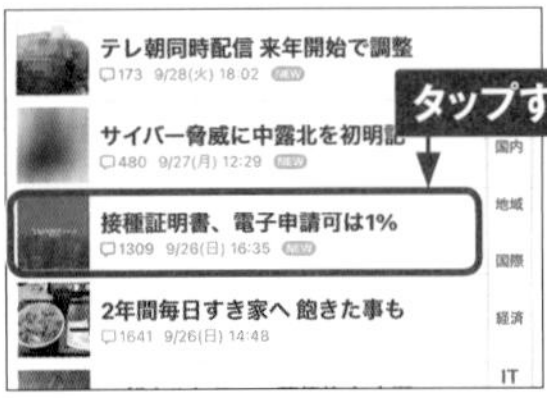

テレ朝同時配信 来年開始で調整
サイバー脅威に中露北を初明記
接種証明書、電子申請可は1%
2年間毎日すき家へ 飽きた事も
タップする

2 タップしたリンク先のページに移動します。画面を上方向にスワイプすると、表示されていない部分が表示されます。

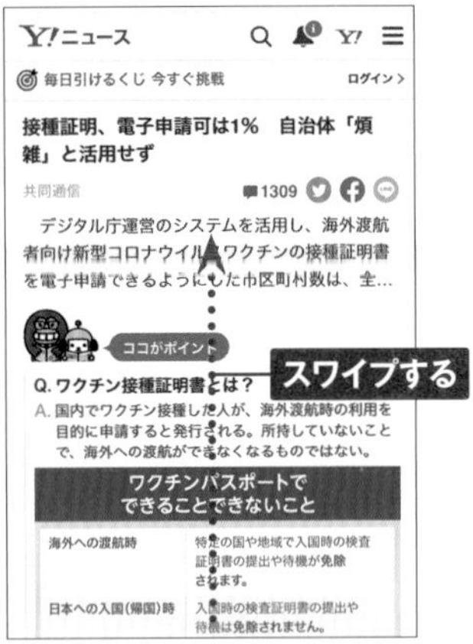

Y!ニュース
毎日引けるくじ 今すぐ挑戦
ログイン >
接種証明、電子申請可は1% 自治体「煩雑」と活用せず
共同通信
1309
ココがポイント
Q. ワクチン接種証明書とは？
ワクチンパスポートでできることできないこと
スワイプする

3 ＜をタップすると、タップした回数だけページが戻ります。＞をタップすると、戻る直前のページに進みます。

タップする
記事全文を読む
ぁあ
news.yahoo.co.jp

4 画面左端から右方向にスワイプすると、前のページに戻ることができます（画面右端から左方向にスワイプすると、次のページに進みます）。

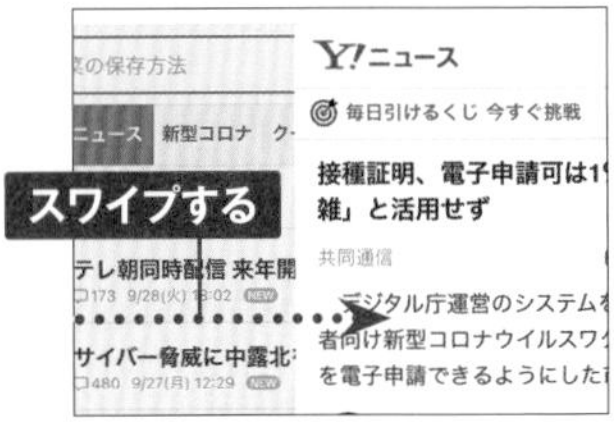

Y!ニュース
毎日引けるくじ 今すぐ挑戦
スワイプする
共同通信

MEMO リンク先のページをプレビューする

Webページを閲覧中、リンクをタッチすると、プレビューが表示され、リンク先のページの一部が確認できます。プレビューの外側をタップすると、もとの画面に戻ります。

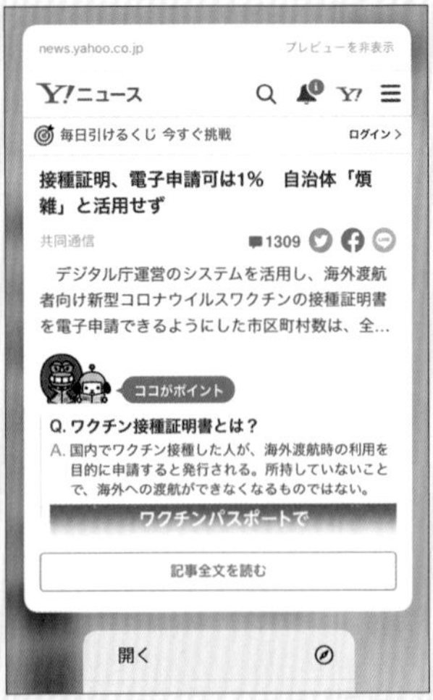

news.yahoo.co.jp
プレビューを非表示
Y!ニュース
毎日引けるくじ 今すぐ挑戦
ログイン >
接種証明、電子申請可は1% 自治体「煩雑」と活用せず
共同通信
1309
デジタル庁運営のシステムを活用し、海外渡航者向け新型コロナウイルスワクチンの接種証明書を電子申請できるようにした市区町村数は、全…
ココがポイント
Q. ワクチン接種証明書とは？
A. 国内でワクチン接種した人が、海外渡航時の利用を目的に申請すると発行される。所持していないことで、海外への渡航ができなくなるものではない。
記事全文を読む
開く

5

閲覧履歴からWebページを閲覧する

1 画面下部のをタップします。

2 「ブックマーク」画面が表示されるので、をタップします。

3 今まで閲覧したWebページの一覧が表示されます。閲覧したいWebページをタップします。

4 タップしたWebページが表示されます。

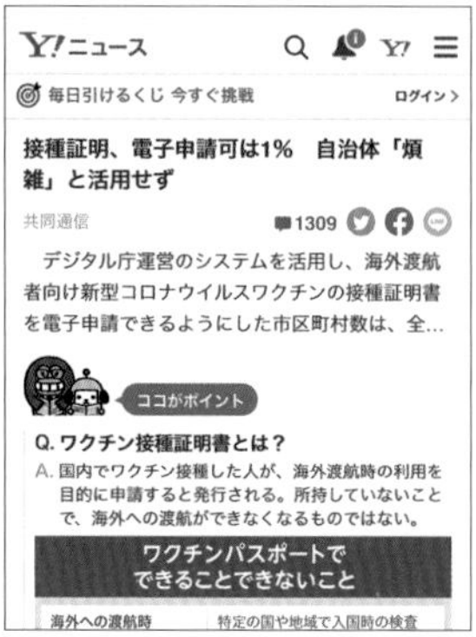

MEMO 閲覧履歴を消去する

「ブックマーク」画面でをタップして、画面下部の＜消去＞→＜すべて＞の順にタップすると、すべての閲覧履歴を消去できます。

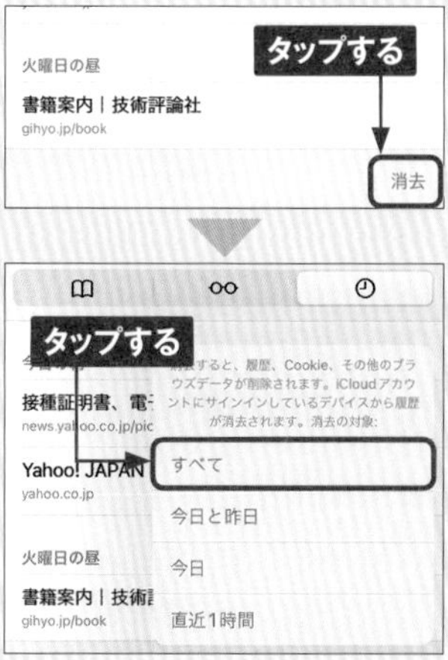

パソコン向けのレイアウトで表示する

① Webページの閲覧中に、画面を下方向にスワイプして、タブバーを表示し、ぁあをタップします。

② <デスクトップ用Webサイトを表示>をタップします。

③ Webページがパソコン向けのレイアウトで表示されます。

MEMO Webページの一番上に移動する

Webページを閲覧中、画面の上端をダブルタップすると、見ていたページの最上部まで移動することができます。

そのほかの機能を利用する

●アドレスバーを表示

P.118手順②で＜上のアドレスバーを表示＞をタップすると、画面上部にアドレスバーが表示されるようになります。

●画面を拡大／縮小

P.118手順②であをタップすると画面が拡大され、あをタップすると画面が縮小されます。

●タブバーとツールバーを非表示

P.118手順②で＜ツールバーを非表示＞をタップすると、タブバーとツールバーが非表示になります。画面下部をタップすると、再度表示されます。

●リーダー表示

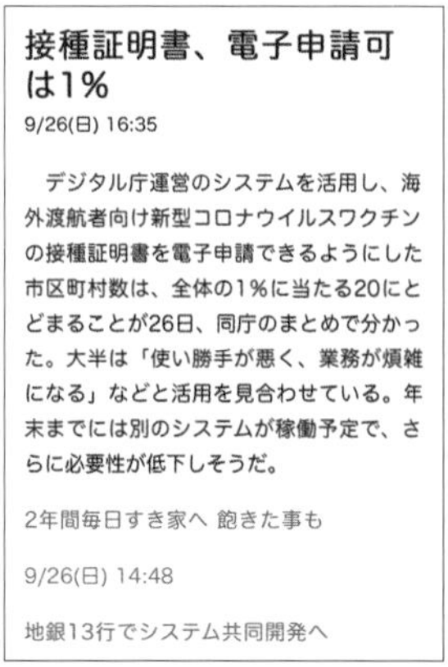

P.118手順②で＜リーダー表示を表示＞をタップすると、リーダー表示に切り替わります。

5

Section 27

新しいWebページを表示する

Safariでは、新しいWebページを表示することができます。画面下部にあるタブバーの検索フィールドに直接URLを入力すると、入力したWebページを表示することができます。

検索フィールドにURLを入力する

① P.114手順①を参考にして、<Safari>を起動します。画面を下方向にスワイプして、タブバーを表示します。

② 検索フィールドをタップします。⊗をタップすると、検索フィールドにある文字を消すことができます。

③ 閲覧したいWebページのURLを入力し、<開く>（または<Go>）をタップします。

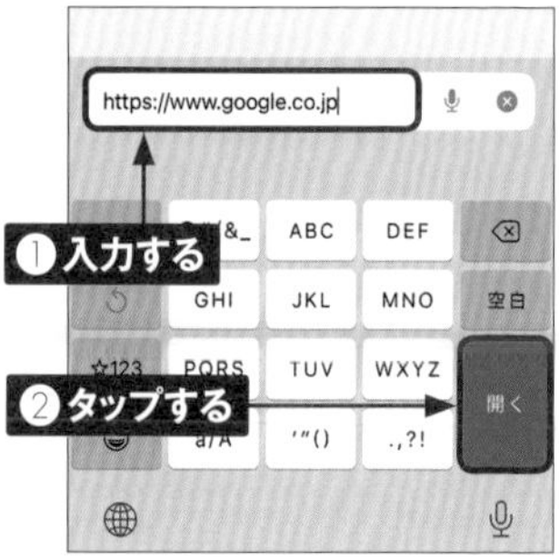

④ 入力したURLのWebページが表示されます。

表示を更新・中止する

① Webページの表示を更新したい場合は、タブバーの↻をタップします。

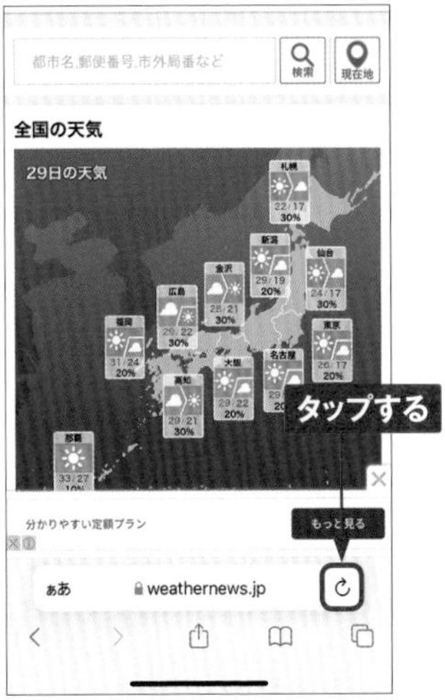

② Webページの更新中は、プログレスバーが青くなります。

③ 更新されたWebページが表示されます。

④ ページの移動や更新を中止したい場合は、手順②の状態でタブバーに表示される×をタップします。

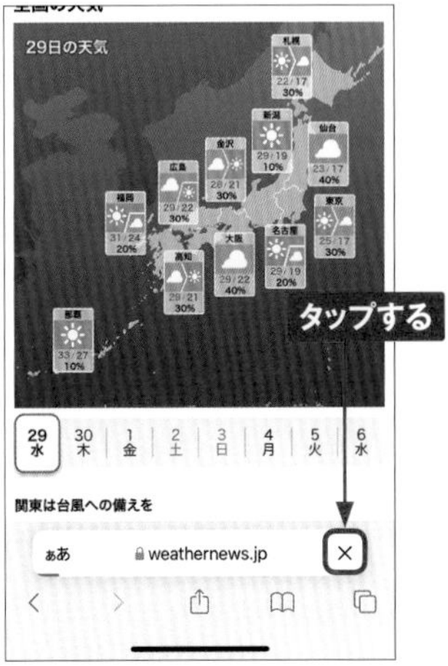

Section 28

複数のWebページを同時に開く

Safariは、タブを使って複数のWebページを開くことができます。よく見るWebページを開いておき、タブを切り替えていつでも見ることができます。

新規タブでWebページを開く

① 開きたいリンクをタッチします。

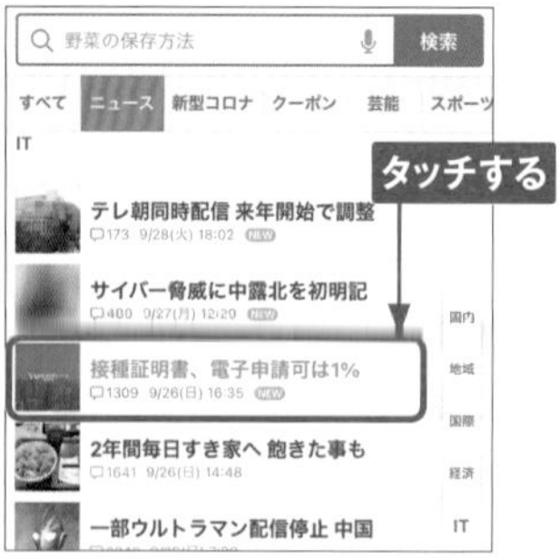

② メニューが表示されるので、<新規タブで開く>をタップします。

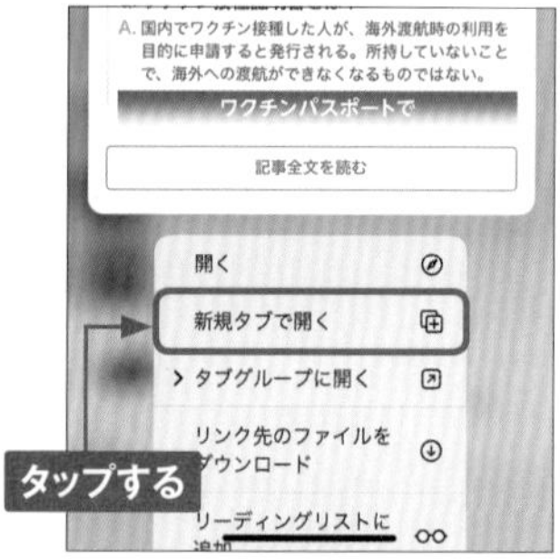

③ 新規タブが開き、タッチしたリンク先のWebページが表示されます。

MEMO 新規タブを表示する

P.123手順②で＋をタップすると、新規タブが表示されます。P.120やP.130を参照して、Webページを閲覧しましょう。

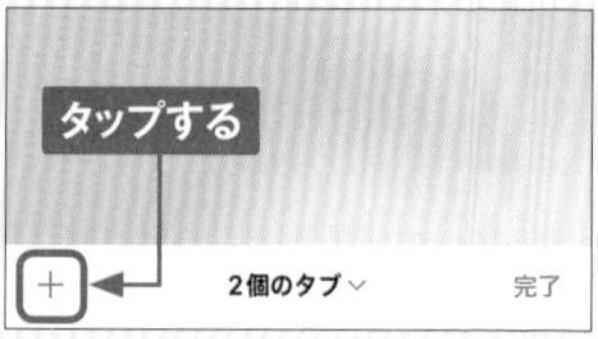

複数のWebページを切り替える

① タブの切り替えは画面下部の□をタップします。

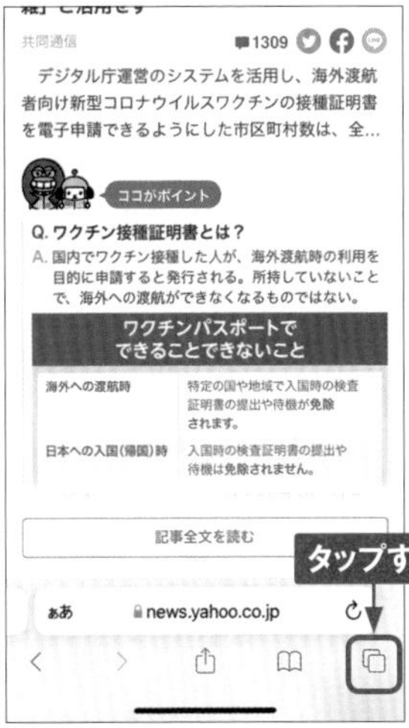

② 閲覧したいタブをタップします。×をタップすると、タブを閉じることができます。

③ 目的のWebページが表示されます。なお、タブバーを左右にスワイプすることでも、タブを切り替えることができます。

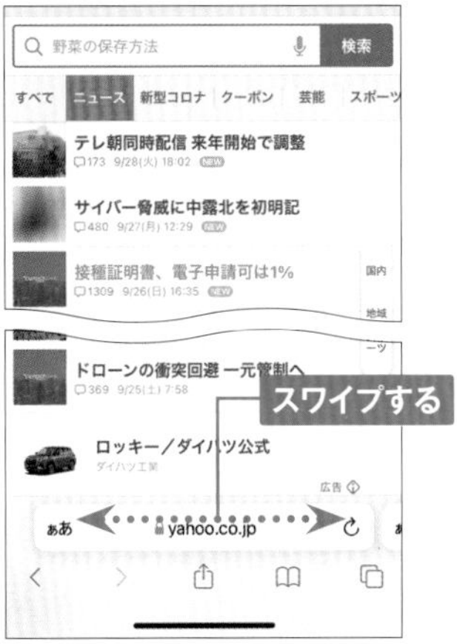

MEMO タブをまとめて一気に閉じる

開いたタブは手順②の方法でも閉じることができますが、まとめて削除することも可能です。手順①の画面で□をタッチし、<○個のタブをすべて閉じる>をタップすると、開いているタブをまとめて閉じることができます。

タブを閉じる／並べ替える

●タブを閉じる

① タブを開き をタッチします。

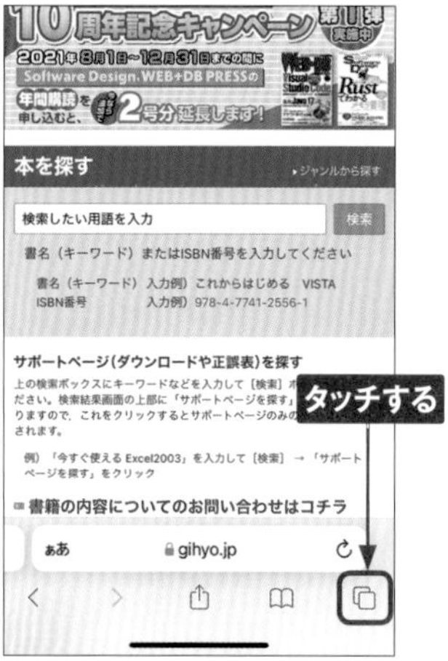

② ＜このタブを閉じる＞をタップします。

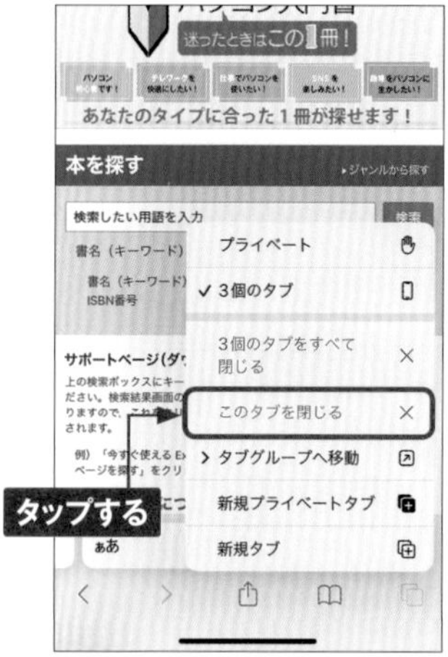

●タブを並べ替える

① P.123手順②でタブをタッチし、＜タブの表示順序＞をタップします。

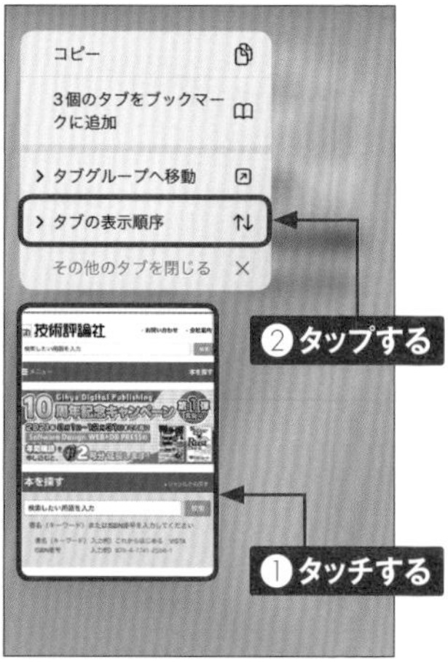

② 並べ替え方法を選択してタップします。

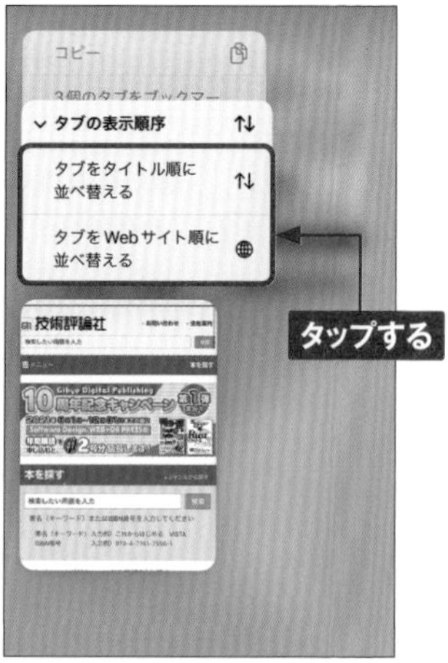

タブグループを作成する

1 P.123手順②で<○個のタブ>をタップします。

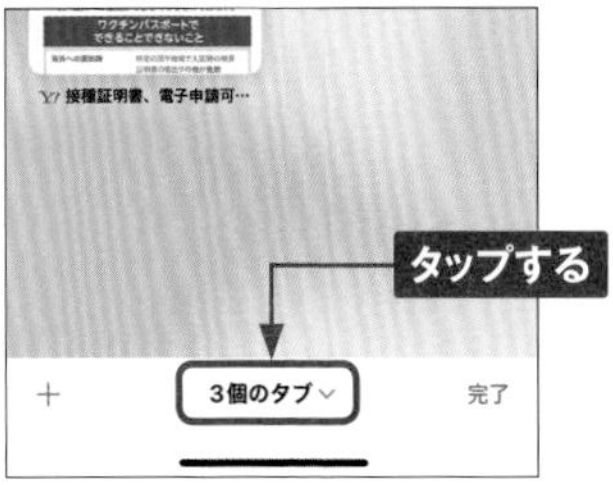

2 ここではすでに開いているタブをグループにします。<○個のタブから新規タブグループを作成>をタップします。

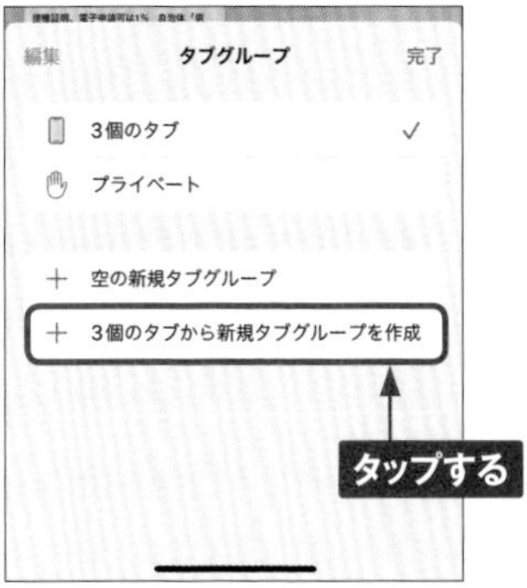

3 タブのグループ名を入力し、<保存>をタップします。

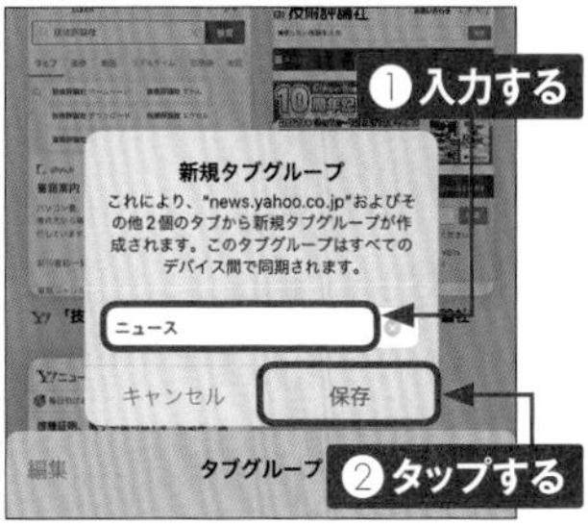

4 タブがグループ化されます。作成したグループ名をタップします。

5 ほかのタブに切り替えたり、別のグループを作成したりすることができます。

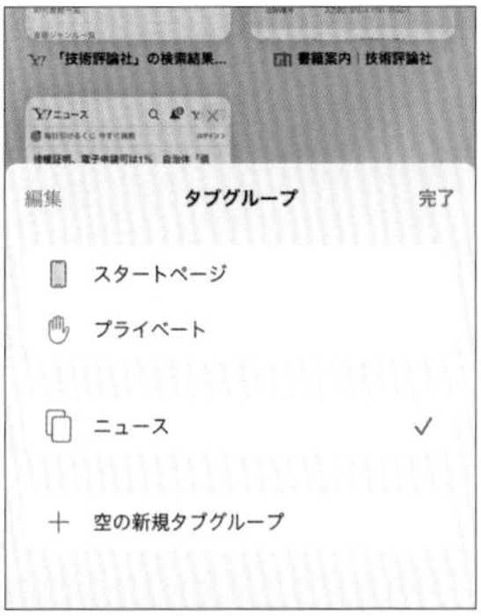

MEMO

タブグループを削除する

作成したタブグループを削除するには、手順②の画面を表示して、<編集>をタップします。削除したいタブグループの⊖をタップし、<削除>→<削除>の順にタップします。

5

ブックマークを利用する

Safariでは、WebページのURLを「ブックマーク」に保存し、好きなときにすぐに表示することができます。ブックマーク機能を活用して、インターネットを楽しみましょう。

ブックマークを追加する

① ブックマークに追加したいWebページを表示した状態で、画面下部にある をタップします。

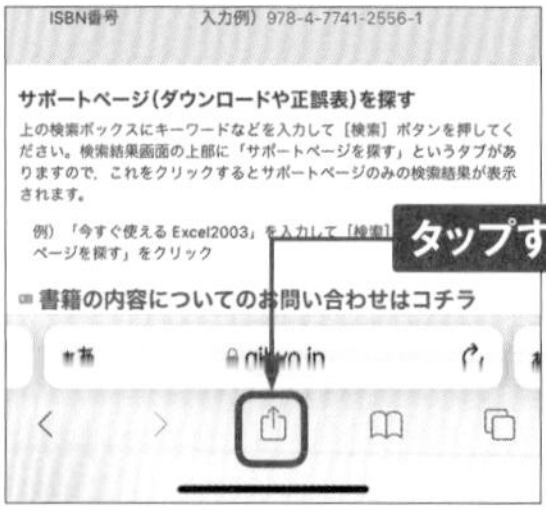

② メニューが表示されるので、<ブックマークを追加>をタップします。なお、<お気に入りに追加>をタップすると、ブックマークの「お気に入り」フォルダに直接追加されます。

③ ブックマークのタイトルを入力します。わかりやすい名前を付けましょう。

④ 入力が終了したら、<保存>をタップします。ほかにフォルダがない状態では「お気に入り」フォルダが保存先に指定されていますが、フォルダをタップして変更することができます。

ブックマークに追加したWebページを表示する

① 画面下部の🕮をタップします。

② 🕮をタップして、「ブックマーク」画面を表示します。＜お気に入り＞をタップします。

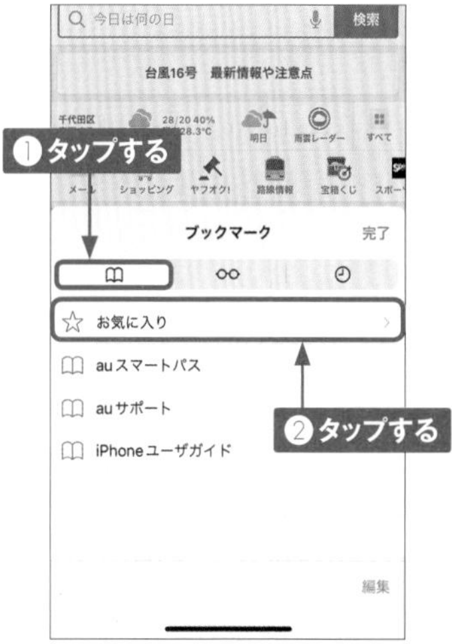

③ 閲覧したいブックマークをタップします。ブックマーク一覧が表示されない場合は、画面左上の＜すべて＞をタップします。

④ タップしたブックマークのWebページが表示されました。

5

ブックマークを削除する

1 画面下部のをタップします。

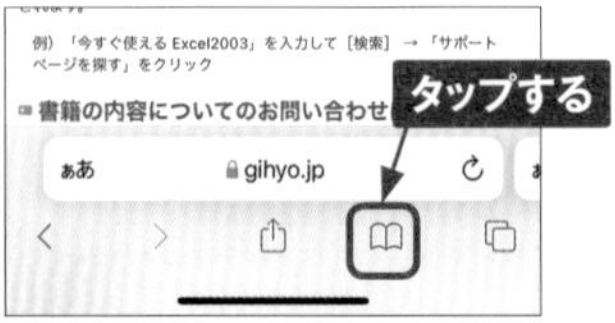

2 「ブックマーク」画面が表示されます。削除したいブックマークのあるフォルダを開き、＜編集＞をタップします。

3 削除したいブックマークのをタップします。

4 ＜削除＞をタップします。

5 ＜完了＞をタップすると、もとの画面に戻ります。

ブックマークにフォルダを作成する

① フォルダを作成して、ブックマークを整理できます。P.128手順③で画面左下の<新規フォルダ>をタップします。

② フォルダの名前を入力して、<完了>をタップすると、フォルダが作成されます。

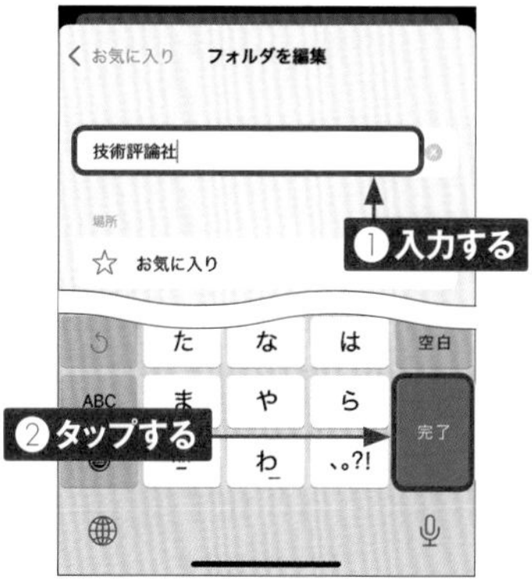

③ フォルダにブックマークを移動するときは、P.128手順③でフォルダに追加したいブックマークをタップします。

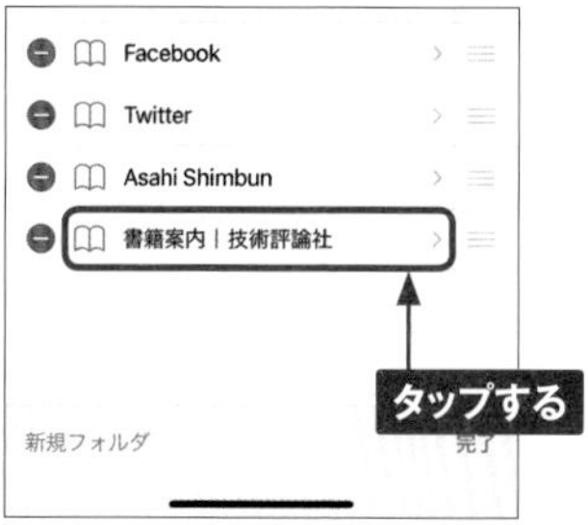

④ 現在のフォルダ（ここでは<お気に入り>）をタップします。

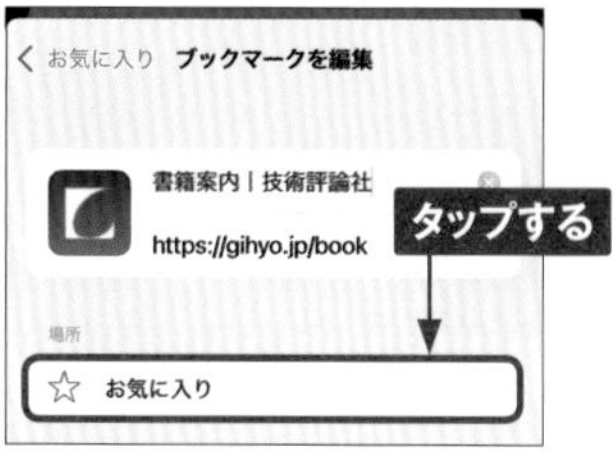

⑤ 移動先のフォルダをタップし、チェックを付けます。ここでは例として<技術評論社>をタップして選択します。

⑥ 画面上部の‹をタップし、「お気に入り」画面に戻り、画面下部にある<完了>をタップします。

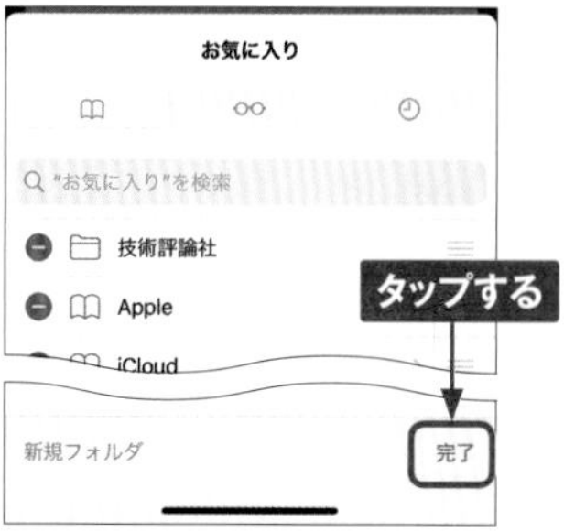

Section 30

Google検索を利用する

Webページを閲覧する際、検索フィールドに文字列を入力すると、検索機能が利用できます。ここでは、Safariに標準で搭載されている検索フィールドの使い方を紹介します。

キーワードからWebページを検索する

① 画面下部の検索フィールドをタップします。

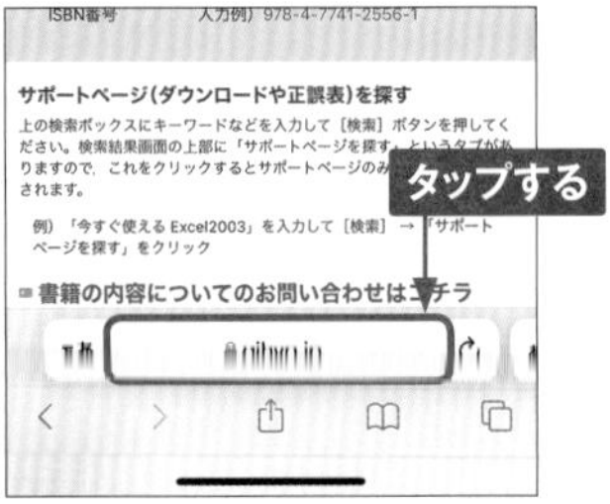

② 検索したいキーワードを入力して、オンスクリーンキーボードの<開く>（または<Go>）をタップします。

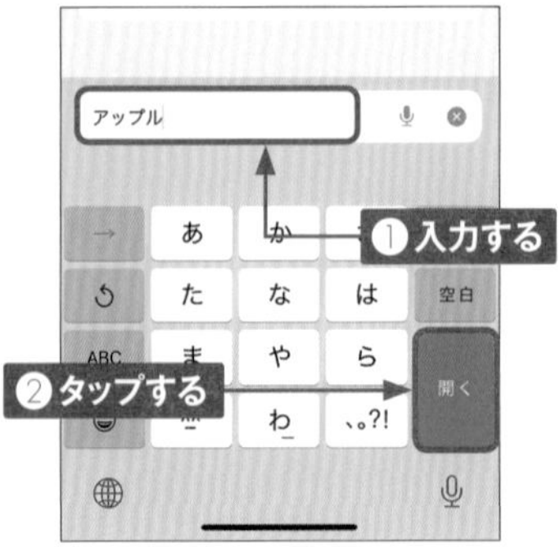

③ 標準ではGoogle検索が実行されます。検索結果が表示されるので、閲覧したいWebページのリンクをタップします。

④ リンク先のWebページが表示されます。検索結果に戻る場合は、＜をタップします。

検索のキーワード候補からWebページを検索する

① P.130手順②で⊗をタップして、検索フィールドを空欄にします。

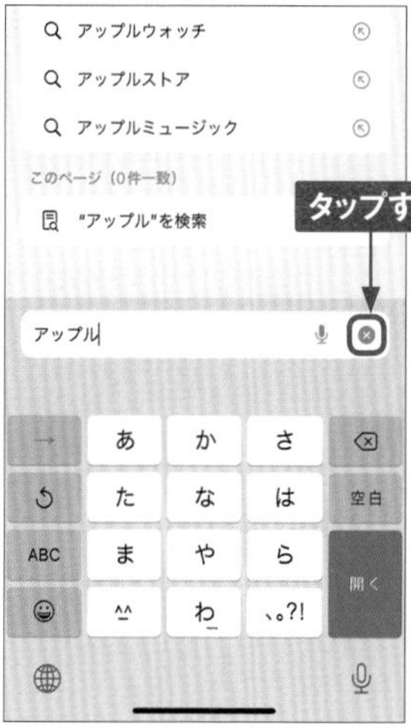

② 検索したいキーワードを入力すると、キーワード候補が表示されます。目的のキーワードをタップします。

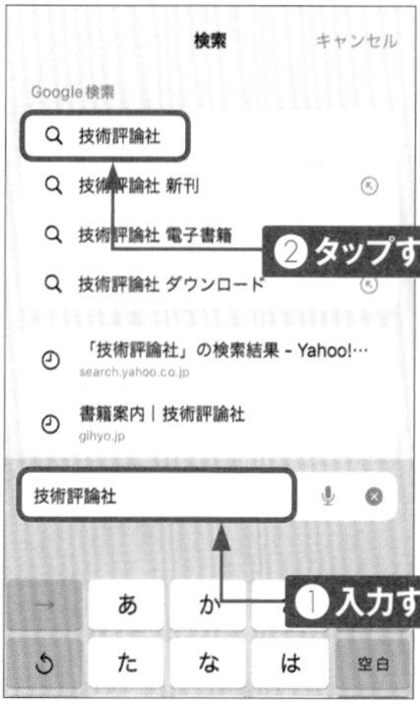

③ 指定したキーワードでGoogle検索が実行されます。

MEMO 検索エンジンを変更する

Safariは、標準でGoogleの検索エンジンを使用しています。ほかの検索エンジンを使いたい場合は、検索エンジンを切り替えましょう。ホーム画面で＜設定＞→＜Safari＞→＜検索エンジン＞の順にタップします。その後、使用したい検索エンジン名をタップすると、設定完了です。なお、DuckDuckGoとEcosiaは検索履歴を保存しない検索エンジンです。

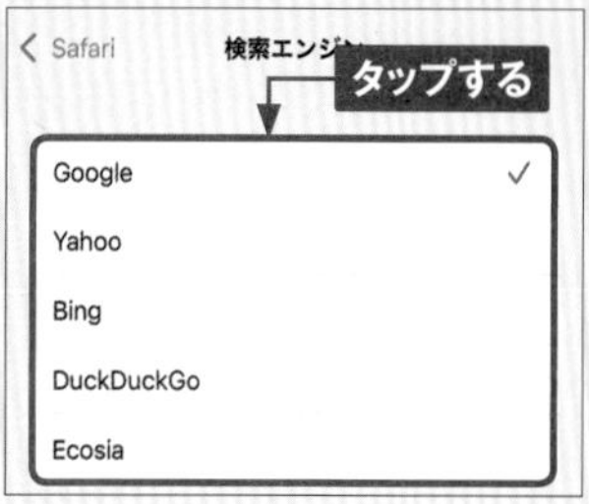

5

Section 31

リーディングリストを利用する

リーディングリストを使って、「あとで読む」リストを作りましょう。なお、リーディングリストに追加する際は、インターネットに接続している必要があります。

Webページをリーディングリストに追加する

① リーディングリストに追加したいWebページを表示し、をタップします。

② ＜リーディングリストに追加＞をタップします。「オフライン表示用のリーディングリスト記事を自動的に保存しますか?」と表示されたら、＜自動的に保存＞または＜自動的に保存しない＞をタップします。

MEMO リーディングリストとは

リーディングリストは、Webページを保存しておいて、あとで改めて読むための機能です。リーディングリストに追加したWebページは、通信ができないときでも表示することが可能です。また、未読の管理が行えるため、まだ読んでいないWebページをかんたんに確認することができます。気になった記事や、読み切れなかった記事があったときなどに便利です。

リーディングリストに追加したWebページを閲覧する

① Safariを起動した状態で をタップします。

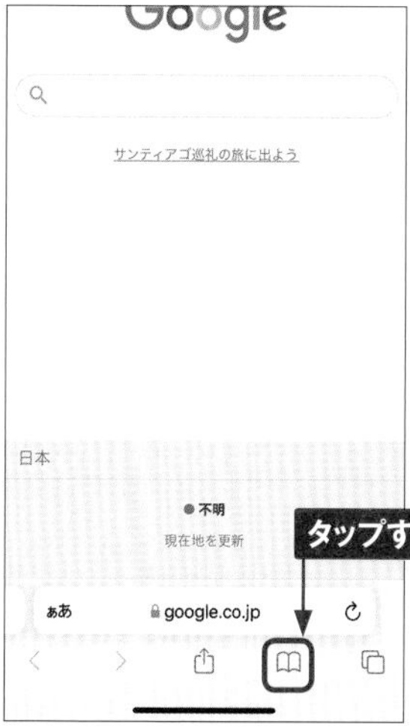

② をタップします。

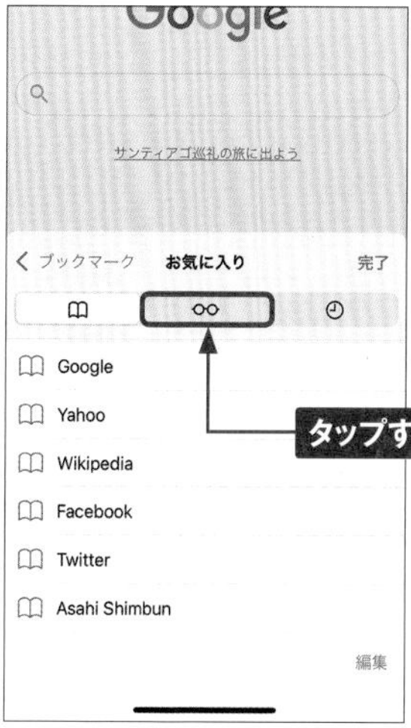

③ リーディングリストに追加したWebページが一覧表示されます。閲覧したいWebページをタップすると、指定したWebページが表示されます。

MEMO

リーディングリストを管理する

手順③の画面下部の<未読のみ表示>をタップすると、未読のリーディングリストのみが表示され、<すべて表示>をタップすると、すべてのリーディングリストが表示されます。リーディングリストを削除したい場合は、目的のWebページを左方向にスワイプし、<削除>をタップします。

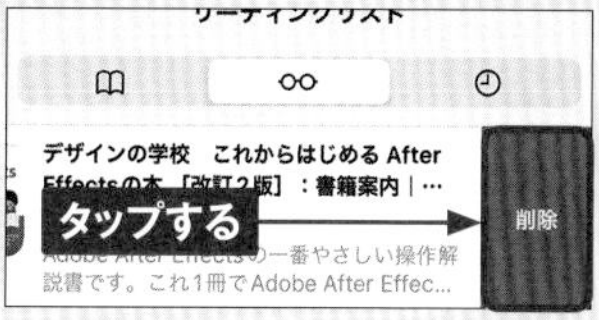

Section 32

プライバシーレポートを確認する

Webサイトを訪れると、トラッカーと呼ばれるプログラムによって閲覧者の情報を収集され、広告の表示などに利用されることがあります。Safariでは、トラッカーをブロックし、その結果を確認できます。

ブロックしているトラッカーを確認する

① Webページを表示した状態で、ぁあをタップします。

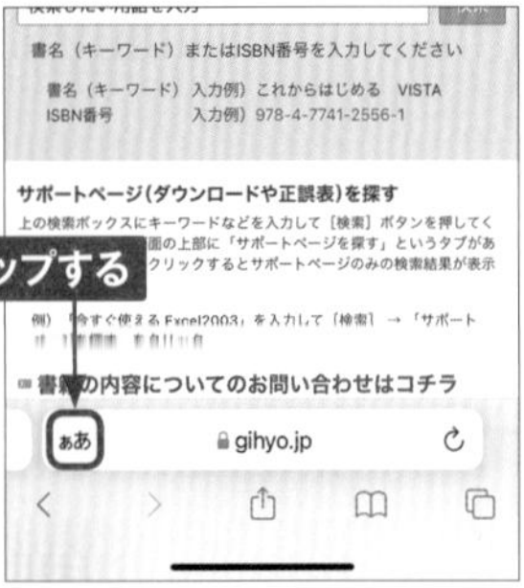

② ＜プライバシーレポート＞をタップします。

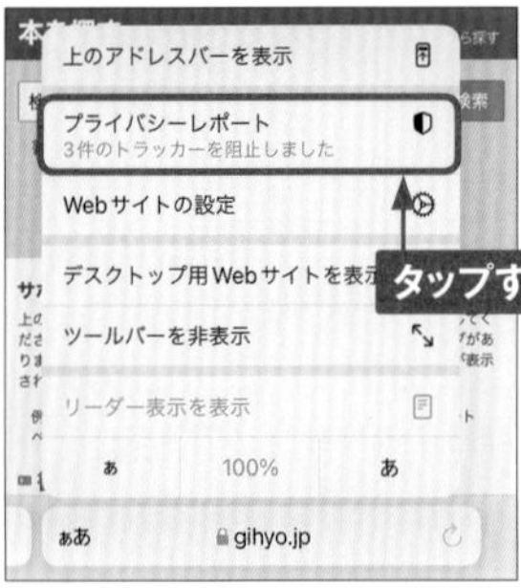

③ ブロックされているトラッカーの数やアクセス後に外部のトラッカーを呼び出したWebサイトが表示されます。

④ ＜トラッカー＞をタップすると、Webサイトによって呼び出されたトラッカーを確認できます。

Section 33

プライベートブラウズモードを利用する

Safariでは、Webページの閲覧履歴や検索履歴、入力情報が保存されない「プライベートブラウズモード」が利用できます。プライバシーを重視したい内容を扱う場合などに利用するとよいでしょう。

プライベートブラウズモードを利用する

① Safariを起動した状態で、⧉をタップします。

② 画面下部のタブグループ名または<○個のタブ>をタップします。

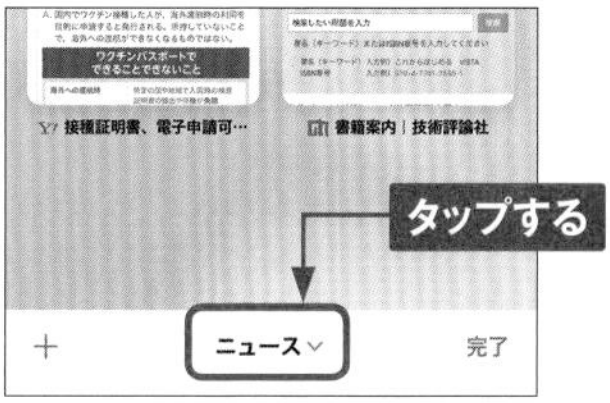

③ <プライベート>をタップします。

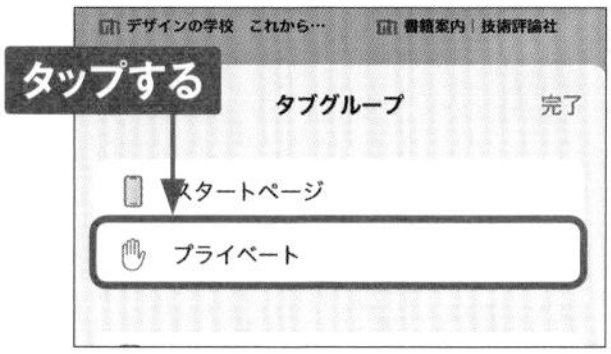

④ <完了>をタップします。

⑤ プライベートブラウズモードに切り替わります。

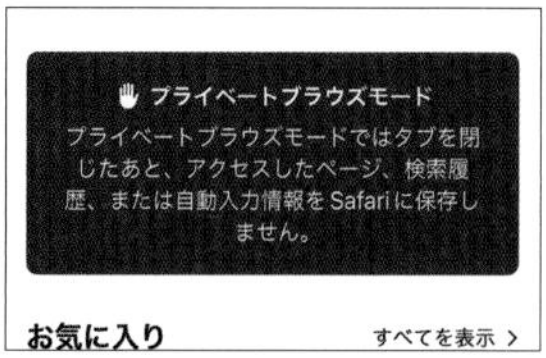

MEMO プライベートブラウズモードを終了する

プライベートブラウズモードを終了するには、手順④の画面で<プライベート>→タブグループ名または<○個のタブ>の順にタップします。

5

Section 34

拡張機能を利用する

Safariには便利な拡張機能を追加することができます。拡張機能は＜App Store＞アプリからインストールする必要があるので、インストール方法はSec.44を参照してください。

拡張機能を追加する

① ホーム画面で＜設定＞をタップして、＜Safari＞をタップします。

② ＜機能拡張＞をタップします。

③ ＜機能拡張を追加＞をタップします。

④ ＜App Store＞アプリに移動するので、Sec.44を参考に拡張機能をインストールします。

Chapter
6

音楽や写真・動画を楽しむ

Section 35　音楽を購入する
Section 36　音楽を聴く
Section 37　Apple Musicを利用する
Section 38　写真を撮影する
Section 39　動画を撮影する
Section 40　写真や動画を閲覧する
Section 41　写真や動画を編集・補正する
Section 42　写真を削除する

Section 35

音楽を購入する

iPhoneでは、＜iTunes Store＞アプリを使用して、直接音楽を購入することができます。購入前の試聴も可能なので、気軽に利用することができます。

6

ランキングから曲を探す

1 ホーム画面で＜iTunes Store＞をタップします。「ファミリー共有を設定」画面が表示された場合は、＜今はしない＞をタップします。

2 iTunes Storeのランキングを見たいときは、画面左下の＜ミュージック＞をタップし、＜ランキング＞をタップします。

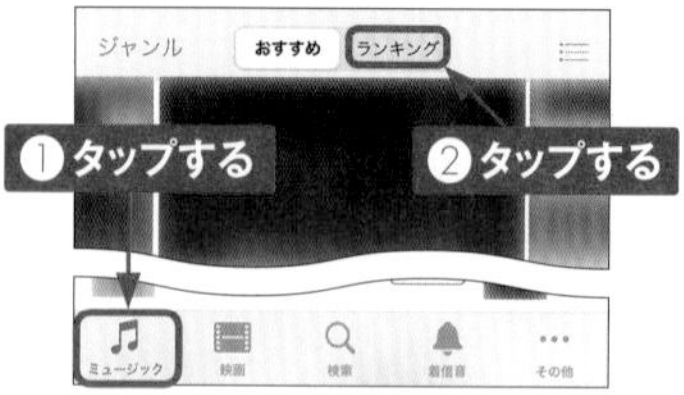

3 「ソング」や「アルバム」、「ミュージックビデオ」のランキングが表示されます。特定のジャンルのランキングを見たいときは、＜ジャンル＞をタップします。

4 ジャンルの一覧が表示されます。閲覧したいランキングのジャンルをタップします。ここでは、＜エレクトロニック＞をタップします。

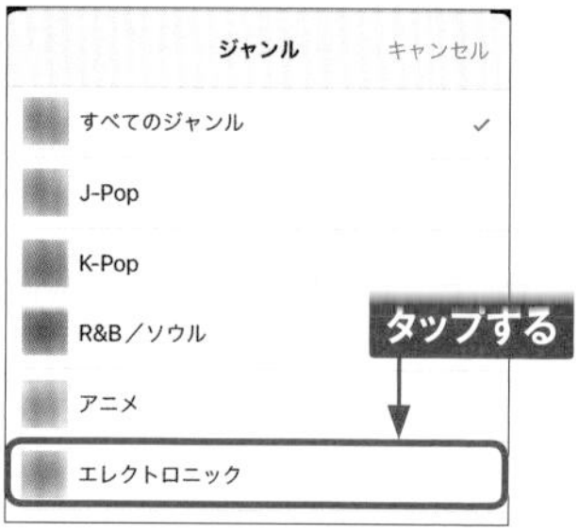

5 選択したジャンルのソング全体のランキングが表示されます。

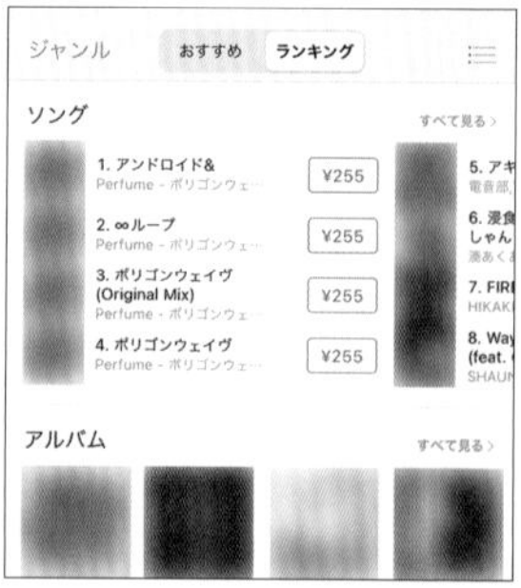

アーティスト名や曲名で検索する

① 画面下部の＜検索＞をタップします。

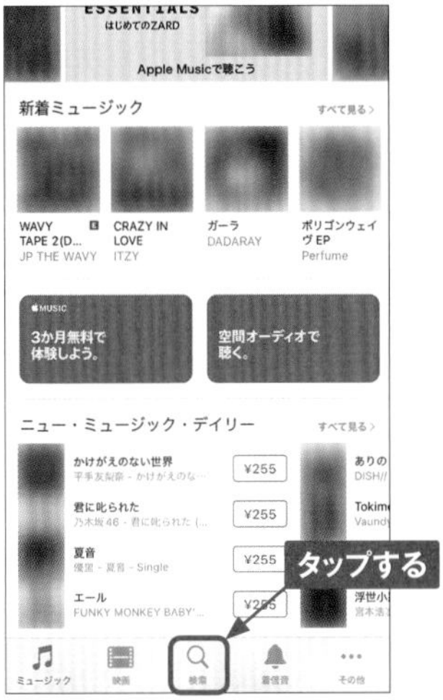

② 検索フィールドにアーティスト名や曲名を入力し、＜検索＞をタップします。

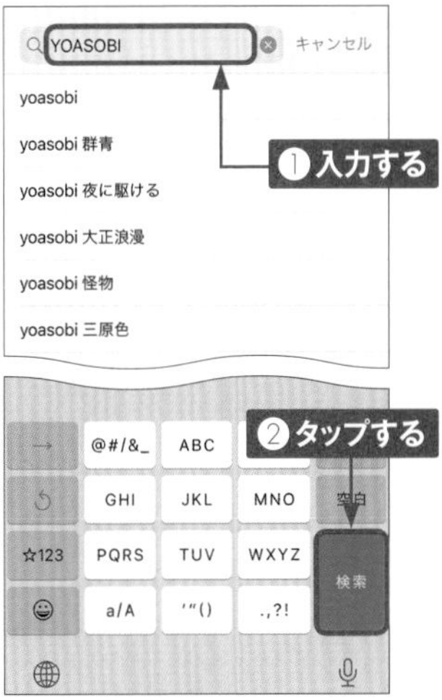

③ 検索結果が表示されます。ここでは＜アルバム＞をタップします。

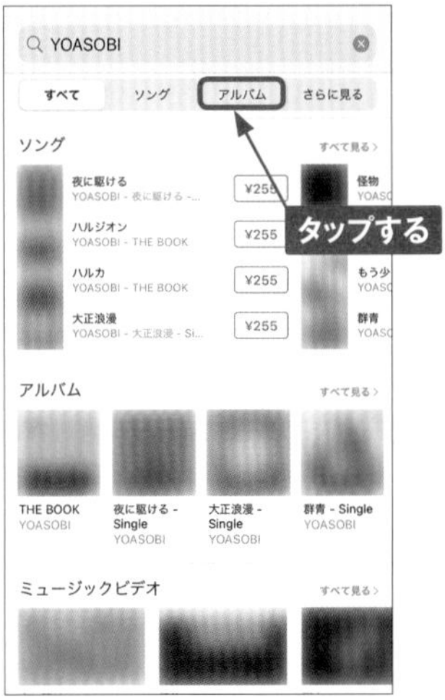

④ 検索したキーワードに該当するアルバムが表示されます。任意のアルバムをタップすると、選択したアルバムの詳細が確認できます。

曲を購入する

1 P.139手順④の次の画面では、曲の詳細やレビュー、関連した曲を見ることができます。

2 購入する前に曲を試聴できます。曲のタイトルをタップすると、曲が一定時間再生されます。

3 購入したい曲の価格をタップします。アルバムを購入する場合は、アルバム名の下にある価格をタップします。

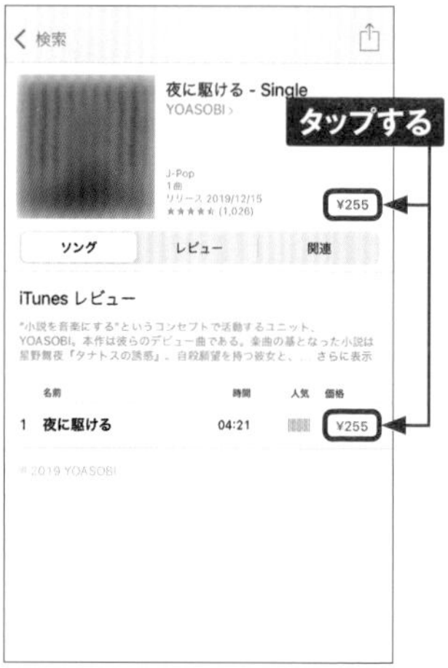

4 〈支払い〉をタップします。

⑤ 「Apple IDでサインイン」画面が表示されたら、Apple ID（Sec.16参照）のパスワードを入力し、＜サインイン＞をタップします。なお、パスワードの要求頻度の確認画面が表示された場合は、＜常に要求＞または＜15分後に要求＞をタップします。

⑥ 曲の購入を確認する画面が表示された場合は、＜購入する＞をタップします。購入した曲のダウンロードが始まります。

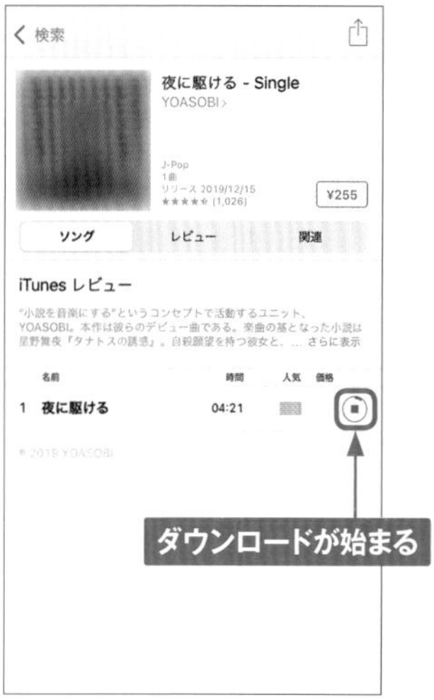

⑦ ＜再生＞をタップすると、購入した曲をすぐに聴くことができます。

MEMO

支払い情報が未登録の場合

＜iTunes Store＞アプリで利用するApple IDに支払い情報を登録していないと、手順⑤のあとに「お支払情報が必要です」と表示されます。その場合、＜続ける＞をタップし、画面の指示に従って支払い情報を登録しましょう。登録を終えると、曲の購入が可能になります。

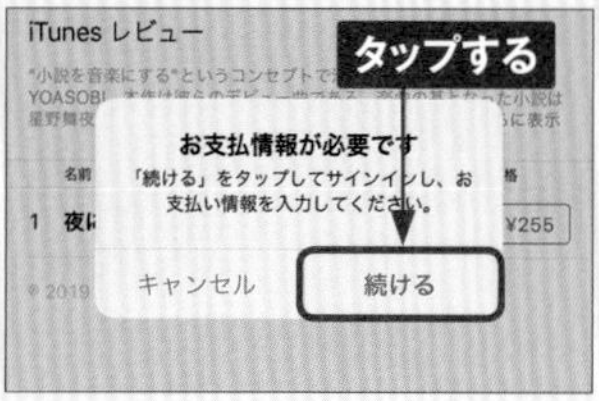

6

Section 36

音楽を聴く

パソコンから転送した曲や、iTunes Storeで購入した曲を、<ミュージック>アプリを使って再生しましょう。ほかのアプリの使用中にも音楽を楽しめるうえ、ロック画面での再生操作も可能です。

「再生中」画面の見方

タップすると、再生中の曲が画面下部のミニプレーヤーに表示され、P.143手順④の画面に戻ります。再び「再生中」画面を表示させるには、ミニプレーヤーをタップします。

曲やアルバムのアートワークが表示されます。

曲名とアーティストが表示されます。

左右にドラッグすると再生位置を調節できます。

各ボタンをタップすると曲の操作が行えます。

タップするとAir Play（P.23参照）や、Bluetooth（Sec.76参照）対応の機器で音楽を再生します。

タップすると、「ライブラリに追加」「プレイリストに追加」などのメニューが表示されます。

左右にドラッグすると音量を調節できます。

次に再生される曲の一覧が表示されます。

音楽を再生する

1 ホーム画面でをタップします。Apple Musicの案内が表示されたら、＜続ける＞→＜今はしない＞の順にタップします。

2 ＜ライブラリ＞をタップし、任意の項目（ここでは＜アルバム＞）をタップします。

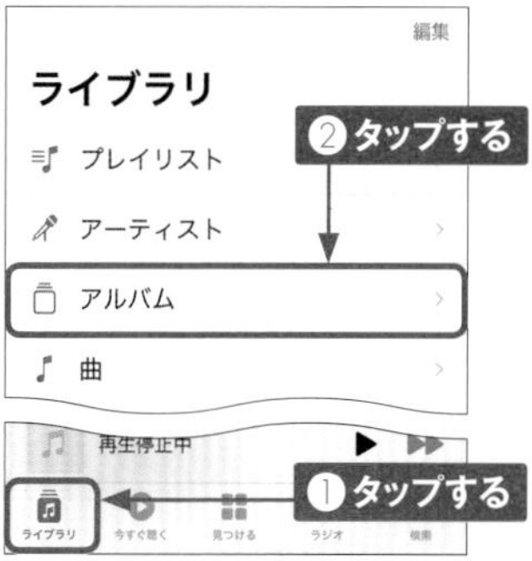

3 任意のアルバムをタップします。

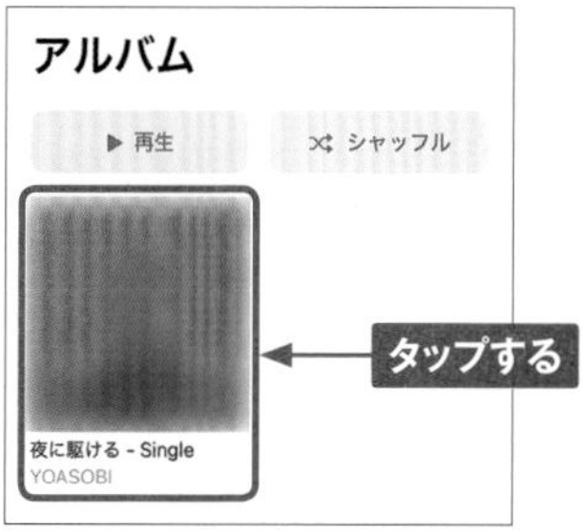

4 曲の一覧を上下にドラッグし、曲名をタップして再生します。画面下部のミニプレーヤーをタップします。

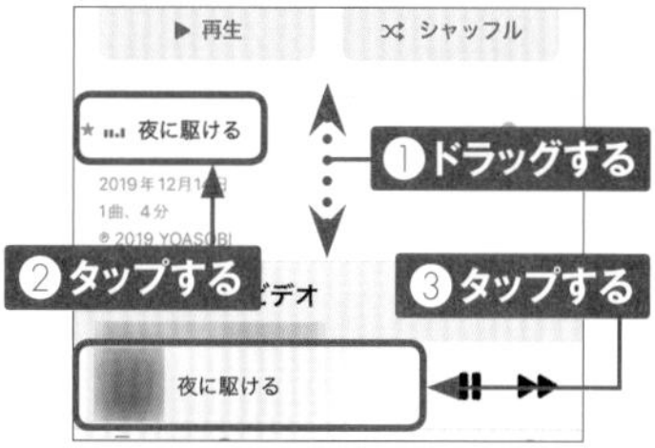

5 「再生中」画面が表示されます。一時停止する場合はをタップします。

MEMO ロック画面で音楽再生を操作する

音楽再生中にロック画面を表示すると、ロック画面に＜ミュージック＞アプリの再生コントロールが表示されます。この再生コントロールで、再生や停止、曲のスキップなど、基本的な操作はひと通り行えます。

Apple Musicを利用する

Application

Apple Musicは、インターネットを介して音楽をストリーミング再生できる新しいサービスです。月額料金を支払うことで、数千万曲以上の音楽を聴き放題で楽しめます。

Apple Musicとは

Apple Musicは、月額制の音楽ストリーミングサービスです。ストリーミング再生だけでなく、iPhoneやiPadにダウンロードしてオフラインで聴いたり、プレイリストに追加したりすることもできます。個人プランは月額980円、ファミリープランは月額1,480円、学生プランは月額480円で、利用解除の設定を行わない限り、毎月自動で更新されます。サブスクリプションを購入すると、iTunes Storeで販売しているさまざまな曲とミュージックビデオを自由に視聴できるほか、著名なアーティストによるライブ配信のラジオなどを聴くこともできます。また、ファミリープランでは、家族6人まで好きなときに好きな場所で、それぞれの端末上からApple Musicを利用できます。なお、Apple Oneに登録することでもApple Musicを利用できます。Apple Oneは、Apple Music、Apple TV+、Apple Arcade、iCloudの4つのサービスを個人プランは月額1,100円、ファミリープランは月額1,850円で利用できます。

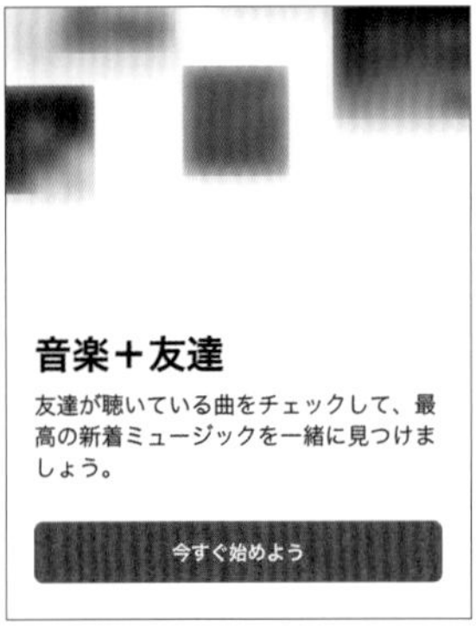
音楽＋友達
友達が聴いている曲をチェックして、最高の新着ミュージックを一緒に見つけましょう。
今すぐ始めよう

Apple Musicのメンバーシップになると、プロフィールを登録したり、ほかのユーザーと曲やプレイリストを共有したりすることができます。

今すぐ聴く
7,000万曲をお楽しみください。広告は表示されません。
Music
今すぐ開始
プランは月額¥980で自動更新されます。

3ヵ月間、無料でサービスを利用できるトライアルキャンペーンを実施しています（2021年10月現在）。

Apple Musicの利用を開始する

1 ホーム画面で をタップし、<今すぐ聴く>をタップします。

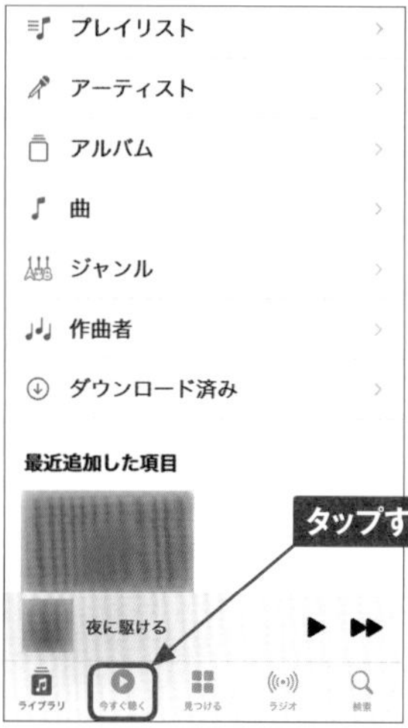

2 <今すぐ開始>をタップします。

3 アカウントを確認し、<サブスクリプションに登録>をタップします。

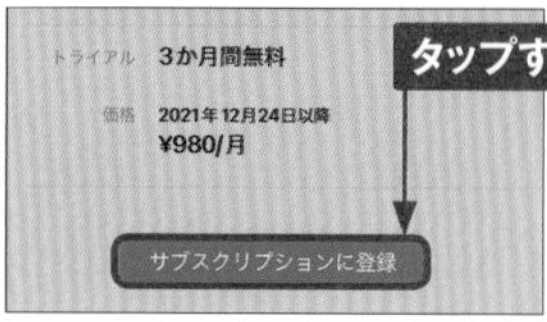

4 気になるジャンルとアーティストを画面に従って登録し、<完了>をタップするとApple Musicの利用が開始します。

MEMO サブスクリプション購入のお知らせを確認する

Apple Musicのサブスクリプションを開始すると、Apple IDのメールアドレス宛に「サブスクリプションの確認」という件名でメールが届きます。このメールには、購入日や更新価格などが記載されているので、大切に保管しましょう。

Apple Musicで曲を再生する

1 ホーム画面から→<今すぐ聴く>の順にタップして、聴きたいプレイリストをタップします。

2 プレイリストの曲の一覧が表示されます。聴きたい曲をタップします。

3 曲の再生が始まります。なお、曲を再生するにはWi-Fiに接続されている必要があります。をタップすると、再生が停止します。

4 手順①の画面で好きなプレイリストをタップして、をタップすると、曲をダウンロードできます。なお、曲のダウンロードには「ライブラリを同期」をオンにする必要があります。

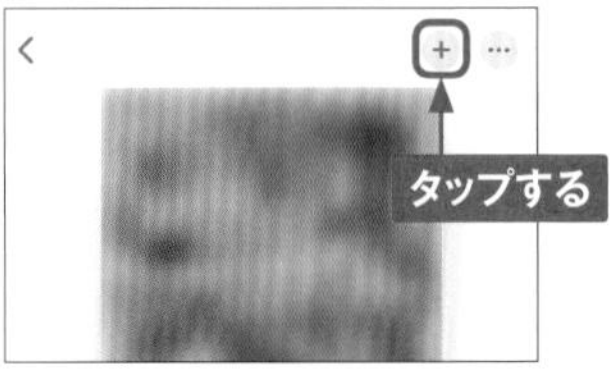

5 ダウンロードが完了すると、ライブラリからいつでも再生できるようになります。

MEMO モバイル通信でストリーミングする

Wi-Fiに接続していないときに曲を再生したい場合は、ホーム画面で<設定>→<ミュージック>→<モバイルデータ通信>の順にタップし、「モバイルデータ通信」がになっていることを確認して、「ストリーミング」のをタップしてオンにしましょう。

Apple Musicの自動更新を停止する

1 ホーム画面で→<今すぐ聴く>の順にタップし、をタップします。

2 <サブスクリプションの管理>をタップします。

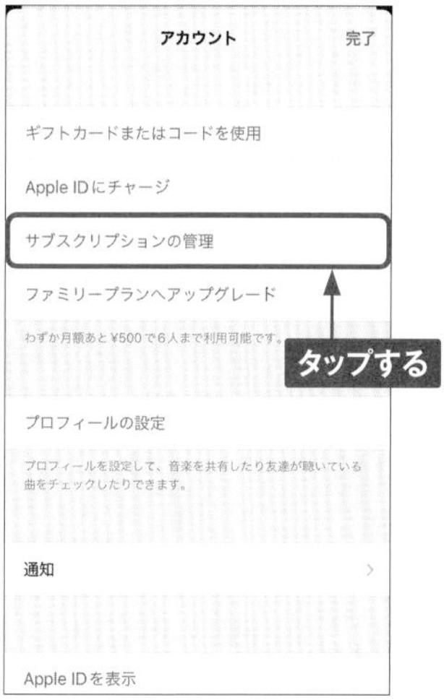

3 <無料トライアルをキャンセルする>もしくは<登録をキャンセルする>をタップします。

4 キャンセルの確認画面が表示されるので、<確認>をタップします。

Section 38

写真を撮影する

iPhoneには背面と前面にカメラがあります。さまざまな機能を利用して、高画質な写真を撮影することが可能です。暗いところでもきれいに撮影ができます。

写真を撮る

1 ホーム画面で<カメラ>をタップします。位置情報の利用に関する画面が表示されたら、P.74MEMOを参考に設定します。

2 画面をピンチすると、ズームをすることができます。また、画面下部の1×をタップして広角カメラと超広角カメラの切り替え、タッチしてスライダーをドラッグすることで、倍率を変更することができます。

3 ピントを合わせたい場所をタップします。オートフォーカス領域と露出の設定が黄色い枠で表示され、タップした位置を中心に自動的に露出が決定されます。

MEMO QRコードの読み取り

<カメラ>アプリでは、QRコードの読み取りができます。カメラにQRコードをかざすだけで自動認識され、Webサイトの表示などが行えます。QRコードが読み取れない場合は、ホーム画面で<設定>→<カメラ>の順にタップし、「QRコードをスキャン」がになっていることを確認しましょう。

4 をタップすると、撮影が実行されます。

5 写真モード時にをタッチすると、動画を撮影することができます。画面から指を離すと、動画の撮影が終了します。なお、タッチしたまままで右方向にスワイプすると、指を離しても、動画撮影が継続されます。

6 また、写真モード時にを左方向にスワイプすると、指を離すまで連続写真を撮影することができます。

7 撮影した写真や動画をすぐに確認するときは、画面左下のサムネイルをタップします。写真や動画を確認後、撮影に戻るには、左上のくをタップします。

MEMO

Pro ／ Pro Maxのカメラ

本書ではiPhone 13のカメラで解説をしていますが、iPhone 13 ProとiPhone 13 Pro Maxではカメラが少し異なります。Pro ／ Pro Maxでは背面カメラが3つになっており、遠くの風景を拡大できる「望遠カメラ」が搭載されています。ほかにも、被写体に思い切って近づくとマクロ撮影も可能で、マクロ撮影はナイトモード（P.152参照）にも対応しています。さらにApple独自の「Apple ProRAW」形式を設定すると、より情報量の多い未加工の画像データで保存でき、編集の幅が広がります。

撮影モードや撮影機能を切り替える

1 画面を左右にスワイプするか、下部の撮影モード名をタップすることで、撮影モードを切り替えることができます。画面上部のをタップすると、撮影機能を表示することができます。なお夜間では、❶と❷の間にが表示され、ナイトモードの露出時間を変更できます。

❶フラッシュの自動／オン／オフを切り替えます。

❷Live Photosの自動／オン／オフを切り替えます。

❸フォトグラフスタイルを変更できます(P.155参照)。

❹写真の大きさをスクエア／4：3／16：9のいずれかに設定できます。

❺露出を調整できます。

❻3秒後または10秒後のタイマーを設定できます。

❼フィルタを設定した状態で撮影できます。

写真モードの画面の見方

Live Photosのオン／オフを切り替えます（P.163参照）。

機能を切り替えるメニューが表示され、タイマーやフィルタを設定できます（上の画面参照）。

フラッシュのオン／オフを切り替えます。

タップすると、カメラの切り替えができます。タッチしてスライダを左右にドラッグすると、細かくズームを設定できます。

画面を左右にスワイプすると、撮影モードを変更できます。

タップすると、背面カメラと前面側カメラを切り替えます。

前面側カメラで撮影する

1 前面側カメラで撮影するときは、P.148手順②の画面で、をタップします。

2 前面側カメラに切り替わります。画角を変更したい場合は、をタップします。

3 画角が広がります。前面側カメラでの撮影方法は、背面カメラと同じです（P.148 ～ 149参照）。

MEMO 前面側カメラの機能

前面側カメラも、背面カメラと同様、2枚の異なる露出の写真から、最適な露出に合成できるスマートHDRが利用でき、動画撮影機能も背面カメラと同じ最大で4K/60fpsまでの撮影が可能となっています。また、120fpsのスローモーション撮影が可能となり、「スローフィー」（スローモーションでのセルフィー）が利用できます。

ナイトモードを利用する

1 写真モード時、暗いところで撮影しようとすると、自動的にナイトモードになり、画面左上にが表示されます。

2 ナイトモードのアイコンが黄色になり、秒数が表示されたらをタップします。表示された秒数、本体を動かさないように持っていると、暗いところでも明るい写真を撮影できます。

3 秒数は設定で変更することが可能です。手順②の画面でをタップします。

4 画面下部に表示されるスライダーをドラッグして、秒数を設定します。なお、0に設定すると、ナイトモードが解除されます。

ポートレートモードで背景をボカして撮影する

1 ホーム画面で＜カメラ＞をタップし、画面を左方向に1回スワイプします。

2 「近づいてください。」と表示された場合は、被写体との距離を調整し、被写体が黄色の枠内に入るようにします。

3 ポートレートモードが利用できるようになると、「自然光」の表示が黄色くなり、ピントが合っている被写体の周りがぼけた状態になります。

4 下部の照明効果をドラッグして選択し、をタップします。

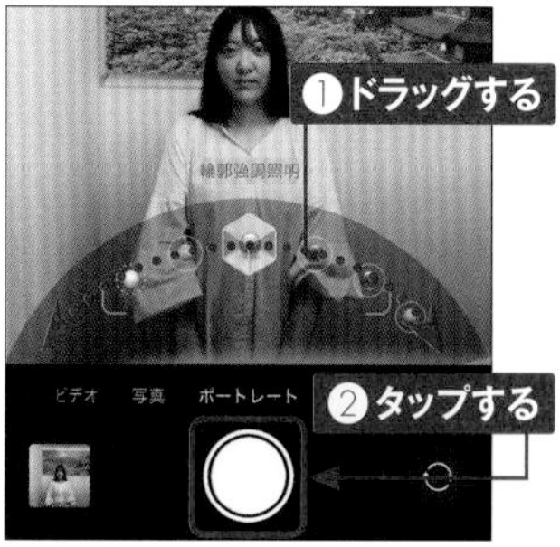

MEMO 人物以外や前面側カメラでも利用できる

ここでは、人物を撮影していますが、人物以外の物体やペットなどでもポートレートモードを利用することができます。また、前面側カメラでもポートレートモードでの撮影が可能です。また、iPhone 13 ProとiPhone 13 Pro Maxでは、ナイトモードでもポートレートモードで撮影を行うことが可能です。

画面内の文字や物体を認識する

1 ホーム画面で＜カメラ＞をタップし、文字をカメラで写します。

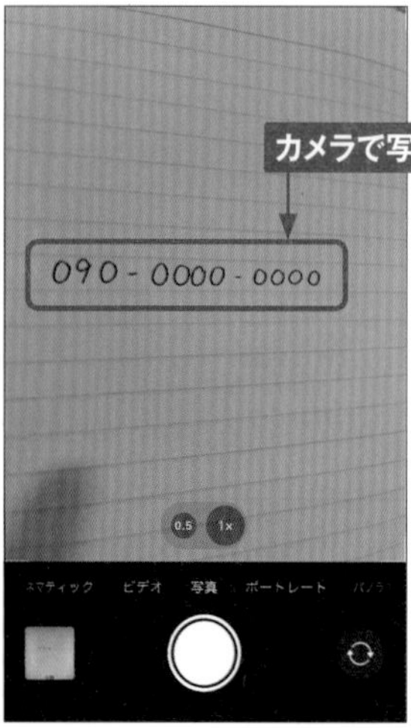

2 文字を認識すると文字が黄色の括弧で囲まれるので、をタップします。

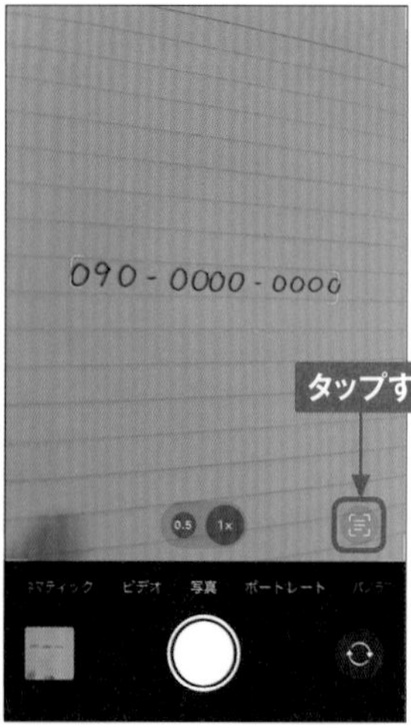

3 認識した文字に対して操作を選択してタップします。電話番号をタップすると通話メニュー、URLをタップすると＜Safari＞アプリが起動します。なお、英語などの対応言語の場合は翻訳することもできます。

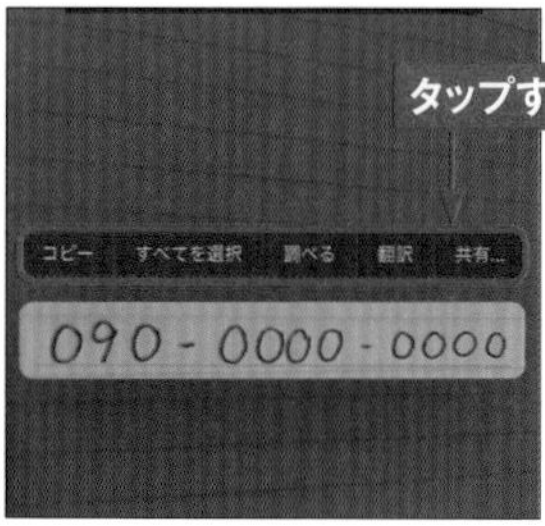

MEMO 文字認識を有効にする

初期設定では、カメラで文字認識を行うことができません。文字認識をするには「テキスト認識表示」をオンにする必要があります。ホーム画面で＜設定＞→＜一般＞→＜言語と地域＞の順にタップして、「テキスト認識表示」の をタップし、＜オンにする＞をタップします。なお、2021年10月現在では、日本語の文字認識をすることはできません。

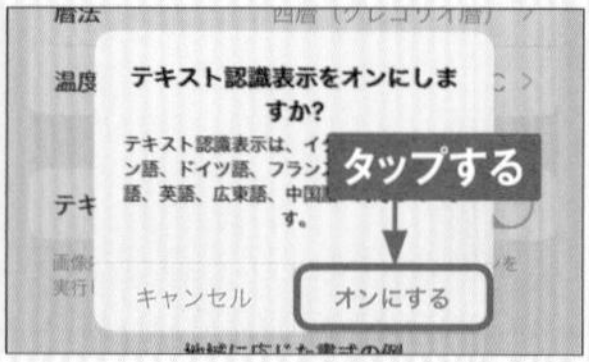

フォトグラフスタイルで撮影する

1 ホーム画面で＜カメラ＞をタップし、画面上部の をタップします。

2 表示されたメニューから をタップします。

3 左右にスワイプして、フォトグラフスタイルを選択します。選択したら、 をタップして撮影します。

MEMO フォトグラフスタイル

フォトグラフスタイルは、肌のトーンを保ったまま、ほかの色を調整する機能です。設定したフォトグラフスタイルは次回以降の撮影でも反映されています。＜カメラ＞アプリを一度終了し、再度起動した場合でも設定は残っています。もとに戻したい場合は、手順③の画面で「標準」を選択しましょう。

Section 39

動画を撮影する

写真モードから手軽に動画を撮影できますが（P.149参照）、ビデオモードでじっくり撮影をしたり、プロのように撮影できるシネマティックモードを使ったりして、いろいろな動画を撮影してみましょう。

6

動画を撮影する

1 ホーム画面で＜カメラ＞をタップし、カメラを起動します。撮影モードが「写真」になっているときは、画面を右方向に1回スワイプし、「ビデオ」に切り替えます。

2 ●をタップして撮影を開始します。撮影中は画面上部の撮影時間が赤く表示されます。撮影中にピンチすると、ズームができます。

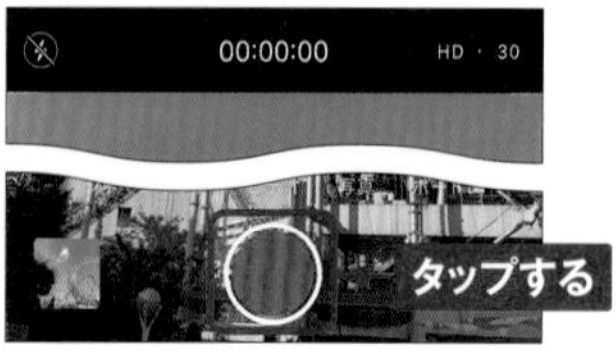

3 ■をタップすると、動画の撮影を終了します。撮影した動画を確認するには、画面左下に表示されるサムネイルをタップします。

MEMO **4Kビデオを撮影する**

ホーム画面で＜設定＞→＜カメラ＞→＜ビデオ撮影＞の順にタップし、＜4K/○○ fps＞をタップすると、フルHDビデオの4倍の解像度（3,840×2,160）で、ビデオ撮影ができます。なお、「4K/60 fps」に設定するには、あらかじめホーム画面で＜設定＞→＜カメラ＞→＜フォーマット＞の順にタップし、「高効率」に切り替えておきます。また、iPhone 13 ProとiPhone 13 Pro Maxでは、4K/30fpsProResでの撮影も可能ですが（2021年10月現在未実装）、容量が128GBモデルでは非対応となっています。

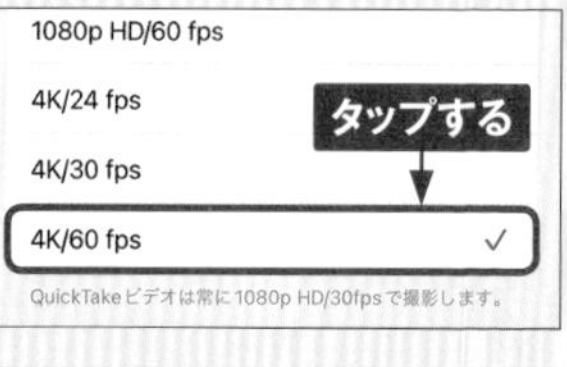

シネマティックモードで撮影をする

① ホーム画面で＜カメラ＞をタップし、右方向に2回スワイプします。「シネマティックビデオ」画面が表示されたら、＜続ける＞をタップします。

② 人物を認識すると、黄色い枠が表示されます。枠をタップすると、人物にピントが合い続けます。をタップすると、撮影を開始します。

③ をタップすると、動画の撮影が終了します。撮影した動画を確認するには、画面左下のサムネイルをタップします。

MEMO シネマティックモード

シネマティックモードでは、動画撮影の際に人物の周囲を自動的にぼかすことができます。また、人物の動きを自動で認識して、カメラを動かしたり人物が動いたりしても、自動的に焦点が合うようになっています。

Section 40

写真や動画を閲覧する

解像度と色の表現力が高いディスプレイを搭載するiPhoneは、写真や動画の閲覧に最適です。撮影した写真や動画をiPhoneで楽しみましょう。

「ライブラリ」タブで写真や動画を閲覧する

1 ホーム画面で<写真>をタップします。初回起動時は「“写真”の新機能」が表示されるので、<続ける>をタップします。

2 <ライブラリ>をタップすると、初回起動時は、<すべての写真>表示になり、撮影した順番にすべての写真と動画が表示されます。画面をピンチオープンします。

3 サムネイルが拡大され、画面に表示される写真や動画が少なくなります。表示数を増やしたいときは、ピンチクローズします。写真をタップします。

4 写真が表示されます。画面を上方向にスワイプすると、写真の情報が表示されます。

「ライブラリ」タブの見方

●年別

年別に写真や動画が表示されます。表示される写真は、過去数年で今日と同じか近い日付に撮影された写真が自動で選ばれます。

●月別

月別に写真や動画が表示されます。写真はイベントごとにまとめられ、ベストショットが自動で選ばれます。

●日別

日別に写真や動画が表示されます。大きさや配置は自動で設定されます。

MEMO 「ライブラリ」タブでの写真の表示

「ライブラリ」タブで「年別」「月別」「日別」の表示を選択した場合、消音状態のLive Photosと動画が自動再生されます。画面上部には、撮影した日付以外にも撮影場所など、イベントのタイトルが表示されます。また、重複している写真、スクリーンショット、ホワイトボードの写真、書類、レシートなどは自動的に非表示にされ、かんたんに思い出の1枚を探すことができます。

「For You」タブで写真を閲覧する

1 P.158手順①を参考に＜写真＞アプリを起動し、＜For You＞をタップして、「メモリー」欄の＜すべて表示＞をタップします。

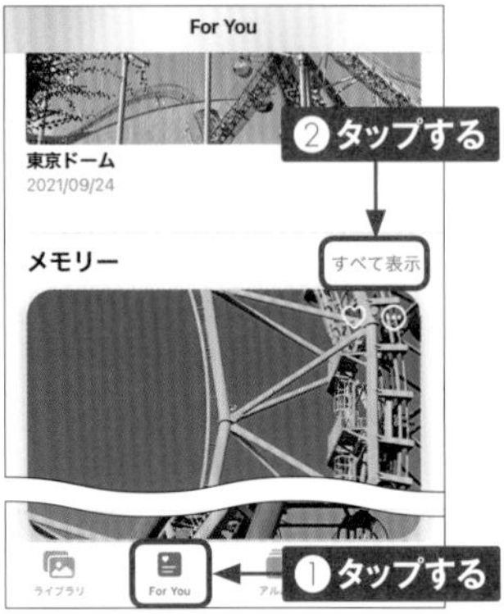

2 メモリーをタップします。

3 メモリーが再生され、自動的に作成されたメモリーやメモリーに含まれる写真、撮影地などが表示されます。

4 手順③で画面をタップすると、曲の再生や停止、ミュージックの変更などの操作ができます。

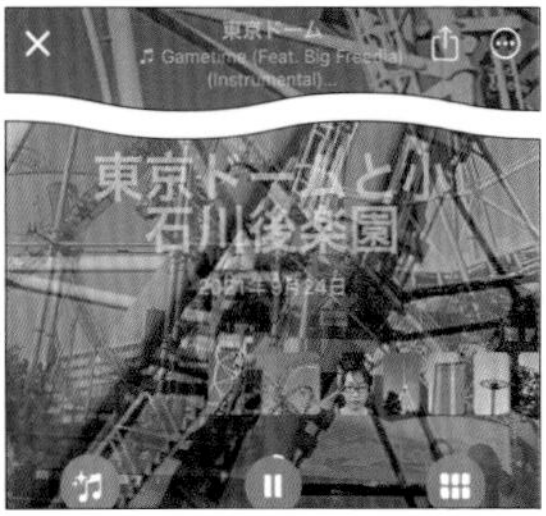

5 手順④の画面でをタップすると、タイトルや再生時間などを変更できます。

MEMO おすすめ写真を確認する

「For You」タブでは、メモリーのほかに、友だちと手軽に写真の共有をすることができます。アプリが写真に写っているイベントや場所を特定し、同一の写真をまとめてくれます。複数人で写っている写真では、それぞれの顔を認識して、その友だちと共有することをおすすめしてくれます。

「アルバム」タブで写真や動画を閲覧する

① P.158手順①を参考に<写真>アプリを起動し、<アルバム>をタップして、閲覧したいアルバム(ここでは<最近の項目>)をタップします。

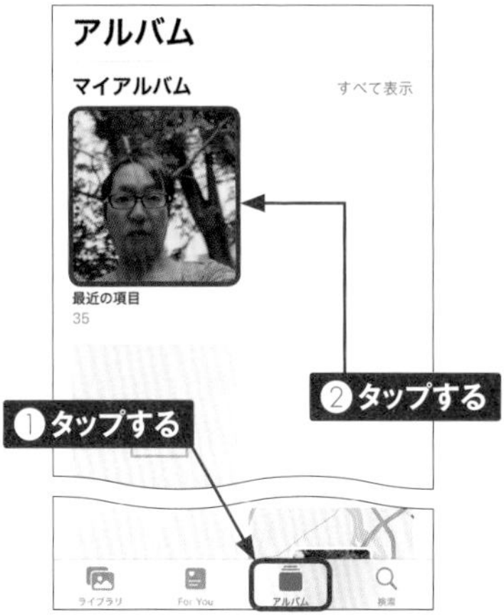

② 上下にスワイプして写真や動画を探し、閲覧したい写真や動画をタップします。動画には時間が表示されており、タップすると自動再生されます。

③ 写真が表示されます。画面を左右にスワイプすると、前後の写真が表示されます。画面下部の♡をタップすると「お気に入り」アルバムに追加されます。

MEMO 「ピープル」アルバムを活用する

手順①の画面で「ピープルと撮影地」の<ピープル>をタップすると、人の顔が映った写真が自動的にまとめられる「ピープル」アルバムが表示されます。人物別に写真が区分けされているため、特定の人物の写真を探したい場合に便利です。

写真を非表示にする

1 写真を非表示に設定することで、<写真>アプリや<写真>アプリのウィジェットで表示しないようにすることができます。P.158手順②やP.161手順②の画面で<選択>をタップします。

2 非表示にしたい写真をタップして選択し、 をタップします。

3 上方向にスワイプし、<非表示>をタップします。

4 <写真を非表示>をタップします。

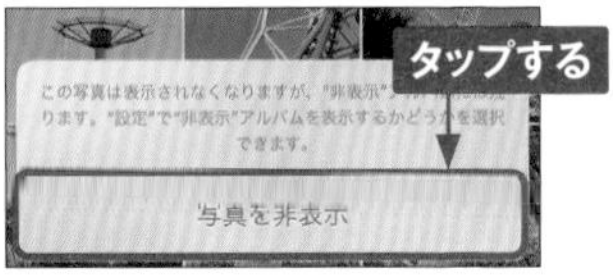

MEMO 非表示アルバム

非表示にした写真は、<アルバム>タブの<非表示>アルバムをタップして見ることができます。同様の操作で手順③の画面に表示される<再表示>をタップすると、写真を再表示できます。

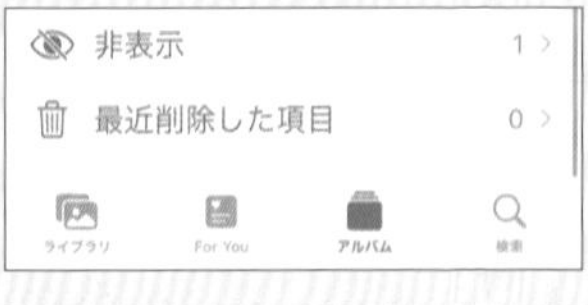

Live Photosを再生する

① 右下のMEMOを参考に、「Live Photos」がオンの状態で撮影した写真を表示し、画面をタッチします。

② 写真を撮影した時点の前後1.5秒の音と映像が、再生されます。

③ 指を離すと、最初の画面に戻ります。

MEMO

Live Photosをオフにする

Live Photosは通常の写真よりも、ファイルサイズが大きくなります。iPhoneの容量が残り少ない場合などは、Live Photosをオフにしておくとよいでしょう。Live Photosをオフにするには、ホーム画面で<カメラ>アプリをタップし、画面上部のをタップしてにします。

Section 41

写真や動画を編集・補正する

iPhone内の写真や動画を編集してみましょう。明るさの自動補正のほか、「傾き補正」や「フィルタ」、「調整」などを利用できます。また、動画の編集ではトリミングで長さを変更できます。

6

写真を編集する

① P.158を参考に、編集したい写真を表示し、画面右上の<編集>をタップします。

② 「調整」画面が表示され（ポートレートモードの写真はP.168〜169参照）、明るさやコントラストなどの補正が行えます。ここでは をタップします。

③ 写真が自動補正されます。アイコンの下に表示される目盛りを左右にドラッグすると、好みに合わせた補正ができます。

④ より詳細な補正を行いたい場合は、補正項目のアイコンを左にスワイプし、目盛りを左右にドラッグして細かく調整します。

MEMO

編集中に編集前の画像を確認する

写真を編集中に編集を行う前のオリジナル画像を確認したいときは、表示されている写真をタップします。どれくらいの補正ができているか、すばやく確認することができて便利です。

5 フィルタをかけてカラーエフェクトをかんたんに設定したいときはをタップします。

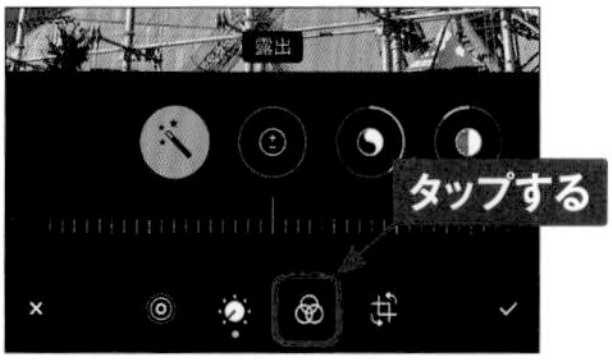

6 フィルタ部分を左右にスワイプし、フィルタを設定します。フィルタの下の目盛りを左右にドラッグすると、フィルタの強度の調整ができます。

7 写真をトリミングするにはをタップします。

MEMO そのほかの編集機能

編集中の画面上部のをタップすると、写真内に手書き入力ができます。

8 写真に傾きがある場合は自動で補正されます。画面下部のアイコンと目盛りで写真の角度や歪みの調整ができます。また、をタップすると左右反転ができ、をタップするごとに写真が90度回転します。をタップします。

9 画面下部で写真の大きさを選択することでかんたんにトリミングができます。自由な大きさにしたいときは、枠の四隅をドラッグしてトリミング位置を調整します。をタップすると写真が保存されます。

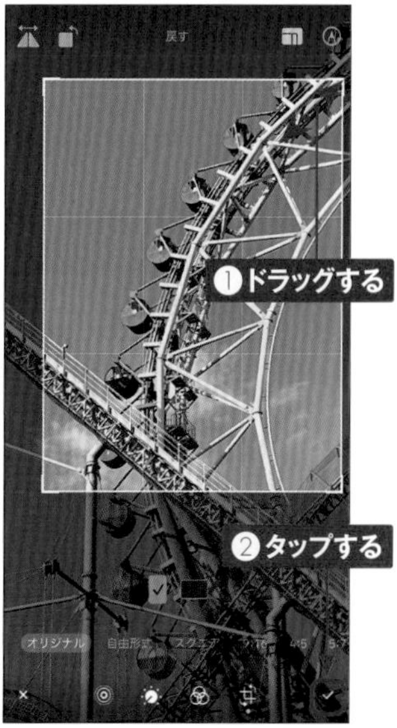

Live Photosを編集する

① P.164を参考に、「Live Photos」がオンの状態で撮影した写真の編集画面を表示します。Live Photosは通常の写真と同様に編集ができます。ここでは、◎をタップします。

② Live Photosの表示を編集できます。キー写真（サムネイルに表示される写真）を変更する場合は、キー写真に設定したいコマをタップします。

③ ＜キー写真に設定＞をタップします。

④ キー写真が変更されます。編集内容を確認する場合は、画面をタッチして再生し、編集内容を保存するには、✓をタップします。

Live Photosから静止画を複製する

1 P.158を参考に、「Live Photos」がオンの状態で撮影した写真を表示し、⎙をタップします。

2 上方向にスワイプし、<複製>をタップします。

3 <通常の写真として複製>をタップすると、静止画が複製されます。

MEMO Live Photosを静止画にする

「Live Photos」がオンの状態で撮影した写真自体を静止画にしたい場合は、P.166手順②の画面で、画面上部の<LIVE>をタップして、✓をタップします。

ポートレートモードで撮影した写真を編集する

1 P.158を参考に、ポートレートモードで撮影した写真を表示します。ポートレートモードで撮影した写真には、左上に「ポートレート」と表示されます。

2 ＜編集＞をタップします。

3 下部の照明効果を左右にドラッグすると、撮影時の照明効果を変更することができます。

4 上部のf2.8（被写界深度により数字は変わります）をタップし、下部の目盛りを左右にドラッグすると、被写界深度を変更することができます。

⑤ 標準の「f2.8」から「f1.4」に変更すると、かなり背景のボカしが強くなっていることがわかります。

⑥ ✓をタップします。変更が適用され、P.168手順①の画面に戻ります。

⑦ もとに戻したい場合は、P.168手順③の画面を表示し、＜元に戻す＞→＜オリジナルに戻す＞の順にタップします。

MEMO ポートレートモードの照明効果

ポートレートモードの照明効果には、背景を真っ白に飛ばして撮影する「ハイキー照明（モノ）」や被写体だけにスポットライトを当てる「ステージ照明」などがあります。エフェクトを変更するだけで、スタジオで撮影したような写真を手軽に撮影できます。

動画を編集する

1 P.158を参考に、編集したい動画を表示し、画面右上の<編集>をタップします。

2 フレームの両端をそれぞれドラッグすると、動画の不要な箇所を削除することができます。黄色で囲まれた部分が動画ファイルとして残ります。をタップします。

3 動画も写真の編集（P.164～165参照）と同様の補正ができます。をタップします。

4 フィルタをかけることができます。動画をタップするとフィルタをかける前のオリジナルの動画を確認することができます。をタップします。

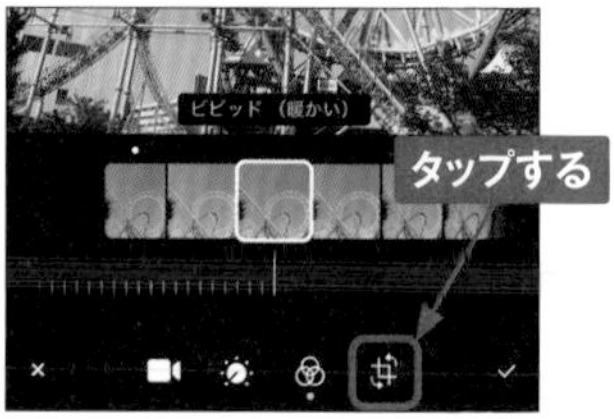

5 動画の傾きが自動補正されます。をタップし、<ビデオを新規クリップとして保存>または<ビデオを保存>をタップすると動画が保存されます。

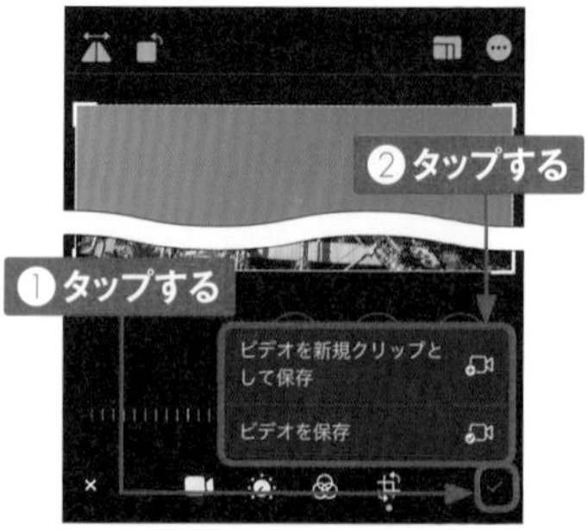

シネマティックモードの動画を編集する

1 P.158を参考に、シネマティックモードの動画の再生画面を表示して、<編集>をタップします。

2 編集したい時間に白いバーをドラッグして移動し、その時間帯にピントを合わせたい部分をタップします。

3 手順②でƒ2.8をタップして、下部のメモリを左右にドラッグして、被写界深度を変更します。「f2.0」に変更すると、人物のピントのボカしが強くなり、手順②でタップした部分がハッキリと映ります。✓をタップすると、編集が確定します。

4 動画を再生すると、指定した時間で人物のボカしが強くなります。

Section 42

写真を削除する

写真が増え過ぎてしまった場合は、写真を削除しましょう。写真は、1枚ずつ削除するほかに、まとめて削除することもできます。また、削除した写真は、30日以内であれば復元することができます。

6

写真を削除する

1 P.158を参考に「すべての写真」を表示し、<選択>をタップします。

2 削除したい写真をタップしてチェックを付け、画面右下の🗑をタップします。

3 メニューが表示されるので、<写真を削除>（選択枚数などで変わります）→<OK>の順にタップすると、チェックを付けた写真が削除されます。

MEMO

削除した写真を復元する

削除した写真は30日間は「最近削除した項目」アルバムで保管されます。「最近削除した項目」アルバムの写真のサムネイルには、削除までの日数が表示されます。写真を復元したい場合は、<選択>をタップし、復元したい写真にチェックを付け、<復元>→<○枚の写真を復元>の順にタップします。

Chapter 7

アプリを使いこなす

Section 43 App Storeでアプリを探す
Section 44 アプリをインストール・アンインストールする
Section 45 カレンダーを利用する
Section 46 リマインダーを利用する
Section 47 メモを利用する
Section 48 翻訳を利用する
Section 49 地図を利用する
Section 50 ファイルを利用する
Section 51 ヘルスケアを利用する
Section 52 Apple PayでSuicaを利用する
Section 53 FaceTimeを利用する
Section 54 AirDropを利用する
Section 55 音声でiPhoneを操作する

Section 43

App Storeでアプリを探す

iPhoneにアプリをインストールすることで、ゲームや読書を楽しんだり、機能を追加したりできます。<App Store>アプリを使って気になるアプリを探してみましょう。

キーワードからアプリを探す

① ホーム画面で<App Store>をタップします。位置情報の確認を求められたら、<Appの使用中は許可>をタップします。

② <検索>をタップします。

③ 画面上部の入力フィールドに検索したいキーワードを入力して、<検索>（または<Search>）をタップします。

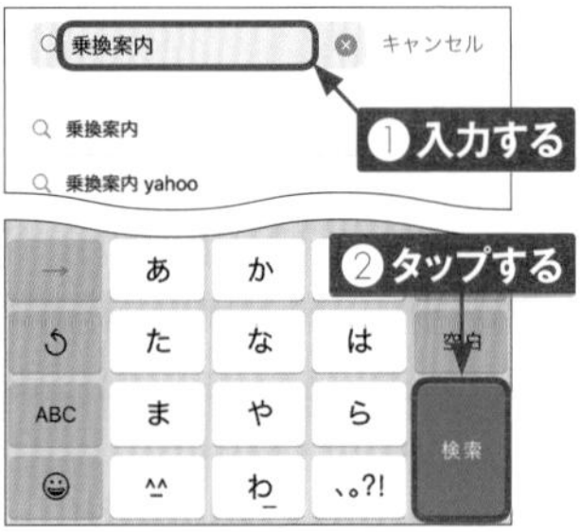

④ 検索結果が表示されます。検索結果を上方向にスワイプすると、別のアプリが表示されます。

ランキングやカテゴリからアプリを探す

① P.174手順②の画面で＜App＞をタップします。

② 新着アプリや有料アプリ、無料アプリなどを確認できます。画面を上方向にスワイプします。

③ 「トップカテゴリ」の＜すべて表示＞をタップすると、カテゴリが一覧で表示されます。ここでは、＜ニュース＞をタップします。

④ タップしたカテゴリのアプリが表示されます。画面を上方向にスワイプすると、有料アプリや無料アプリを確認できます。

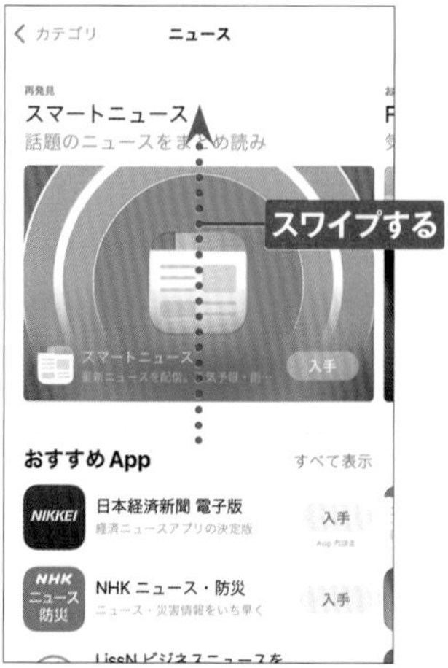

Section 44

アプリをインストール・アンインストールする

ここでは、App Storeでアプリを購入して、iPhoneにインストールする方法を紹介します。アプリのアップデート、削除の方法もあわせて紹介します。

無料のアプリをインストールする

① 検索結果から、入手したい無料のアプリをタップします。

② アプリの説明が表示されます。＜入手＞をタップします。

③ ＜インストール＞をタップします。

MEMO

アプリをAppライブラリだけに追加する

新しくインストールしたアプリをホーム画面に追加せずに、Appライブラリだけに追加したいときは、ホーム画面で＜設定＞→＜ホーム画面＞→＜Appライブラリのみ＞の順にタップします。

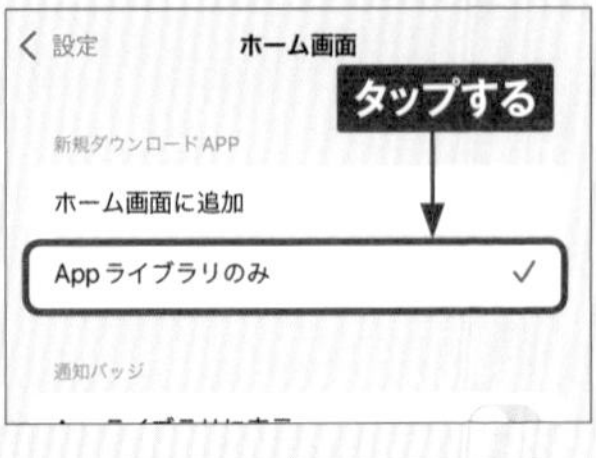

④ Apple ID（Sec.16参照）のパスワードを入力し、＜サインイン＞をタップします。

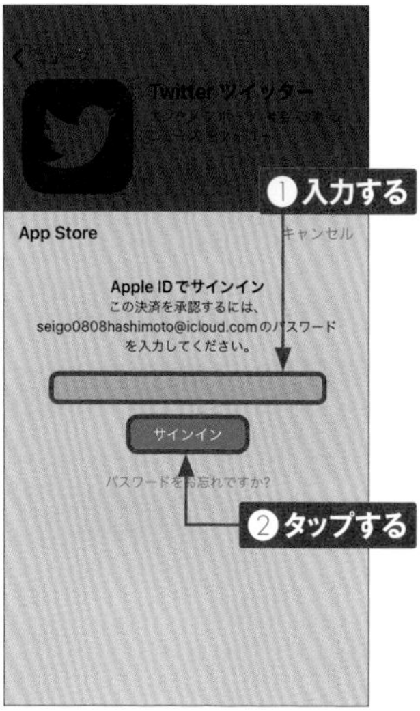

⑤ 追加購入時のパスワードの入力に関する画面が表示されたら、＜常に要求＞または＜15分後に要求＞をタップします。このあと、利用規約が表示される場合があります。

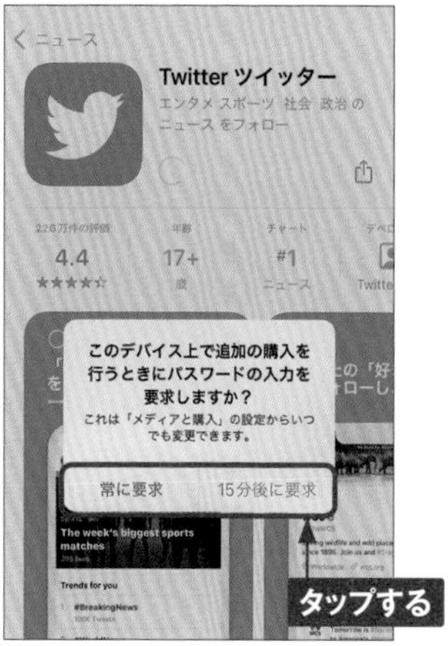

⑥ インストールが自動で始まります。インストールが終わると、標準ではホーム画面にアプリが追加されます。

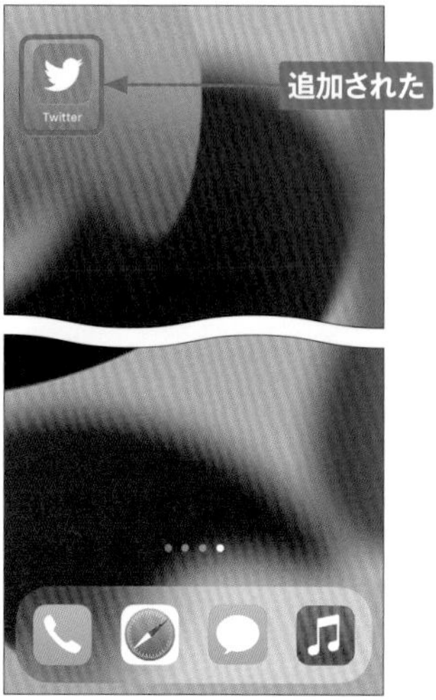

MEMO

有料のアプリを購入する

P.176手順①を参考に有料のアプリをタップして、アプリの価格をタップし、＜支払い＞をタップすると、手順⑥と同様にアプリがインストールされます。

アプリをアンインストールする

① ホーム画面でアンインストールしたいアプリをタッチして、表示されるメニューで<Appを削除>をタップします。

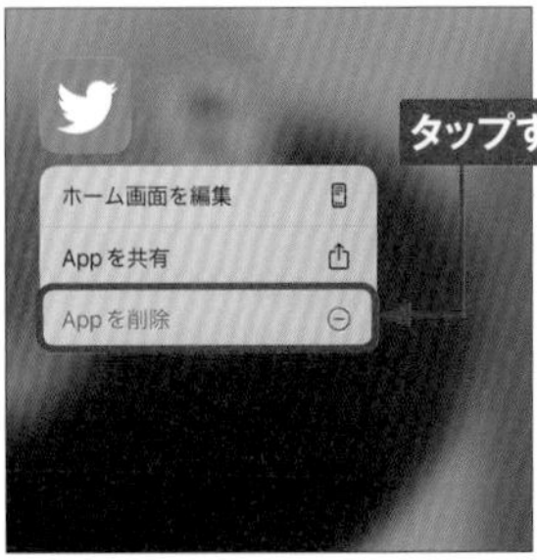

② <Appを削除>をタップします。

③ <削除>をタップします。

④ アプリがアンインストールされました。なお、手順②で<ホーム画面から取り除く>をタップすると、アイコンは消えますが、アプリはAppライブラリに残ります。

MEMO Face IDでアプリをインストールする

Sec.68を参考にFace IDを設定すると、P.177手順④でApple IDのパスワードを入力する代わりに、Face IDを利用して、アプリをインストールすることができます。

アプリをアップデートする

① <App Store>アプリを起動して、をタップします。

② アップデートできるアプリの一覧が表示されます。アプリをタップします。

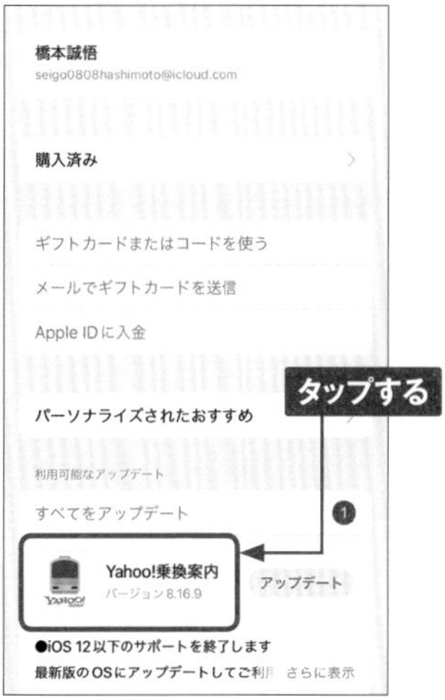

③ <アップデート>をタップすると、アプリのアップデートが開始されます。

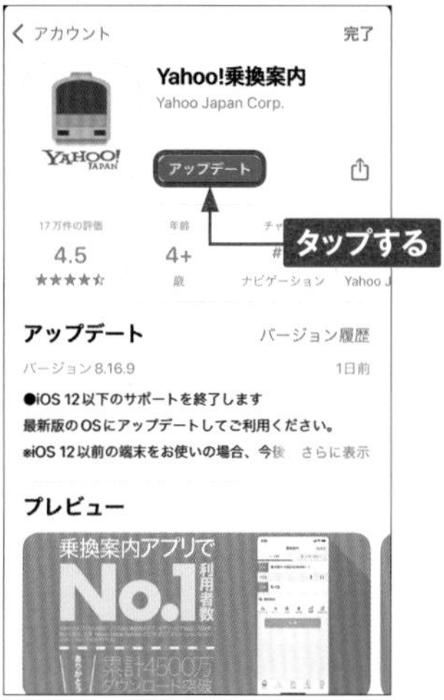

MEMO アプリの自動アップデートをオフにする

アプリは、Wi-Fiに接続しているときのみ自動更新される設定になっています。自動更新をオフにするには、ホーム画面で<設定>→<App Store>の順にタップし、「Appのアップデート」のをタップして、にします。

Section 45

カレンダーを利用する

iPhoneの<カレンダー>アプリでは、イベントを登録して指定した時間に通知させたり、ウィジェットに今日と明日の予定を表示させたりすることができます。

イベントを登録する

1 ホーム画面で<カレンダー>をタップします。初回起動時は新機能の紹介が表示されるので、<続ける>をタップします。

2 位置情報の確認画面が表示されたら<Appの使用中は許可>または<1度だけ許可>をタップし、画面右上の＋をタップします。

3 「タイトル」と「場所またはビデオ通話」を入力し、<開始>をタップします。場所を入力する際に位置情報サービスの画面が表示されるので、P.74MEMOを参考に設定します。

4 開始日時と時刻を設定し、<追加>をタップします。必要であれば終了時刻を設定します。

5 イベントが追加されます。

イベントを編集する

1 P.180手順⑤の画面で、登録したイベントをタップします。

2 <編集>をタップします。

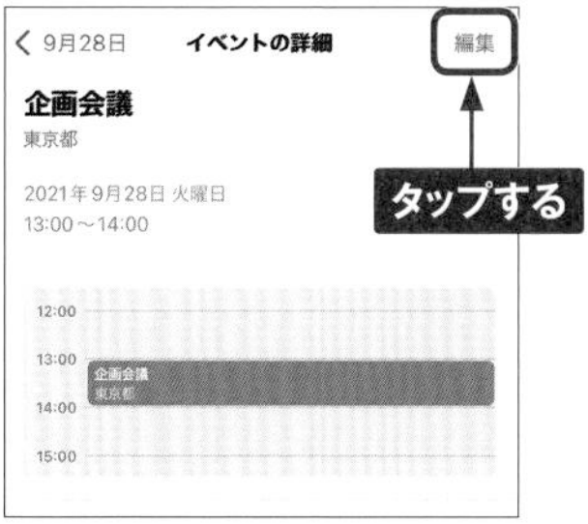

3 編集したい箇所をタップします。ここでは、<通知>をタップします。

4 通知させたい時間をタップします。ここでは<1時間前>をタップします。

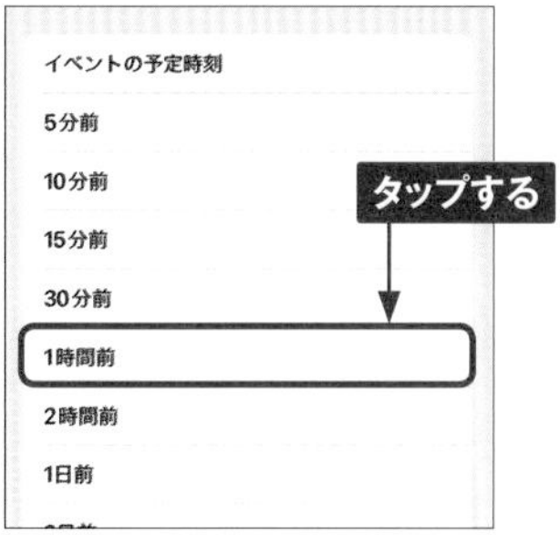

5 <完了>をタップすると、編集が完了します。

MEMO イベントにファイルを添付する

手順③の画面で<添付ファイルを追加>をタップすると、<ファイル>アプリが開きます。イベントに追加したいファイルをタップすると、イベントにファイルが添付されます。

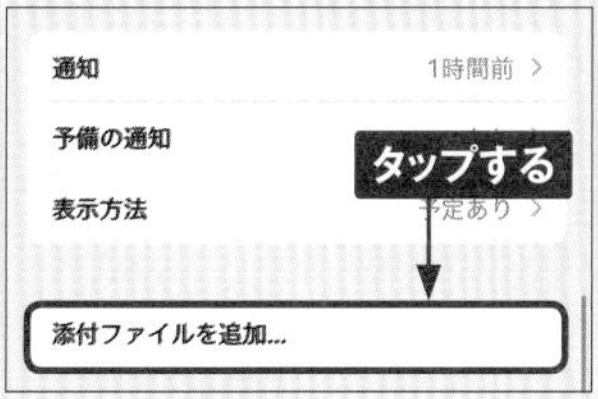

イベントを削除する

① ホーム画面から＜カレンダー＞をタップし、削除したいイベントをタップします。

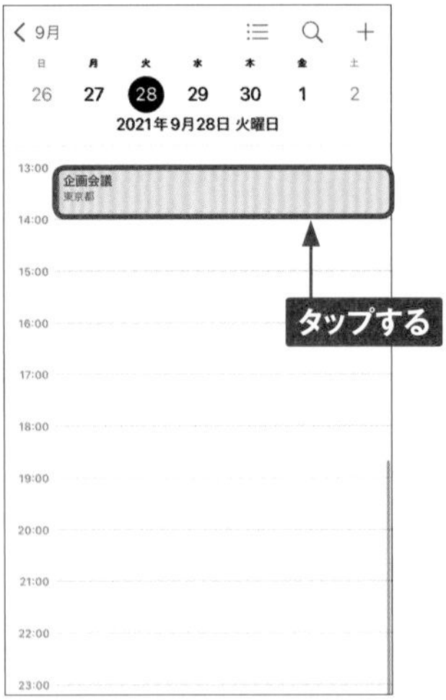

② 「イベントの詳細」画面が表示されるので、＜イベントを削除＞をタップします。

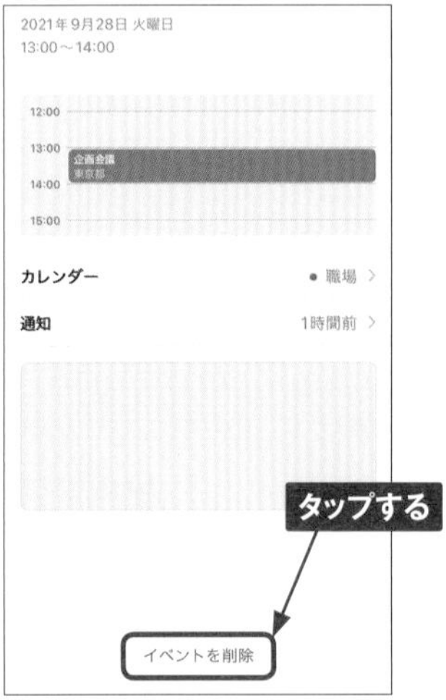

③ ＜イベントを削除＞をタップします。

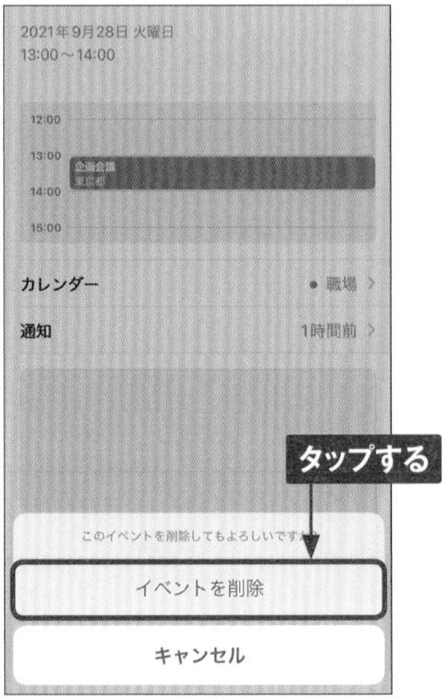

MEMO **イベントを検索する**

手順①の画面でQをタップし、入力欄に検索したいイベント名の一部を入力して＜検索＞をタップすると、登録したイベントを検索できます。

カレンダーの表示を切り替える

1 ホーム画面から＜カレンダー＞をタップし、画面左上の＜月＞（ここでは＜9月＞）をタップします。

2 カレンダーが月表示に切り替わりました。＜日付＞（ここでは＜19＞）をタップします。

3 タップした日の予定が表示されます。画面右上の☰をタップします。

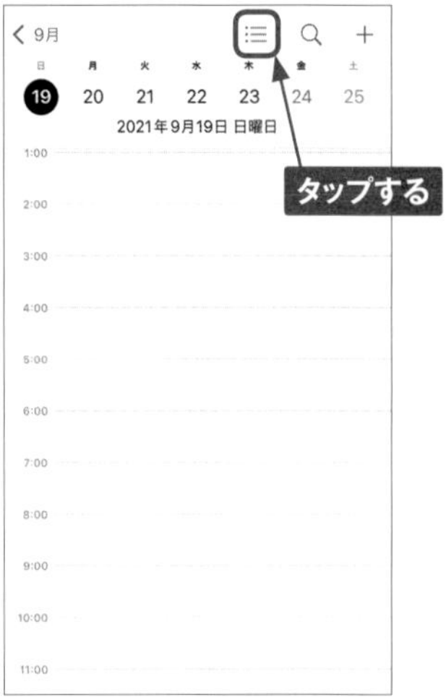

4 イベントの一覧表示に切り替わりました。再度☰をタップすると、手順③の画面に戻ります。

Section 46

リマインダーを利用する

iPhoneの＜リマインダー＞アプリは、リスト形式でタスク（備忘録）を整理するアプリです。登録したタスクを、指定した時間や場所を条件にして通知できます。

タスクを登録する

1 ホーム画面で＜リマインダー＞をタップします。位置情報の確認画面が表示されたら＜Appの使用中は許可＞または＜1度だけ許可＞をタップします。

2 ＜リマインダー＞をタップし、＜新規＞をタップします。

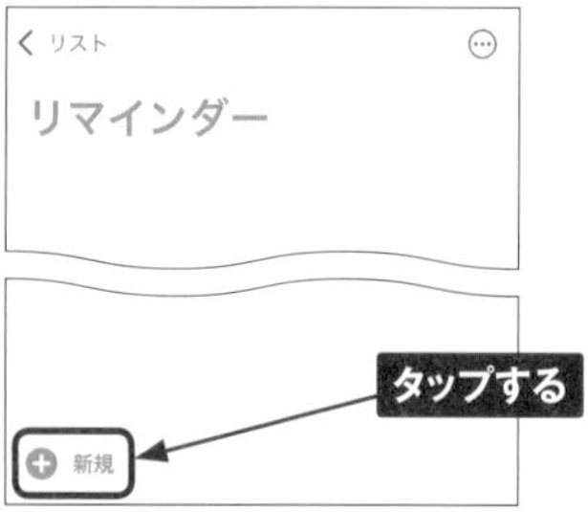

3 画面をタップしてタスクを入力し、＜完了＞をタップします。

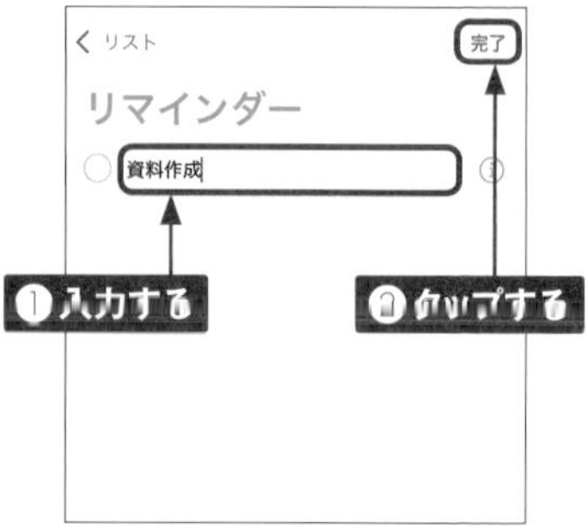

4 タスクが登録されます。

日付を指定してタスクを登録する

① P.184手順③の画面でをタップします。

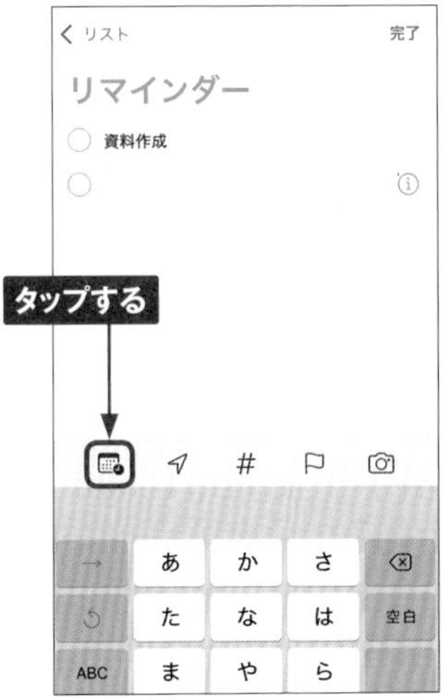

② タスクを実行する日を設定します。ここでは＜明日＞をタップします。

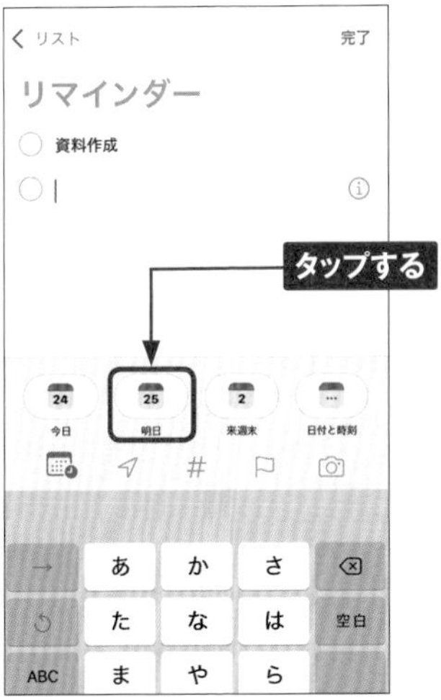

③ 画面をタップしてタスクを入力し、＜完了＞をタップすると、タスクが登録されます。

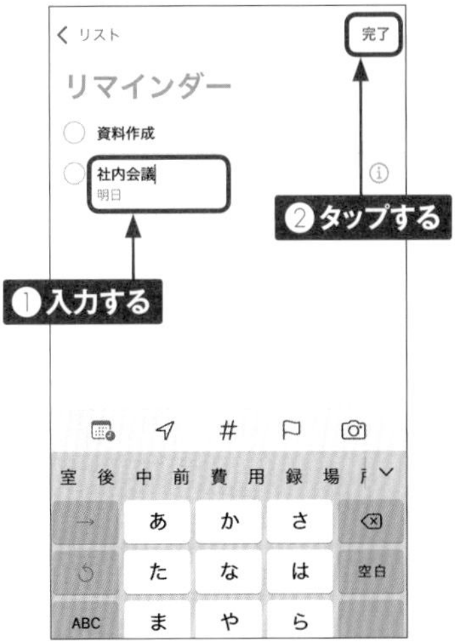

MEMO タスクを通知する

手順③の画面でⓘをタップすると、「詳細」画面が表示されます。詳細画面の「日付」をにすると指定日に、「時刻」をにすると指定時刻にアラームを鳴らせて通知してくれます。

タスクを管理する

① リマインダーを表示します。タスクの内容を実行したら、◯をタップします。

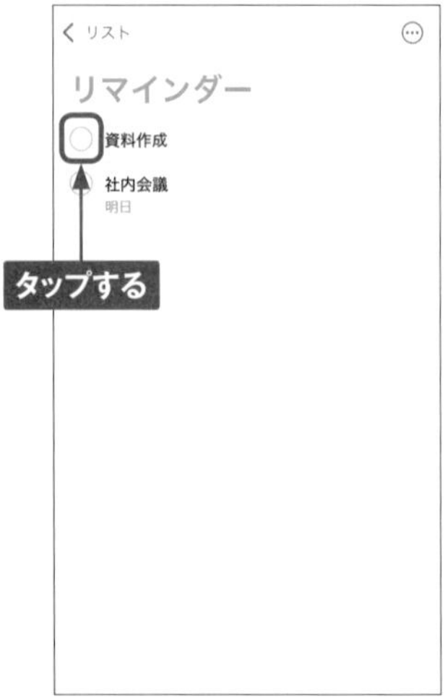

② タスクにチェックが付き、実行済みになります。実行済みのタスクは、リストに表示されなくなります。

③ 実行済みのタスクを表示するときは、手順②の画面で⊙をタップして、<実行済みを表示>をタップします。

④ 実行済みのタスクが表示されます。

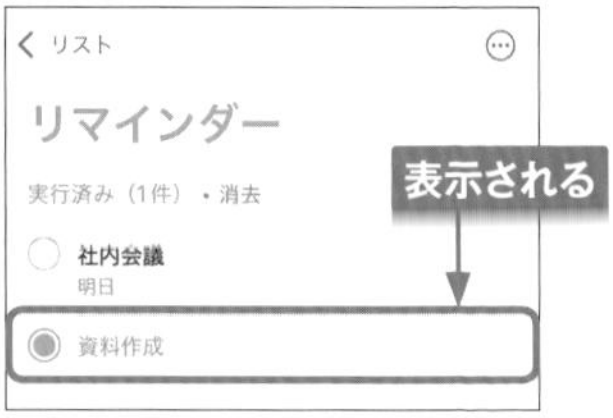

MEMO

タスクを並べ替える

手順③の画面で<表示順序>をタップすると、期限や優先順位などでタスクを並べ替えることができます。

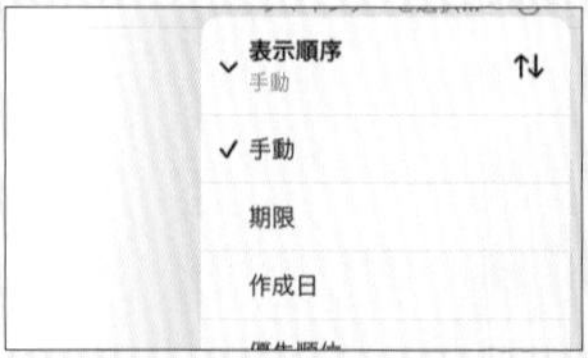

リストを管理する

① P.186手順①の画面で、左上の＜をタップして、＜リストを追加＞をタップします。

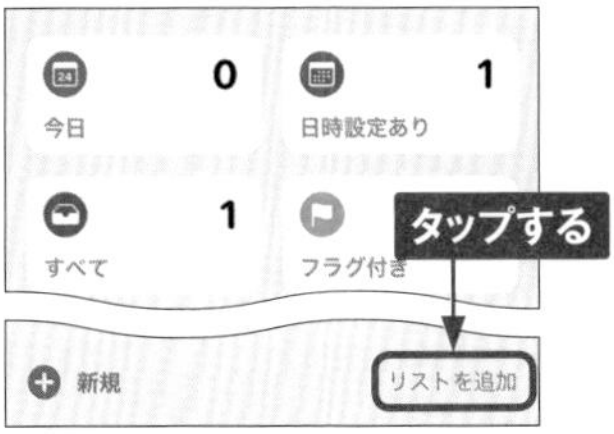

② リストの名前を入力して、色やアイコンを設定し、＜完了＞をタップします。

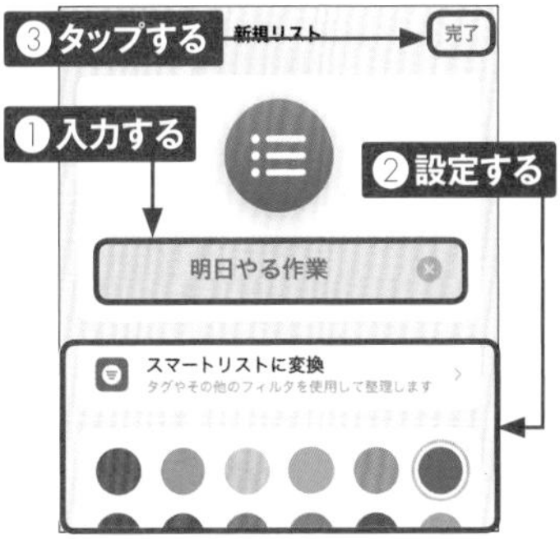

③ マイリストにリストが追加されます。＜編集＞をタップします。

④ ＜グループを追加＞をタップします。

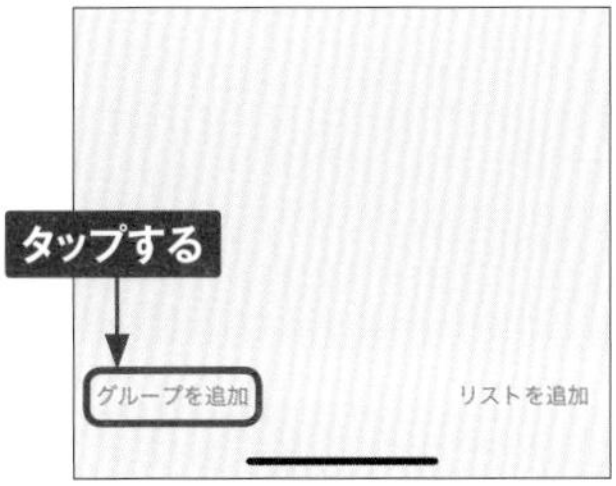

⑤ グループ名を入力し、＜含める＞をタップします。

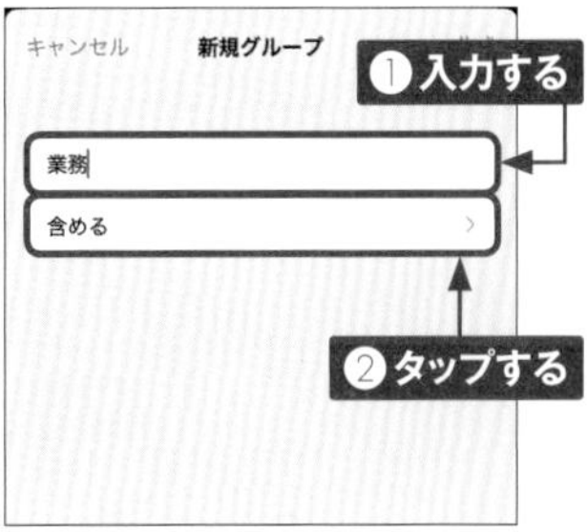

⑥ グループに追加したいリストの⊕をタップして⊖にします。＜新規グループ＞をタップして手順⑤の画面に戻り、＜作成＞→＜完了＞の順にタップすると、グループが作成されます。

7

Section 47

メモを利用する

iPhoneの＜メモ＞アプリでは、通常のキーボード入力に加えて、スケッチの作成や、写真の挿入などが可能です。iCloudと同期すれば、作成したメモをほかのiPhoneやiPadと共有できます。

メモを作成する

7

① ホーム画面で＜メモ＞をタップします。初回起動時は説明画面が表示されるので、＜続ける＞をタップします。

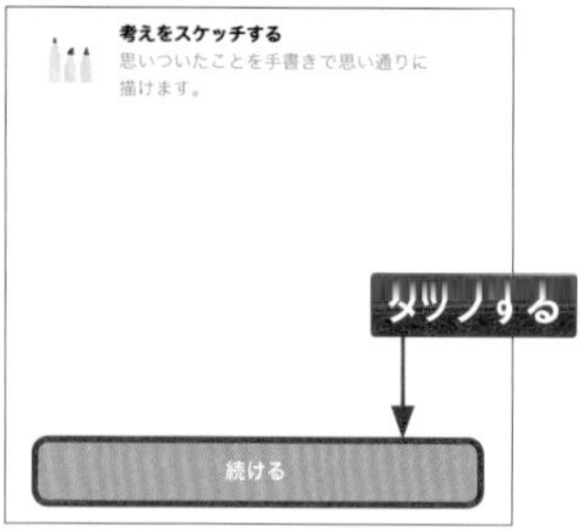

② 「メモ」フォルダがある場合は＜メモ＞をタップして、をタップします。

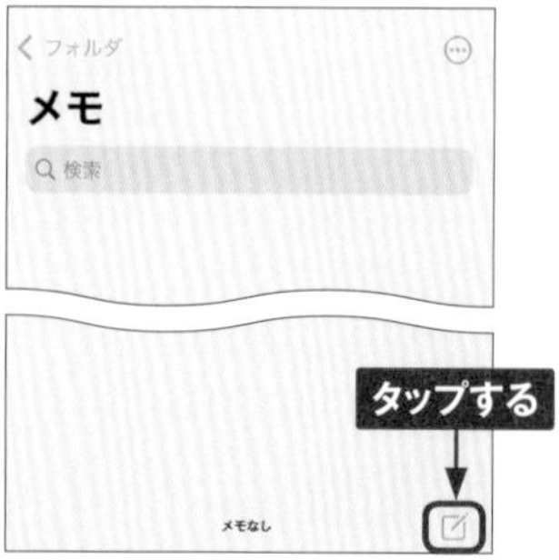

③ 新規メモの作成画面が表示されます。キーボードで、文字や絵文字を入力することができます。入力が完了したら、＜完了＞をタップし、保存します。

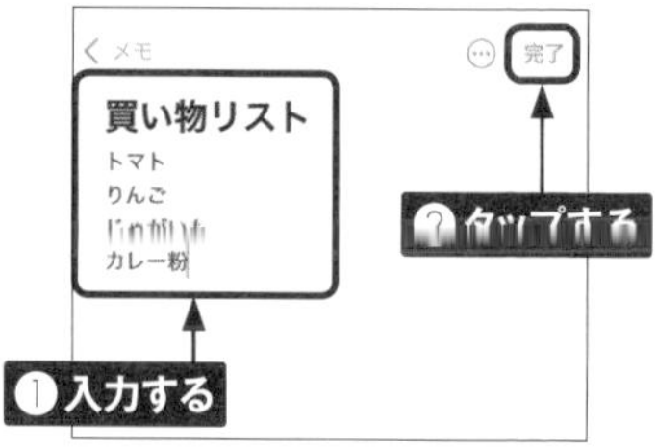

④ 手順③の画面でAaをタップすると、下のメニューから文字の大きさや太さ、装飾などを選ぶことができます。

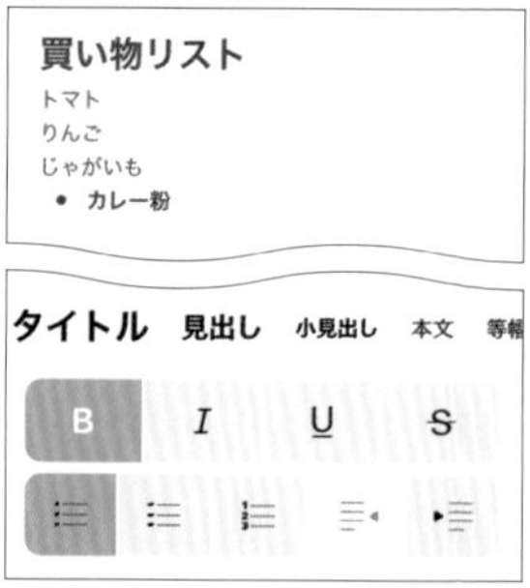

＜メモ＞アプリの機能

●手書きスケッチ

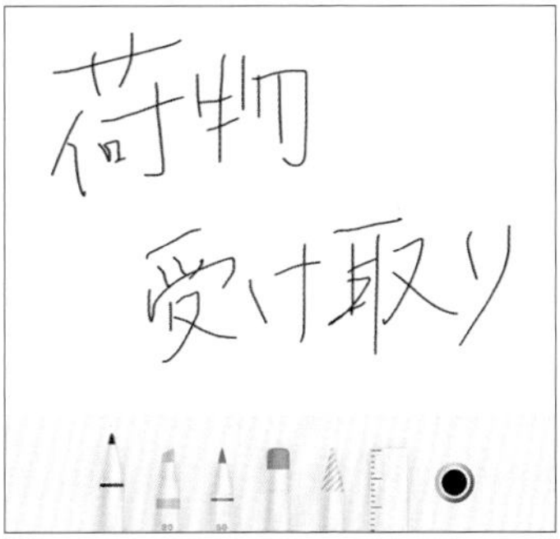

P.188手順③の画面でⒶをタップすると、手書き入力モードに切り替わります。画面をドラッグすることで、文字や絵を描くことができます。

●メモのピン留め

P.188手順②の画面でメモを右方向にスワイプし、をタップすると、画面上部にピン留めできます。解除するときは、固定したメモを右方向にスワイプし、をタップします。

●タグ

メモではタグを利用できます。「#」に続けてタグにしたい言葉を入力します。タグは1つのメモに複数挿入可能で、タグで検索できるほか、タグごとのカスタムスマートフォルダも利用できます。

●写真内の文字検索

P.188手順②の画面で＜検索＞をタップすると、メモのテキスト以外にも手書きのテキスト、写真、スキャンした書類の文字検索ができます。なお、日本語表記（かな／カタカナ）には対応していません。

Section 48

翻訳を利用する

<翻訳>アプリでは、音声入力で任意の言語にリアルタイム翻訳ができます。また、言語をあらかじめダウンロードしておくと、電波の届かない場所でも利用できるようになります。

音声を翻訳する

7

1 ホーム画面で<翻訳>をタップします。

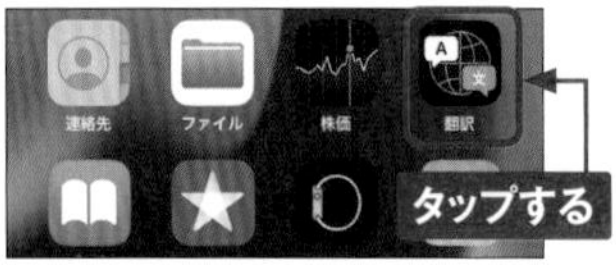

2 初回は機能の紹介が表示されるので、<続ける>をタップし、「Siriおよび音声入力の改善」画面が表示されたら、<オーディオ録音を共有>または<今はしない>をタップします。

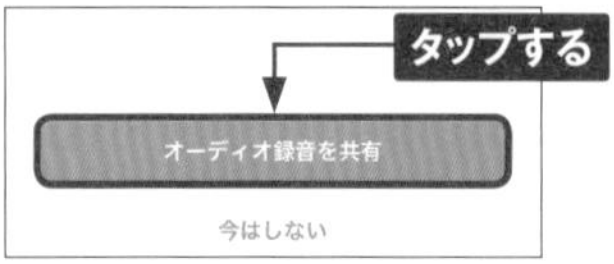

3 翻訳元の言語（ここでは「日本語」）と翻訳先の言語（ここでは「英語（アメリカ）」）の⌄をタップして設定します。

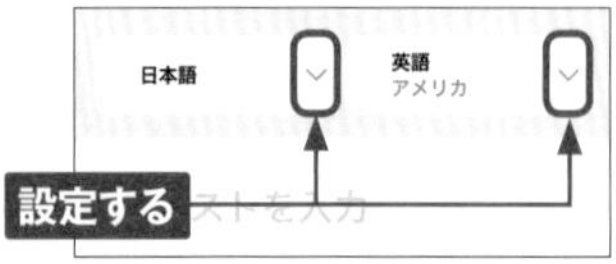

4 をタップします。

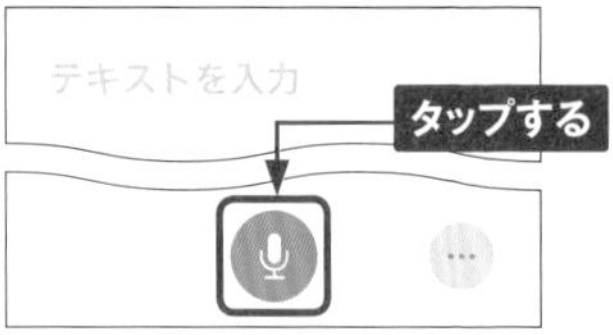

5 翻訳したい内容を音声入力します。手順④の画面で<テキストを入力>をタップすると、テキスト入力もできます。

6 翻訳した音声が自動再生され、テキストが画面に表示されます。

●オフライン時にも使用できるようにする

1 ＜翻訳＞アプリを起動し、画面上部の言語の⌄をタップします。

2 ＜言語を管理＞をタップします。

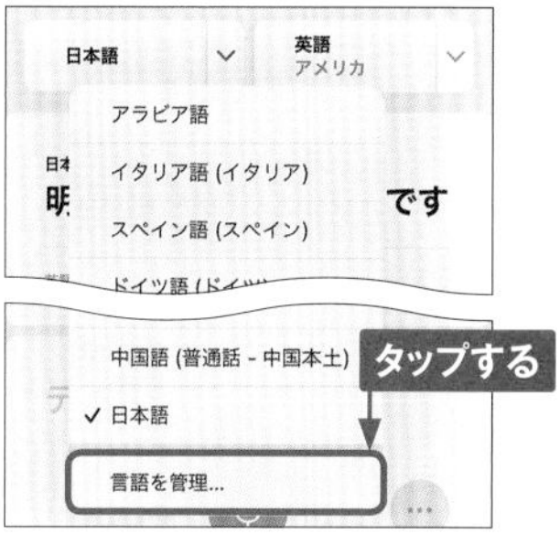

3 言語をタップしてダウンロードすると、その言語がオフラインで使用可能になります。

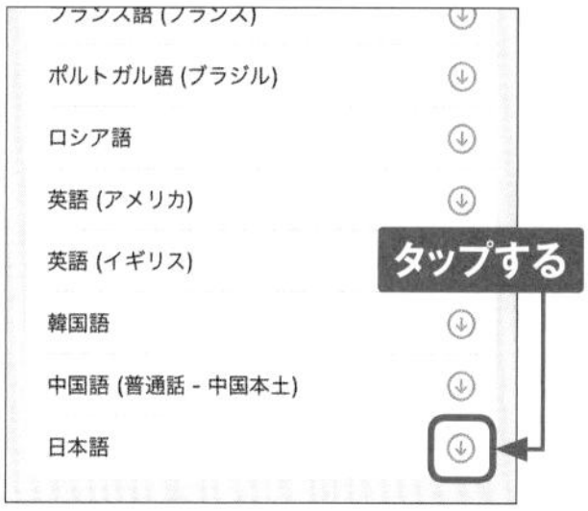

●翻訳をほかの人に見せる

1 P.190手順⑥の画面で⤡をタップします。

2 翻訳したテキストが大きく表示されます。▶をタップするとテキストの読み上げ、をタップすると、手順①の画面に戻ります。

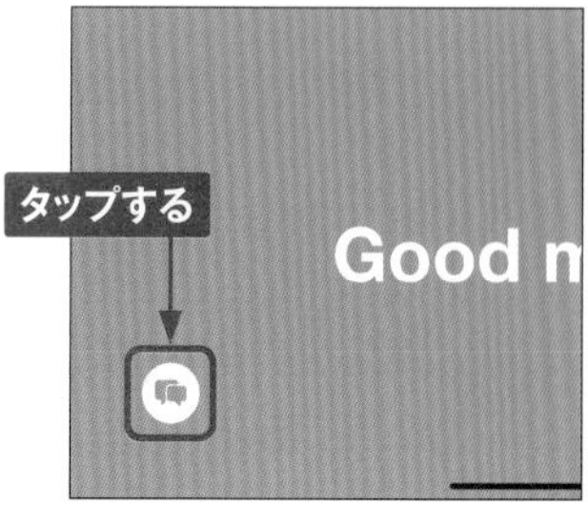

Section 49

地図を利用する

iPhoneでは、位置情報を取得して現在地周辺の地図を表示できます。地図の表示方法も航空写真を合わせたものなどに変更して利用できます。

現在地周辺の地図を見る

1 ホーム画面で＜マップ＞をタップします。初回起動時は説明画面が表示されるので、＜続ける＞をタップし、位置情報に関する画面が表示された場合は、＜1度だけ許可＞または＜Appの使用中は許可＞をタップします。

2 マップの改善に関する画面が表示されたら、＜許可＞＜詳しい情報＞＜許可しない＞から選んでタップします。現在地が表示されていない場合は、 をタップします。

3 現在地が青色の点で表示されます。地図を拡大表示したいときは、拡大したい場所を中心にピンチオープンします。画面の範囲外を見たいときは、ドラッグすると地図を移動できます。

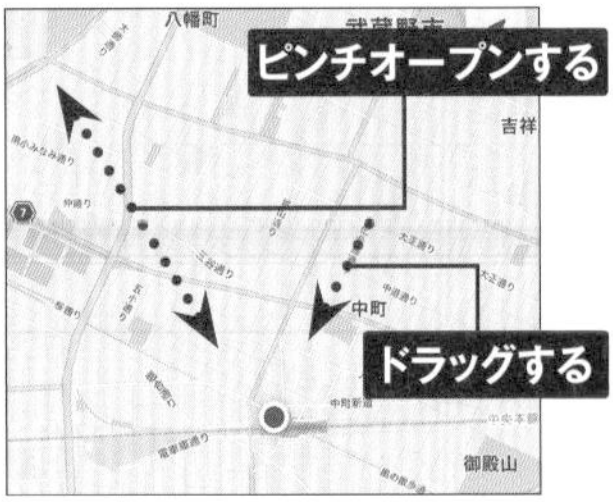

MEMO 地球儀モード

地図をピンチクローズすると、地図が縮小されます。ピンチクローズを続けると地球儀モードになります。

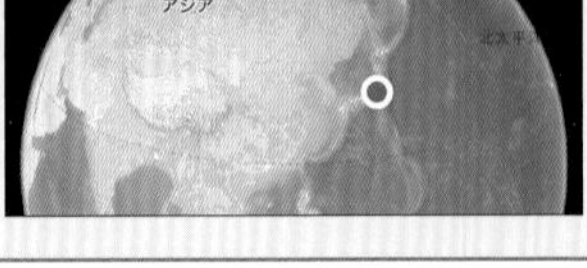

地図を利用する

表示方法を切り替える

① をタップします（アイコンは表示中の地図によって変化します）。

② ＜航空写真＞をタップします。

③ 地図情報と航空写真を重ねた画面が表示されます。

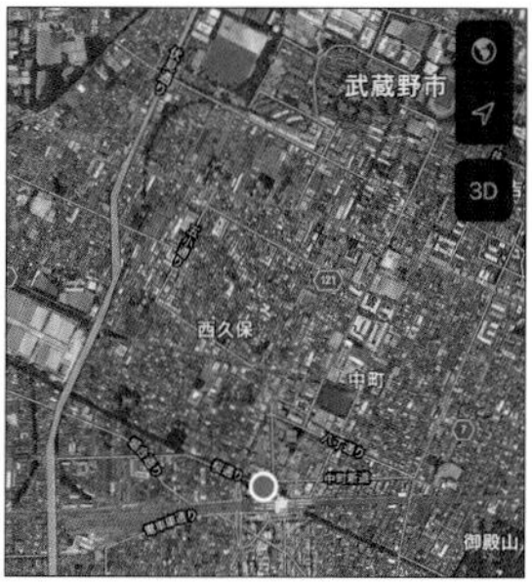

建物の情報を表示する

① 建物やお店の名称をタップします。

② 建物やお店の名称、写真などが表示されます。上方向にスワイプすると、住所や電話番号などの詳細な情報が表示されます。

場所を検索する

① <マップで検索>をタップします。

② 場所の名前や住所を入力して、表示された検索候補をタップします。<Look Around>をタップすると、周囲の状況を確認できます。

③ 検索した場所の詳細が表示されます。経路(ここでは、<47分>)をタップします。

④ 現在地から目的地までの経路が表示されます。出発地を変更する場合は<現在地>をタップして出発地を入力して、<経路>をタップします。🚆をタップします(2021年10月現在日本では自転車の経路は利用できません)。

⑤ 交通機関での経路が表示されます。<出発>をタップすると、現在位置と経路の詳細が表示されます。終了するときは ^ →<終了>の順にタップします。

MEMO 到着時刻を共有する

車での経路の場合、手順⑤の画面で<出発>をタップし、音声ナビが開始されたあとに、^ →<到着予定を共有>の順にタップします。共有したい相手をタップすると、到着予定時刻を共有できます。

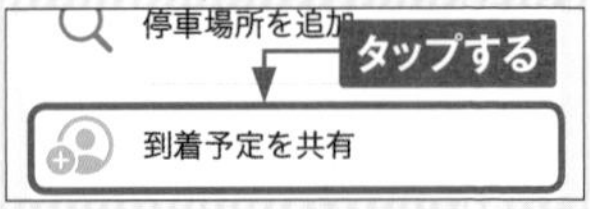

交通機関の情報を確認する

① 運行状況を確認したい駅を地図で表示し、駅名をタップします。

② 詳細情報を上方向にスワイプします。

③ 通っている路線ごとに運行状況を確認できます。

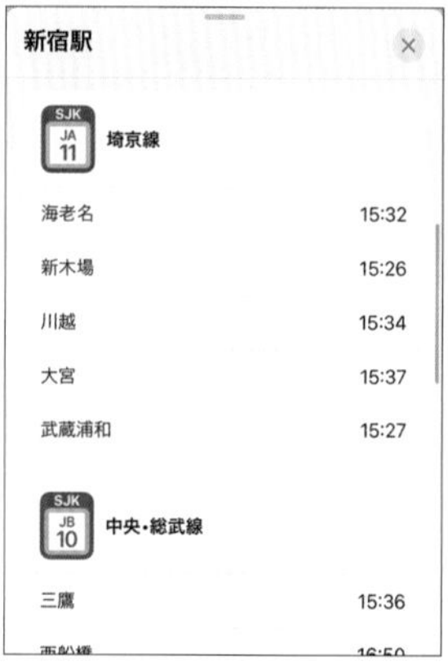

MEMO

路線ごとやバスの運行状況を確認する

複数の路線が乗り入れている駅の場合は、手順②の画面で「出発情報」下部の路線名をタップすると、路線ごとの運行状況に情報を絞ることができます。また、P.193「表示方法を切り替える」を参考に地図を「交通機関」に切り替えると、バス停を選択できるようになり、路線バスの運行状況を確認できます。

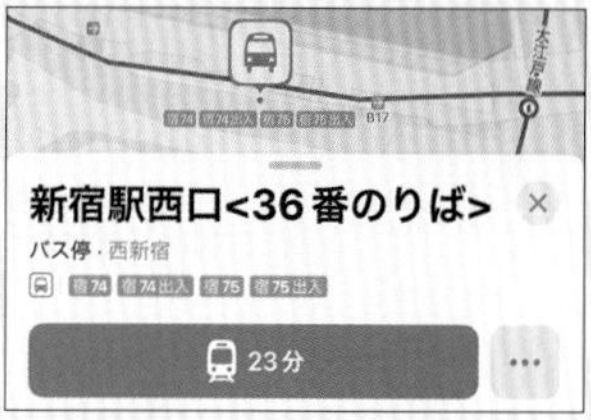

Section 50

ファイルを利用する

<ファイル>アプリでは、iPhoneに保存されているファイルやiCloud上に保存しているファイルを閲覧したり、管理したりすることができます。また、外付けのドライブと接続し、ファイルを閲覧できます。

ファイルを閲覧する

1 ホーム画面で<ファイル>をタップします。

2 <ブラウズ>をタップし、閲覧したいファイルのある場所をタップして選択したら、閲覧したいファイルをタップします。

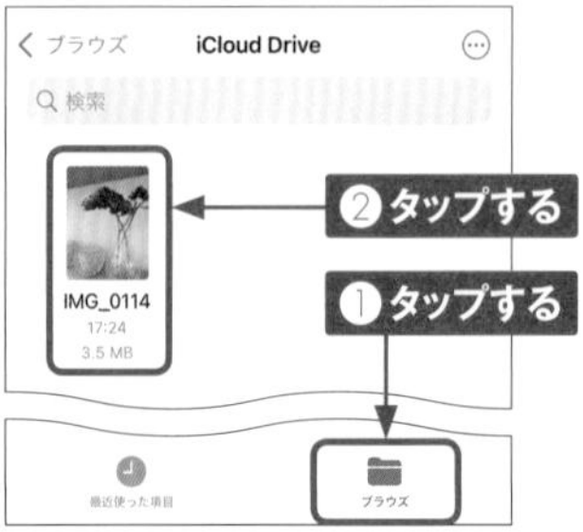

3 ファイルを閲覧できます。<完了>をタップします。

4 手順②の画面に戻ります。

ファイルを整理する

●フォルダを作成する

① P.196手順②で⋯をタップします。

② <新規フォルダ>をタップします。

③ フォルダの名前を入力し、<完了>をタップします。

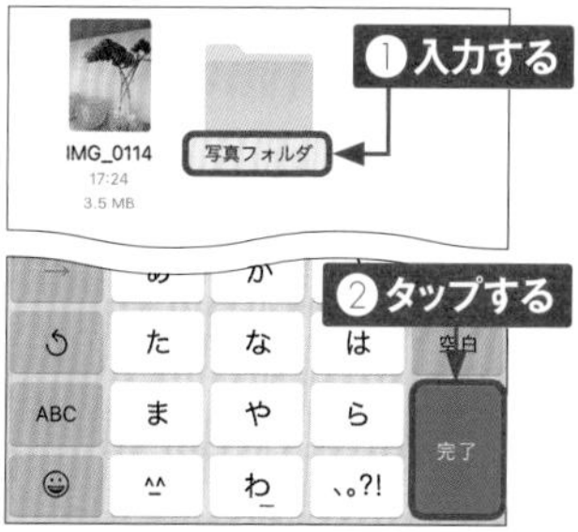

●フォルダにファイルを移動する

① 左の手順②の画面で<選択>をタップします。

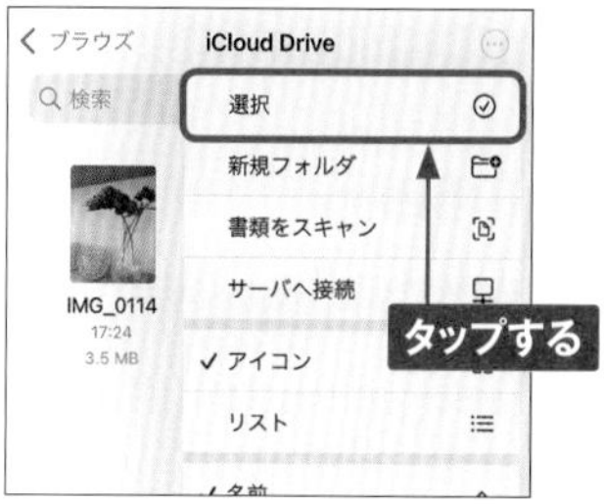

② フォルダに移動したいファイルをタップして選択し、🗀をタップします。

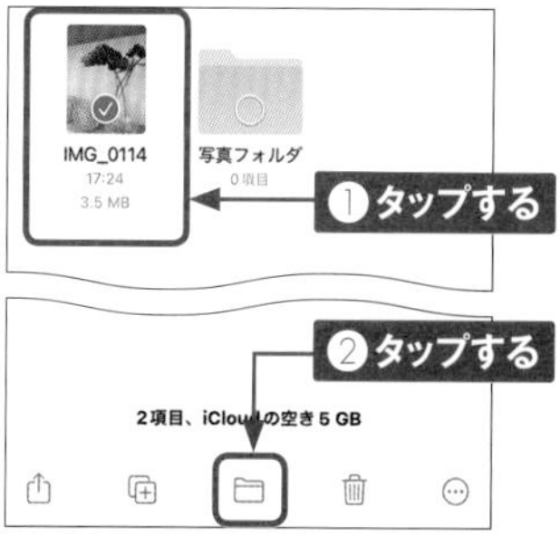

③ 移動先のフォルダ（ここでは<写真フォルダ>）をタップし、<移動>をタップします。

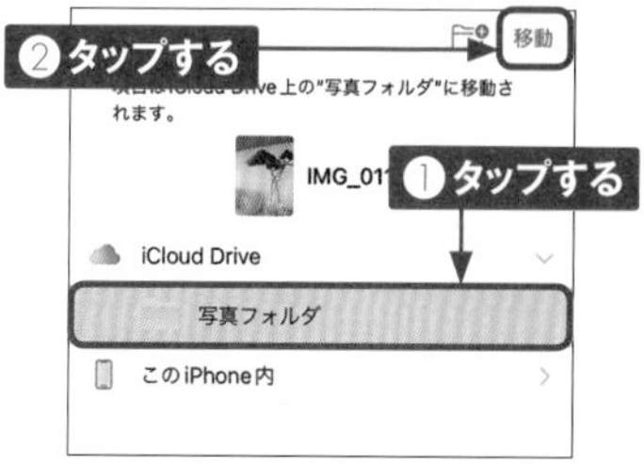

ファイルを圧縮・展開する

●ファイルを圧縮・展開する

1 圧縮したいファイルをタッチします。

2 ＜圧縮＞をタップします。

3 ファイルが圧縮されます。圧縮されたファイルをタップすると、展開されます。

●圧縮ファイルの中身を確認する

1 中身を確認したい圧縮ファイルをタッチします。

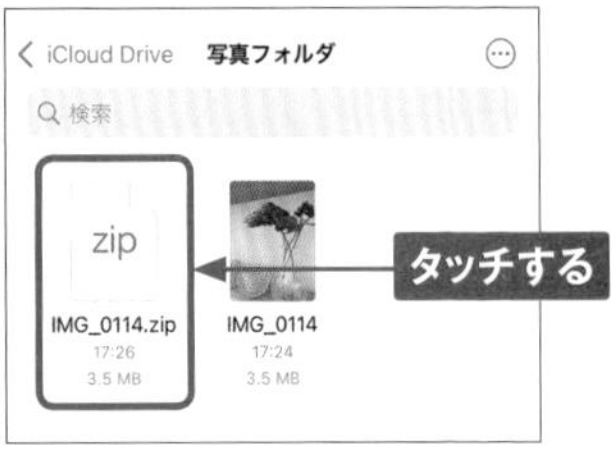

2 ＜クイックルック＞をタップします。

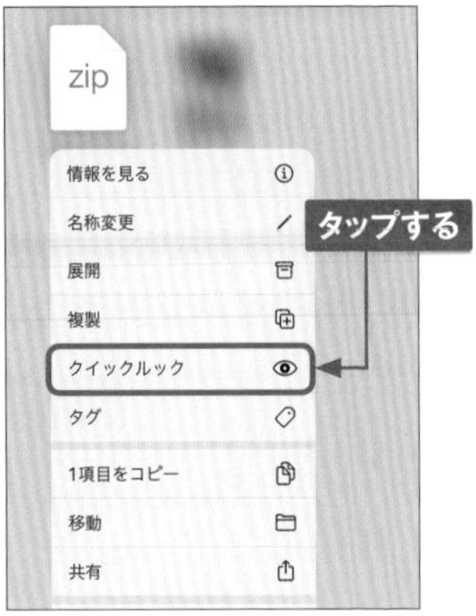

3 ＜内容をプレビュー＞をタップすると、ファイルの中身が表示されます。

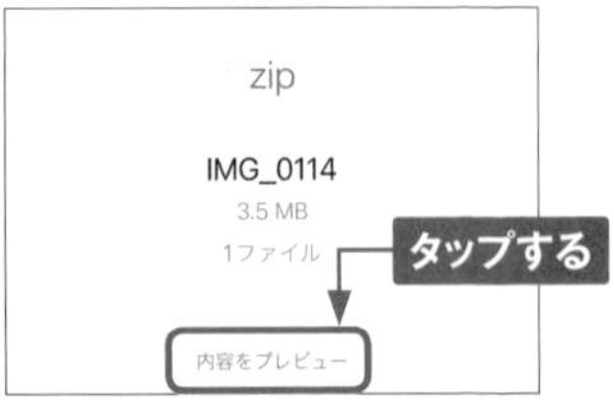

外付けドライブやサーバーのファイルを見る

① 外付けドライブとiPhone 13をLightning - USBケーブルやLightning - USBカメラアダプタなどを利用して接続します。「ブラウズ」画面に表示される接続した外付けドライブをタップします。外付けドライブのフォーマットによっては認識されない場合があります。

② 閲覧したいファイルをタップします。

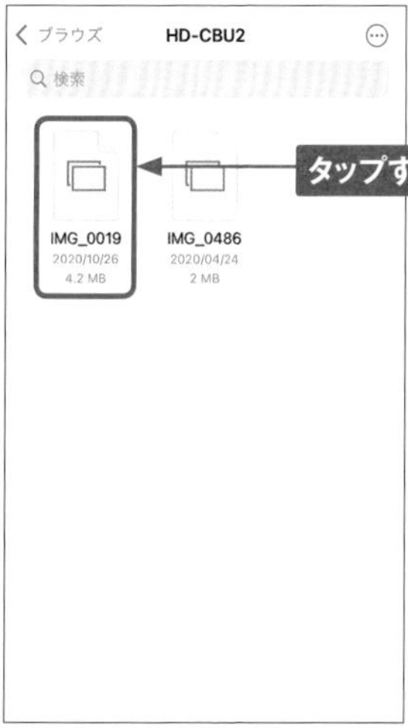

③ ファイルを閲覧できます。＜完了＞をタップすると手順②の画面に戻ります。

MEMO SMBサーバーのファイルを見る

SMBサーバーのファイルを見たいときは手順①の画面で⋯→＜サーバへ接続＞の順にタップし、画面に従って設定して接続します。

7

ヘルスケアを利用する

iPhoneでは、健康についての情報をヘルスケアアプリに集約して管理することができます。また、Apple WatchやAirPodsと連携することでより多くのデータを収集できます。

自分に関する基本的な健康情報を登録する

① ホーム画面で<ヘルスケア>をタップします。

② 初回は「ようこそヘルスケアへ」画面が表示されるので<続ける>をタップします。

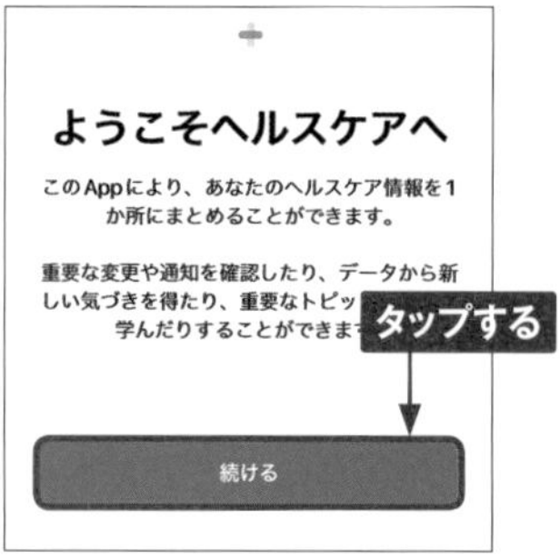

③ 名前や生年月日などを入力し、<完了>をタップします。すべての情報を設定しなくても、あとから追加できます。

MEMO ヘルスケアの詳細を追加する

<ヘルスケア>アプリを起動し、◎→<ヘルスケアの詳細>の順にタップすると、血液型を登録できます。身長や体重は<ブラウズ>→<身体測定値>の順にタップしてそれぞれ登録します。また、メディカルIDを登録すると、万が一の事故で自分がiPhoneを操作できない状況でもロック画面から重要な医療情報を伝えることができます。

＜ヘルスケア＞アプリでできること

＜ヘルスケア＞アプリには、自分の身体や健康に関するさまざまな情報を集約することができます。歩いた歩数や体重、心拍数、睡眠などの収集したデータは、＜ヘルスケア＞アプリで＜ブラウズ＞をタップして確認します。
また、栄養やフィットネスのサードパーティアプリや、Apple Watch、AirPods、体重計、血圧計などのデバイスと連携させてデータを収集することも可能です。

●自動データ収集

iPhoneを持ち歩くだけで歩行データやヘッドフォンの音量、睡眠履歴を自動的に収集します。

●Apple Watchとの連携

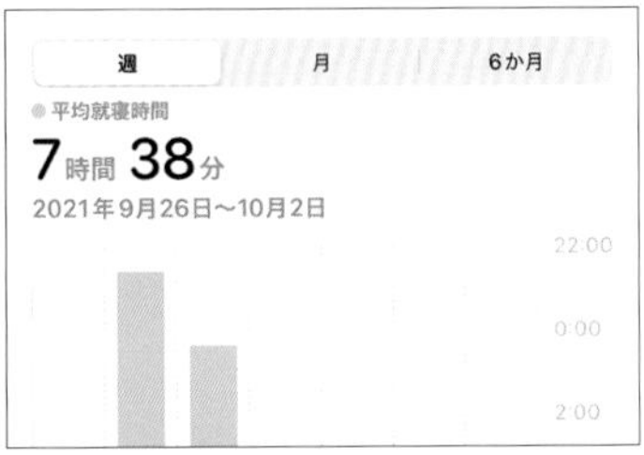

ペアリングすることで、睡眠中の呼吸数を測定して、一定期間内の睡眠傾向のレポートを表示したり、定期的に心拍数の測定値を記録したりできます。

●トレンド、ハイライト分析

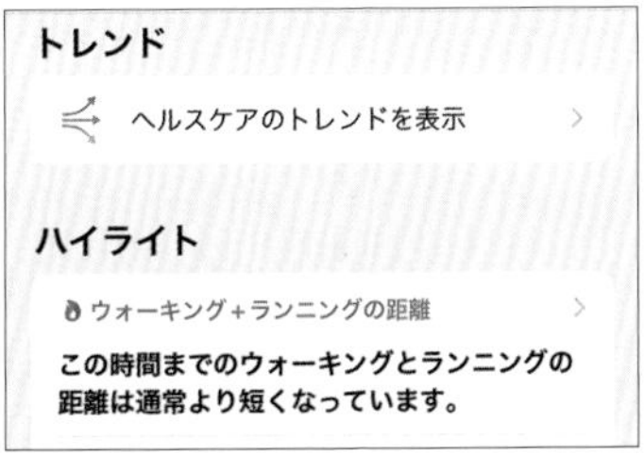

長期間データを収集していると、安静時心拍数、歩数、睡眠時間などのデータに大きな変化があったときに、トレンドとして表示されます。ハイライトには、最新のヘルスケアやフィットネスのデータが表示されます。

●ヘルスケアデータの共有

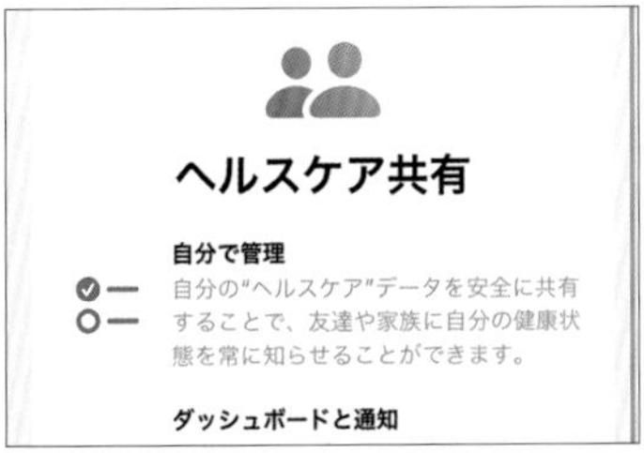

友達や家族など、＜連絡先＞アプリに登録されている人とヘルスケアデータを共有できます。共有することでアクティビティの急激な低下など、重大なトレンドの通知も共有されます。

Apple PayでSuicaを利用する

Apple Payは、アップルの提供する電子決済サービスです。Suicaやクレジットカードを登録しておくと、交通機関を利用するときや、店舗で買い物をするときにスムーズに支払いができます。

<ウォレット>アプリにクレジットカードを登録する

1 ホーム画面で<ウォレット>をタップします。

2 <追加>をタップします。Face IDの設定に関する画面が表示された場合は、Sec.68を参考にして設定してください。

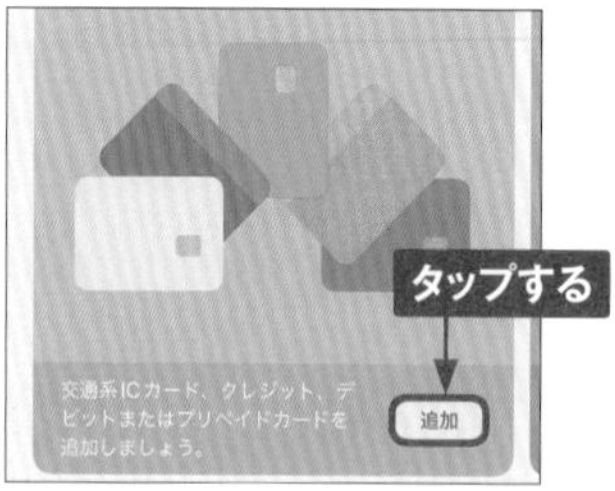

3 <クレジットカードなど>をタップします。

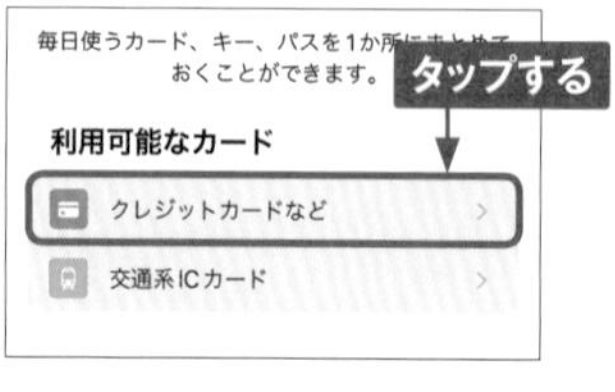

4 <続ける>をタップし、iPhoneのファインダーに登録したいカードを写します。

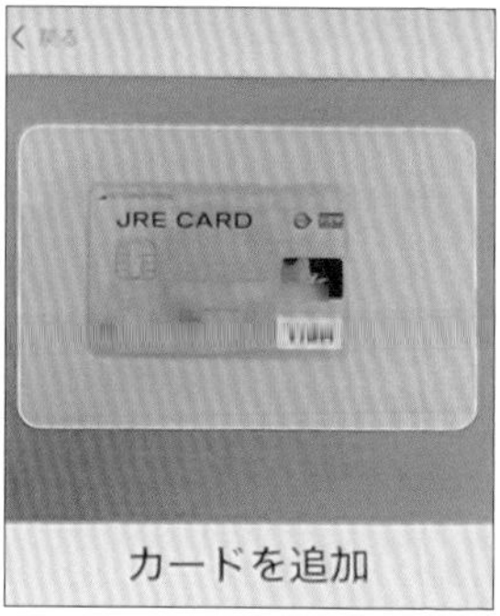

5 「カード詳細」画面で「名前」の欄をタップしてカードの名義を入力し、<次へ>をタップします。

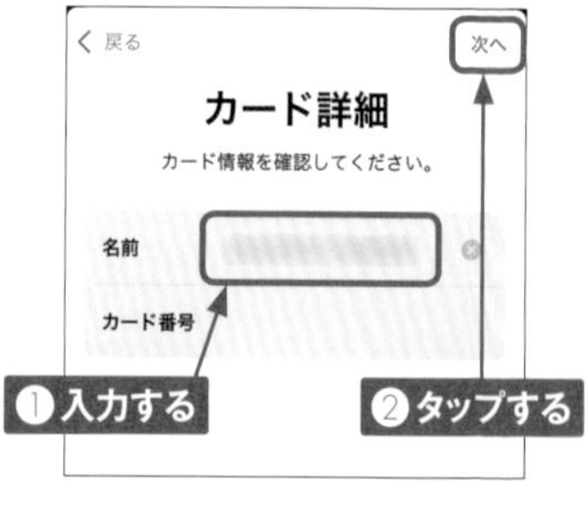

7

⑥ 有効期限とセキュリティコードを入力して、<次へ>をタップします。

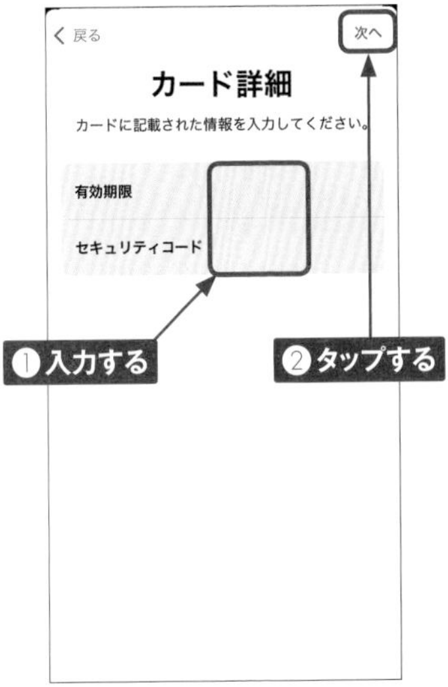

戻る
次へ
カード詳細
カードに記載された情報を入力してください。
有効期限
セキュリティコード
❶入力する
❷タップする

⑦ 「利用特約」画面が表示されたら、内容を確認し、<同意する>をタップします。

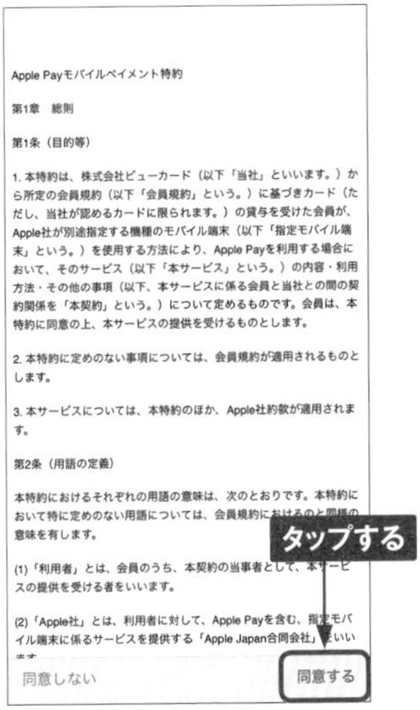

Apple Payモバイルペイメント特約
第1章　総則
第1条（目的等）
1. 本特約は、株式会社ビューカード（以下「当社」といいます。）から所定の会員規約（以下「会員規約」という。）に基づきカード（ただし、当社が認めるカードに限られます。）の貸与を受けた会員が、Apple社が別途指定する機種のモバイル端末（以下「指定モバイル端末」という。）を使用する方法により、Apple Payを利用する場合において、そのサービス（以下「本サービス」という。）の内容・利用方法・その他の事項（以下、本サービスに係る会員と当社との間の契約関係を「本契約」という。）について定めるものです。会員は、本特約に同意の上、本サービスの提供を受けるものとします。
2. 本特約に定めのない事項については、会員規約が適用されるものとします。
3. 本サービスについては、本特約のほか、Apple社約款が適用されます。
第2条（用語の定義）
本特約におけるそれぞれの用語の意味は、次のとおりです。本特約において特に定めのない用語については、会員規約に
意味を有します。
(1)「利用者」とは、会員のうち、本契約の当事者として、本サービスの提供を受ける者をいいます。
(2)「Apple社」とは、利用者に対して、Apple Payを含む、指定モバイル端末に係るサービスを提供する「Apple Japan合同会社」をいい
同意しない
同意する
タップする

⑧ <次へ>をタップします。

QUICPay
QUICPay
"ビューカード（JRE CARD）" がウォレットに追加されました。このカードはQUICPayマークの掲示があるお店でご利用いただけます。
タップする
次へ

⑨ 「カード認証」画面が表示されたら、画面の指示に従って認証を行います。

次へ
JRE CARD
VISA
カード認証
Apple Payで利用したいカードを認証する方法を選択してください。
SMS
ビューカードに発信

Suicaを発行する

① Sec.44を参考に事前にiPhoneに＜Suica＞アプリをインストールしておき、ホーム画面でタップして起動します。

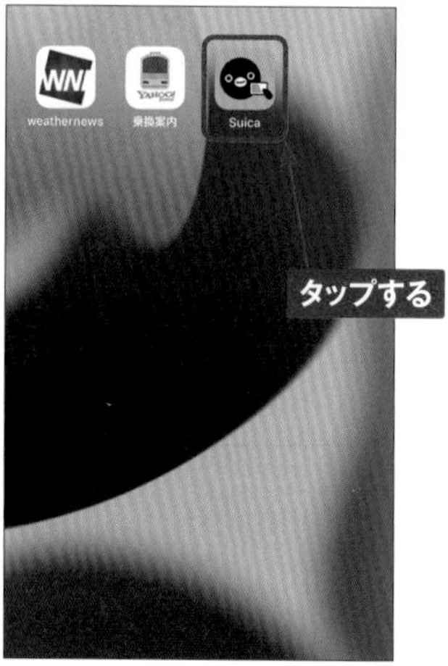

② ⊕または＜Suica発行＞をタップします。

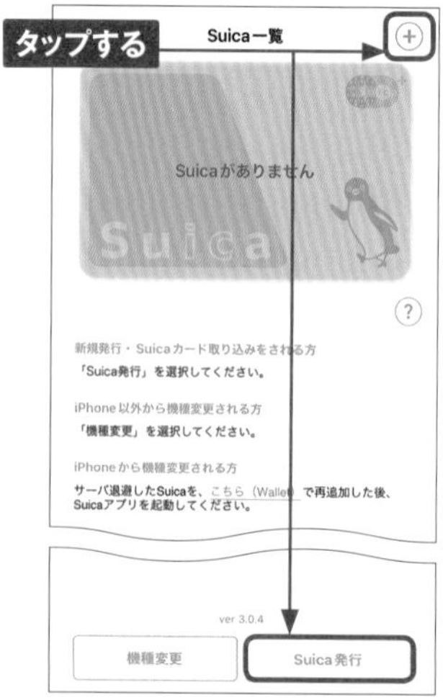

③ 左右にスワイプして、作成したいSuicaの種類（ここでは＜Suica（無記名）＞）を選択して、＜発行手続き＞をタップします。

④ 注意事項を確認し、問題なければ＜次へ＞→＜同意する＞の順にタップします。

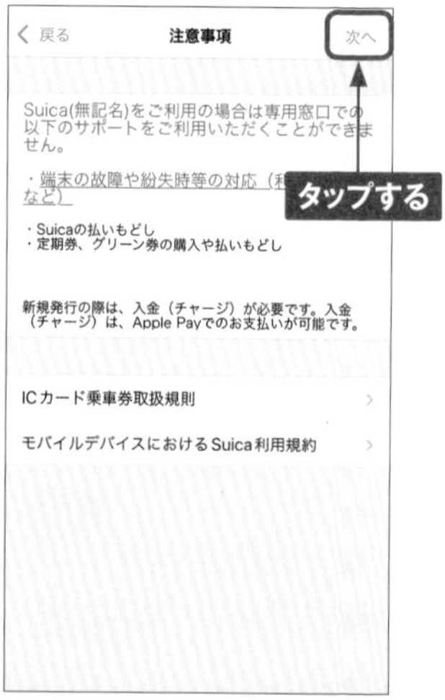

⑤ Suicaにチャージする金額を設定します。＜金額を選ぶ＞をタップします。

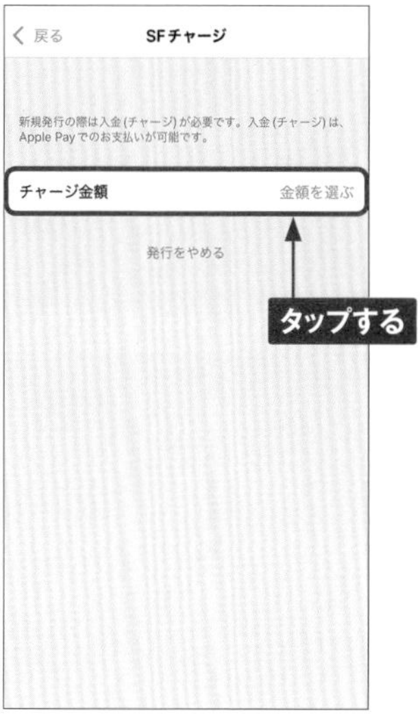

⑥ チャージしたい金額をタップします。

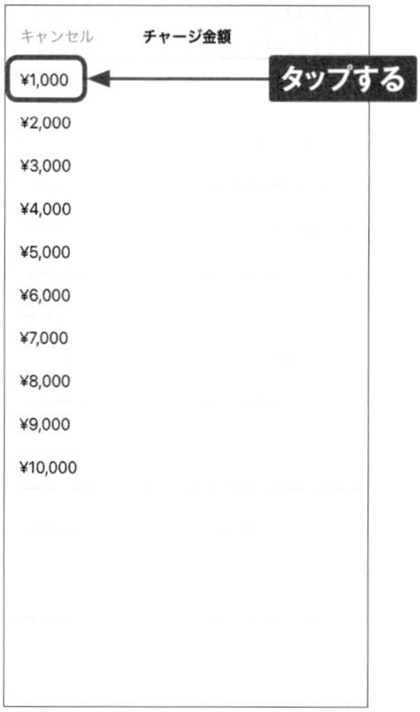

⑦ ＜Payでチャージ＞をタップし、画面の指示に従って支払いをします。＜次へ＞→＜同意する＞→＜完了＞→＜OK＞の順にタップするとSuicaの発行が完了します。

MEMO Suicaを取り込む

手元にあるSuicaを取り込みたい場合は、P.204手順③の画面で、＜カード取り込み＞→＜発行手続き＞の順にタップします。＜交通系ICカード＞→＜Suica＞の順にタップし、画面の指示に従ってカードの情報を入力したら、＜次へ＞→＜同意する＞の順にタップします。Suicaカードの上にiPhoneを置いて取り込みましょう。なお、この操作を行うと、手元のSuicaカードは無効になり、利用できなくなります。

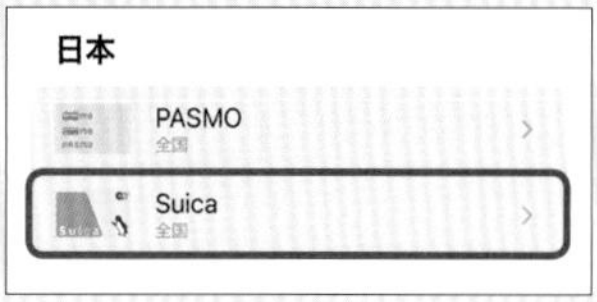

＜ウォレット＞アプリからSuicaにチャージする

1 ホーム画面で＜ウォレット＞をタップします。

2 チャージしたいSuicaをタップします。

3 画面右上の⊙をタップします。

4 ＜チャージ＞をタップし、画面の指示に従って操作します。

MEMO 現金をチャージする

現金でのSuicaへのチャージは、Suica加盟店の各種コンビニやスーパーのレジで行えます。店員にSuicaを現金でチャージしたいことを伝えましょう。また、一部の駅の券売機でも、現金でのチャージが可能です。

<Suica>アプリにクレジットカードを登録する

1 ホーム画面で<Suica>アプリをタップして起動し、<チケット購入Suica管理>をタップします。

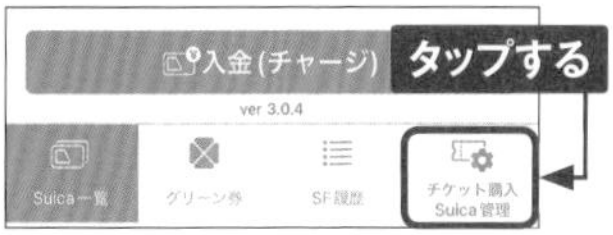

2 クレジットカードの登録には、モバイルSuicaの会員登録が必要です。していない場合は<会員登録>→<同意する>の順にタップします。

3 画面に従って必要な情報を入力し、<次へ>をタップします。パスワードと基本情報を入力したら<完了>→<OK>の順にタップします。

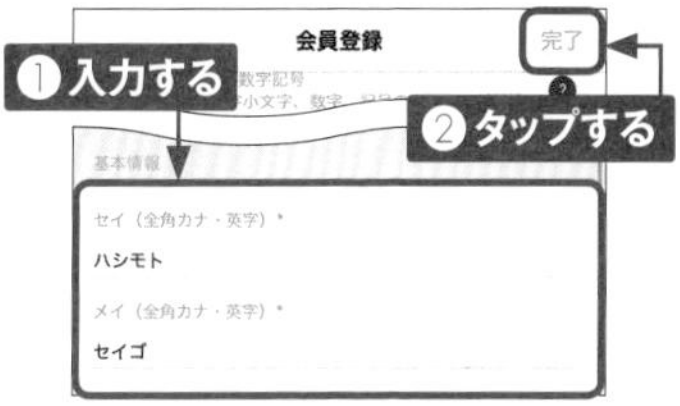

4 手順①の画面が表示される場合は再度<チケット購入Suica管理>をタップし、<登録クレジットカード情報変更>をタップします。

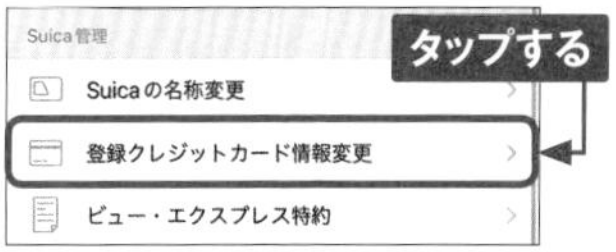

5 「カード番号」と「カード有効期限」を半角で入力し、<次へ>をタップして、画面の指示に従ってクレジットカードを登録します。登録後、手順①の画面で<入金（チャージ）>をタップすると、チャージ可能です。

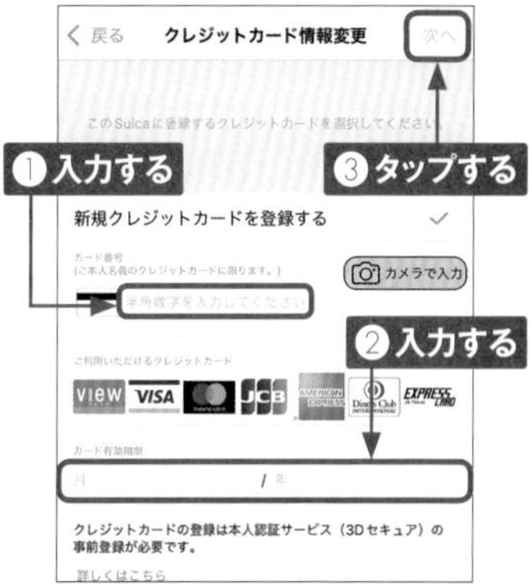

> **MEMO Suicaを管理する**
>
> 手順②の画面では、Suicaへのオートチャージ（ビューカードが必要）や定期券の購入、Suicaグリーン券やJR東海のエクスプレス予約など、Suicaに関するさまざまな操作が行えます。

7

FaceTimeを利用する

FaceTimeは、Appleが無料で提供している音声／ビデオ通話サービスです。iPhoneやiPadなど、FaceTimeに対応した端末同士での通話が可能です。

FaceTimeの設定を行う

① ホーム画面で＜設定＞をタップします。なお、必要であればあらかじめSec.19を参考に、Wi-Fiに接続しておきます。

② ＜FaceTime＞をタップします。

③ 「FaceTime」が になっている場合はタップします。

④ FaceTimeがオンになります。Apple IDにサインインしている場合は自動的にApple IDが設定されます。

5 「FACETIME着信用の連絡先情報」に電話番号と、Apple IDのメールアドレスが表示されます。

6 手順⑤の画面の「発信者番号」で、FaceTimeの発信先として利用したい電話番号かメールアドレスをタップして、チェックを付けます。

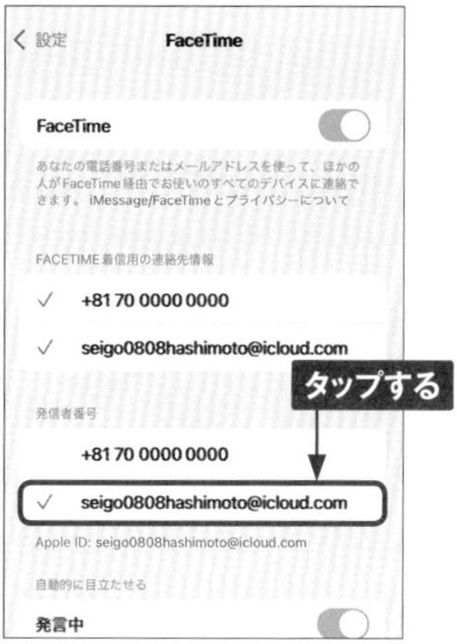

MEMO FaceTimeをWi-Fi接続時のみ利用する

ホーム画面で<設定>→<モバイル通信>の順にタップし、「FaceTime」のをタップしてにすると、FaceTimeがWi-Fi接続時のみ利用できるように設定できます。

FaceTimeでビデオ通話する

① ホーム画面で<FaceTime>をタップします。

② <新しいFaceTime>をタップします。

③ 名前の一部を入力すると、連絡先に登録され、FaceTimeをオンにしている人が表示されます。FaceTimeでビデオ通話をしたい相手をタップし、<FaceTime>をタップします。

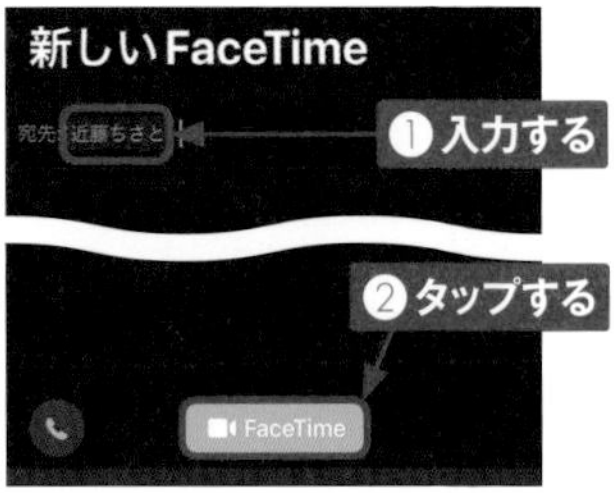

④ 呼び出し中の画面になります。通話を終了するときは、<終了>をタップします。

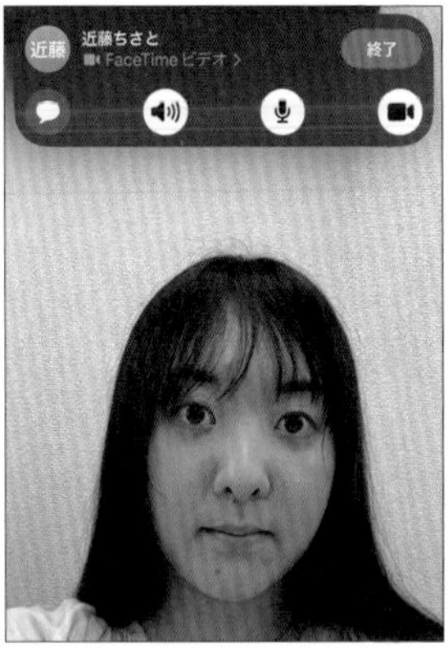

MEMO FaceTimeで音声通話をする

FaceTimeで音声通話をするときは、手順③の画面でをタップします。

AndroidやWindowsとビデオ通話をする

① P.210手順②の画面で<リンクを作成>をタップします。

② リンクの送信方法を選択します。ここでは<メール>をタップします。

③ FaceTime通話へのリンクがメールに添付されるので、宛先や件名を入力してビデオ通話したい相手にメールを送信します。

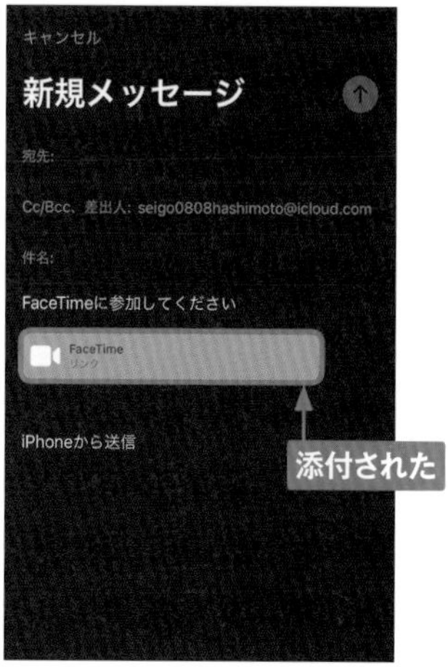

④ 手順①の画面で「今後の予定」欄の<FaceTime>→<参加>の順にタップすると、ビデオ通話を開始できます。

背景をぼかしてビデオ通話をする

1 FaceTimeのビデオ通話中の画面で自分のタイルをタップします。

2 をタップします。

3 ポートレートモードがオンになり、背景にぼかしがかかります。

MEMO

コントロールセンターからぼかしの設定をする

FaceTimeでビデオ通話中にコントロールセンターを表示し(Sec.05参照)、<エフェクト>→<ポートレート>の順にタップすることでも背景をぼかすことができます。

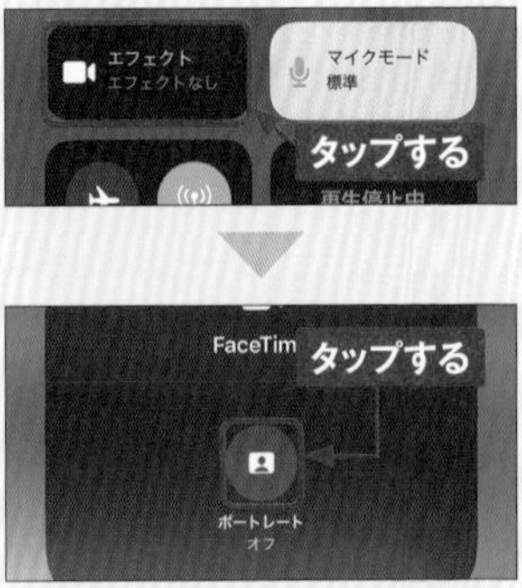

FaceTimeの機能

FaceTimeでは、ビデオ通話の際にポートレートモードで背景をぼかすだけではなく、会話を楽しむためのさまざまな機能を利用できます。

●マイクのオン／オフ

ビデオ通話中にタップすることでマイクのオン／オフを切り替えられます。

●カメラのオン／オフ

ビデオ通話中にタップすることでカメラのオン／オフを切り替えられます。

●エフェクトの追加

ステッカーやフィルターなどのエフェクトを自分の画面に追加できます。

●グループ通話

複数人を通話に招待すると、グループ通話を楽しめます。画面上のそれぞれの位置から声が聞こえるよう感じられます。

●周囲の音を除去する

通話中にコントロールセンターで＜マイクモード＞→＜声を分離＞の順にタップすると、周囲の音を遮断でき、自分の声が相手にはっきり聞こえるようになります。

●周囲の音を含める

通話中にコントロールセンターで＜マイクモード＞→＜ワイドスペクトル＞の順にタップします。

Section 54

AirDropを利用する

AirDropを使うと、AirDrop機能を持つ端末同士で、近くにいる人とかんたんにファイルをやりとりすることができます。写真や動画などを目の前の人にすばやく送りたいときに便利です。

AirDropでできること

すぐ近くの相手と写真や動画などさまざまなデータをやりとりしたい場合は、AirDropを利用すると便利です。AirDropを利用するには、互いにWi-FiとBluetoothを利用できるようにし、受信側がAirDropを<連絡先のみ>、もしくは<すべての人>に設定する必要があります。
AirDropでは、写真や動画のほか、連絡先、閲覧しているWebサイトなどがやりとりできます。対象機種はiOS 7以降を搭載したiPhone、iPad、iPod touchと、OS X Yosemite以降を搭載したMacです。
また、見知らぬ人からAirDropで写真を送りつけられることを防ぐために、普段はAirDropの設定を<連絡先のみ>、または<受信しない>にしておくとよいでしょう。

画面右上を下方向にスワイプしてコントロールセンターを開き、左上にまとめられているコントロールをタッチします。<AirDrop>をタップします。Wi-FiとBluetoothがオフの場合は、タップしてオンにします。受信側は、<AirDrop>が<受信しない>の場合は、タップします。

<すべての人>をタップすると周囲のすべての人が、<連絡先のみ>をタップすると連絡先に登録されている人のみが自分のiPhoneを検出できるようになります（iCloudへのサインインが必要）。AirDropの利用が終わったら、<受信しない>をタップします。

AirDropで写真を送信する

1 ホーム画面で＜写真＞をタップします。

2 送信したい写真を表示して、をタップします。

3 送信先の相手が近くにいる場合は、iPhoneを相手に向けます。＜AirDrop＞をタップします。

4 送信先の相手が表示されたらタップします。なお、送信先の端末がスリープモードのときは、表示されません。送信先の端末で＜受け入れる＞をタップすると、写真が相手に送信されます。

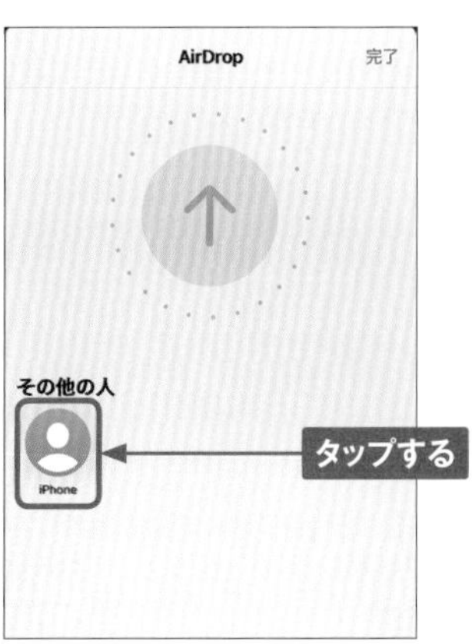

7

Section 55

音声でiPhoneを操作する

音声でiPhoneを操作できる機能「Siri」を使ってみましょう。iPhoneに向かって操作してほしいことを話しかけると、内容に合わせた返答や操作をしてくれます。

7

Siriを使ってできること

SiriはiPhoneに搭載された人工知能アシスタントです。サイドボタンを長押ししてSiriを起動し、Siriに向かって話しかけると、リマインダーの設定や周囲のレストランの検索、流れている音楽の曲名を表示してくれるなど、さまざまな用事をこなしてくれます。「Hey Siri」機能をオンにすれば、iPhoneに「Hey Siri」（ヘイシリ）と話しかけるだけでSiriを起動できるようになります。アプリを利用するタイミングなどを学習して、次に行うことを予測し、さまざまな提案を行ってくれます。

「Hey Siri」機能をオンにする際に、自分の声だけを認識するように設定できます。

「SIRIからの提案」では、使用者の行動を予想し、使う時間帯や場所に合わせたアプリなどを表示してくれます。

Siriに「翻訳して」と話しかけ、翻訳してほしい言葉を話すと、翻訳してくれます。

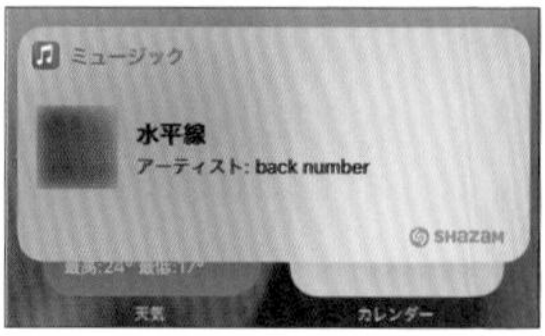

聞いている曲の曲名がわからない場合は、Siriに「曲名を教えて」と話しかけ、曲を聞かせると曲名を教えてくれます。

Siriの設定を確認する

1 ホーム画面で<設定>をタップします。

2 <Siriと検索>をタップします。

3 「サイドボタンを押してSiriを使用」が になっている場合はタップして、<Siriを有効にする>をタップし、Siriの声を選択して、<完了>をタップします。

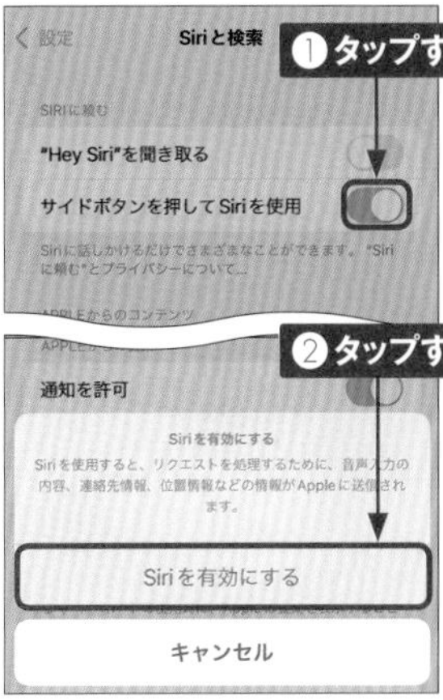

MEMO

Siriの位置情報をオンにする

現在地の天気を調べるなど、Siriで位置情報に関連した機能を利用する場合は、ホーム画面で<設定>→<プライバシー>→<位置情報サービス>の順にタップします。<Siriと音声入力>をタップして、<このAppの使用中のみ許可>をタップしてチェックを付けます。

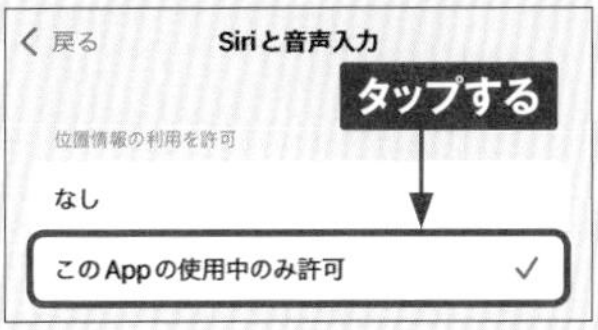

7

Siriの利用を開始する

① サイドボタンを長押しします。

② Siriが起動するので、iPhoneに操作してほしいことを話しかけます。ここでは例として、「午前8時に起こして」と話してみます。

③ アラームが午前8時に設定されました。終了するにはサイドボタンを押します。

MEMO 話しかけてSiriを呼び出す

Siriをオンにしたあとで、P.217手順③のあとの画面で＜“Hey Siri”を聞き取る＞の をタップして、＜続ける＞をタップし、画面の指示に従って数回iPhoneに向かって話しかけます。最後に＜完了＞をタップすれば、サイドボタンを押さずに「Hey Siri」と話しかけるだけで、Siriを呼び出すことができるようになります。なお、この方法であれば、iPhoneがスリープ状態でも、話しかけるだけでSiriを利用できます。

Siriショートカットとは

Siriショートカットとは、Siriに1つ指示を与えるだけで、複数のタスクを行ってくれるという便利な機能です。<ショートカット>アプリには、さまざまなサンプルのショートカットが用意されているので、そのまま使えます。さらに、自分で自由に組み合わせて、オリジナルのショートカットを作成することもできます。

<ショートカット>アプリでは、サンプルのショートカットのほかにも、自分で自由にショートカットを作成することができます。

ショートカットを設定する

① ホーム画面から<ショートカット>をタップしてアプリを起動し、<続ける>をタップします。

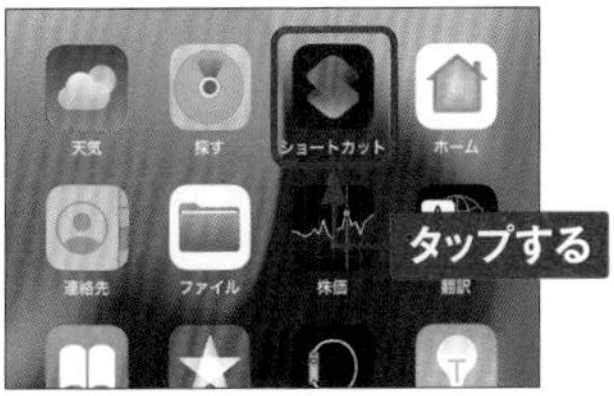

② <ギャラリー>をタップします。

MEMO オリジナルのショートカットを作成

自分で自由にショートカットを作成したい場合は、手順②の画面で<ショートカットを作成>をタップします。

③ 画面を上方向にスワイプして、設定したいショートカット（ここでは<洗濯タイマー>）をタップします。

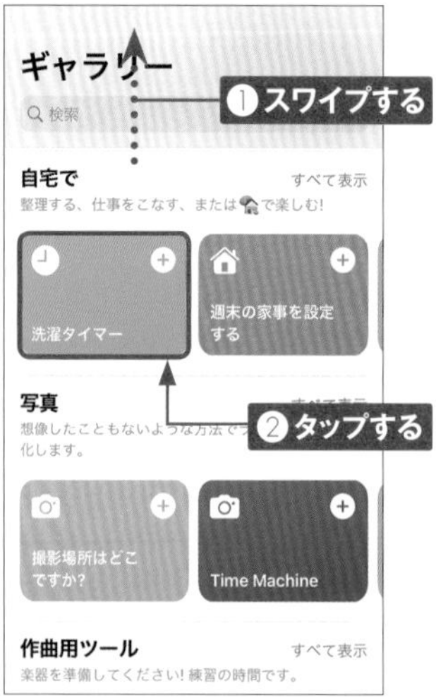

④ <ショートカットを追加>をタップします。

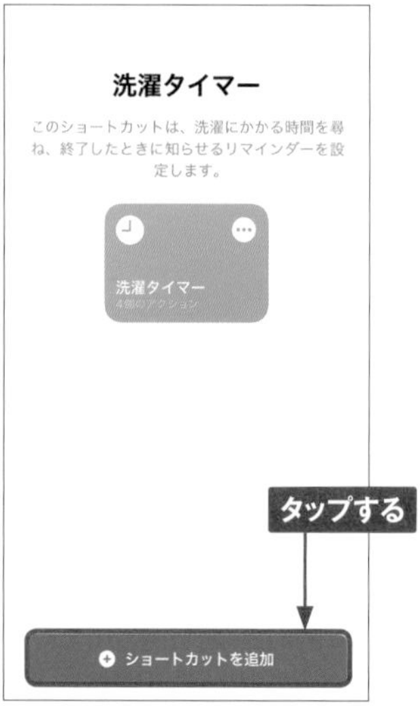

⑤ <マイショートカット>→<すべてのショートカット>の順にタップすると、「すべてのショートカット」画面にショートカットが追加されます。

⑥ P.218手順①を参考にSiriを呼び出し、「洗濯タイマー」と話しかけます。以降はSiriの指示に従って、話しかけながら時間などを設定します。

Chapter 8

iCloudを活用する

Section 56 iCloudでできること
Section 57 iCloudにバックアップする
Section 58 iCloudの同期項目を設定する
Section 59 iCloud写真やiCloud共有アルバムを利用する
Section 60 iCloud Driveを利用する
Section 61 iPhoneを探す

iCloudでできること

iCloudとは、Appleが提供するクラウドサービスです。メール、連絡先、カレンダーなどのデータを、iCloudを経由してパソコンと同期できます。

インターネットの保管庫にデータを預けるiCloud

iCloudは、Appleが提供しているクラウドサービスです。クラウドとはインターネット上の保管庫のようなもので、iPhoneに保存しているさまざまなデータを預けておくことができます。またiCloudは、iPhone以外にもiPad、iPod touch、Mac、Windowsパソコンにも対応しており、それぞれの端末で登録したデータを、互いに共有することができます。なお、iCloudは無料で5GBまで利用できますが、月額130円で50GB、月額400円で200GB、月額1,300円で2TBまでの追加容量と、専用の機能を利用できます。Apple Music、Apple TV+、Apple Arcade、iCloudをまとめて購入できるApple Oneの場合は、月額1,100円の個人プランで50GB、月額1,850円のファミリープランで200GBの容量を利用できます。

●iCloudのしくみ

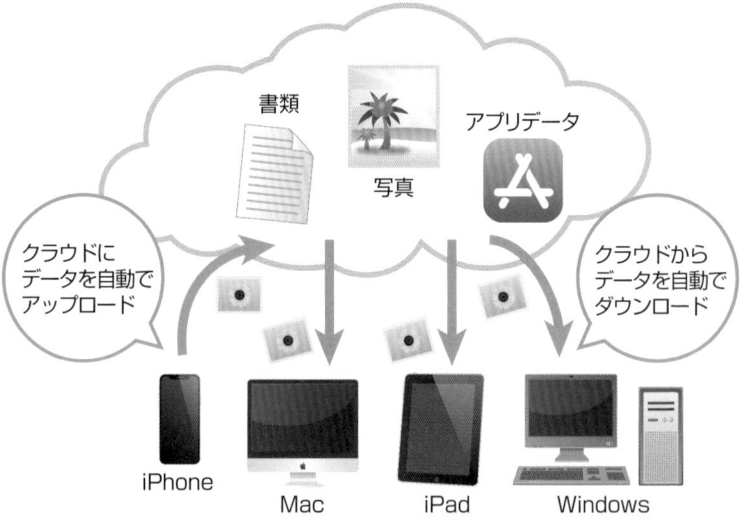

iCloudで共有できるデータ

iPhoneにiCloudのアカウントを設定すると、メール、連絡先、カレンダーやSafariのブックマークなど、さまざまなデータを自動的に保存してくれます。また、「@icloud.com」というiCloud用のメールアドレスを取得できます。
さらに、App StoreからiCloudに対応したアプリをインストールすると、アプリの各種データをiCloud上で共有できます。

●iCloudの設定画面

カレンダーやメール、連絡先をiCloudで共有すれば、ほかの端末で更新したデータがすぐにiPhoneに反映されるようになります。

●「探す」機能

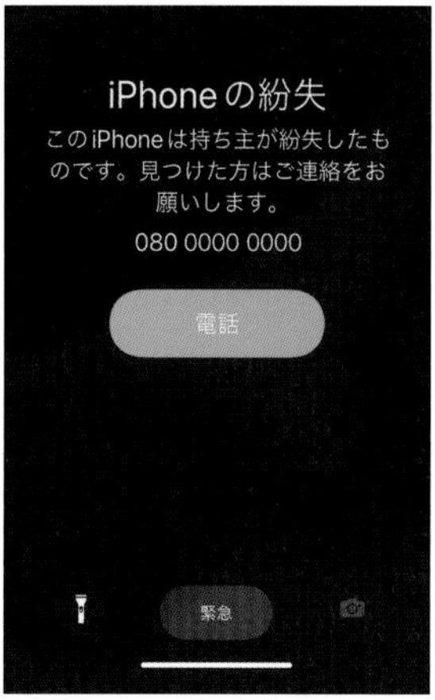

「探す」機能を利用すると、万が一の紛失時にも、iPhoneの現在位置をパソコンで確認したり、リモートで通知を表示させたりできます。

MEMO iCloud（無料）で利用できる機能

iPhoneでは、iCloudの下記の機能が利用できます。

- iCloud Drive
- 書類とデータの同期
- 連絡先やカレンダーの同期
- リマインダーの同期
- 探す
- ファミリー共有
- メール（@icloud.com）
- メモの同期
- マイフォトストリーム
- Safariの同期
- iCloudキーチェーン
- iCloud写真

iCloudに バックアップする

iPhoneは、パソコンのiTunesと同期する際に、パソコン上に自動でバックアップを作成します。このバックアップをパソコンのかわりにiCloud上に作成することも可能です。

iCloudバックアップをオンにする

1. ホーム画面から<設定>→自分の名前の順にタップして、<iCloud>をタップします。

2. <iCloudバックアップ>をタップします。

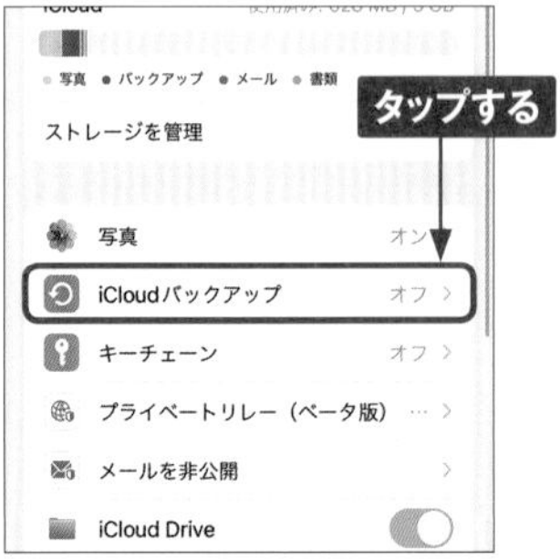

3. 「バックアップ」画面が表示されるので、「iCloudバックアップ」がになっていることを確認します。「iCloudバックアップ」がになっている場合はタップします。

4. 「iCloudバックアップ」がになりました。以降は、P.225MEMOの条件を満たせば、自動でバックアップが行われるようになります。

iCloudにバックアップを作成する

1 手動でiCloudにバックアップを作成したいときは、Wi-Fiに接続した状態で、「バックアップ」画面で、＜今すぐバックアップを作成＞をタップします。

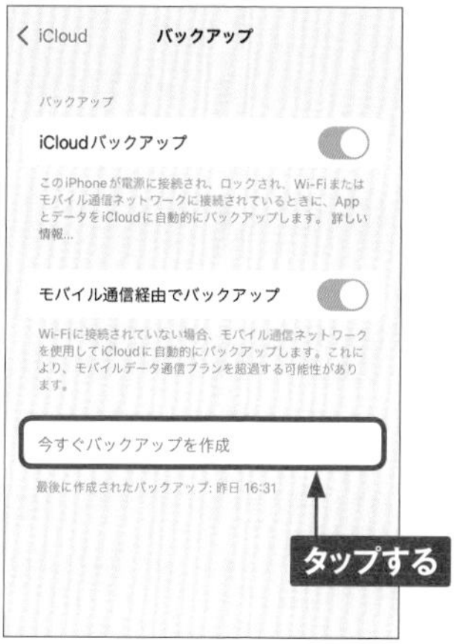

2 バックアップが作成されます。バックアップの作成を中止したいときは、＜バックアップの作成をキャンセル＞をタップします。

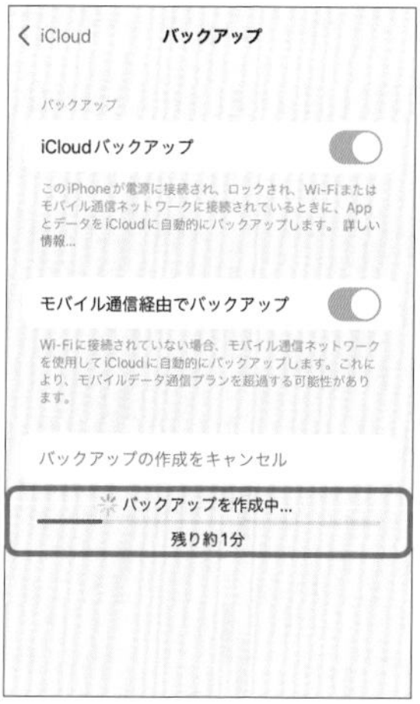

3 バックアップの作成が完了しました。前回iCloudバックアップが行われた日時が表示されます。

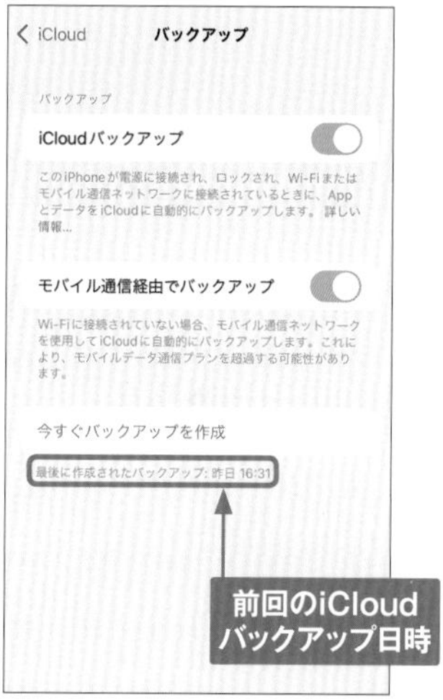

MEMO 自動バックアップが行われる条件

自動でiCloudにバックアップが行われる条件は以下のとおりです。

・電源に接続している
・ロックしている
・Wi-Fiに接続している

なお、バックアップの対象となるデータは、撮影した動画や写真、アプリのデータやiPhoneに関する設定などです。アプリ本体などはバックアップされませんが、復元後、自動的にiPhoneにダウンロードされます。

Section 58

iCloudの同期項目を設定する

カレンダーやリマインダーはiCloudと同期し、連絡先はパソコンのiTunesと同期するといったように、iCloudでは、個々の項目を同期するかしないかを選択することができます。

iPhoneのiCloudの同期設定を変更する

8

●同期をオフにする

1 P.224手順①を参考に「iCloud」画面を表示し、iCloudと同期したくない項目のをタップしてにします。ここでは、「Safari」のをタップします。

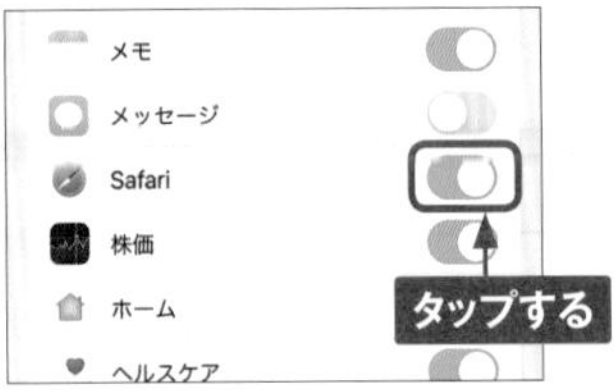

2 以前同期したiCloudのデータを削除するかどうか確認されます。iCloudのデータをiPhoneに残したくない場合は、<iPhoneから削除>をタップします。

●同期をオンにする

1 iCloudと同期したい項目のをタップして、にします。ここでは「Safari」のをタップします。

2 <Safari>に既存のデータがある場合は、iCloudのデータと結合してよいか確認するメニューが表示されます。<結合>をタップします。

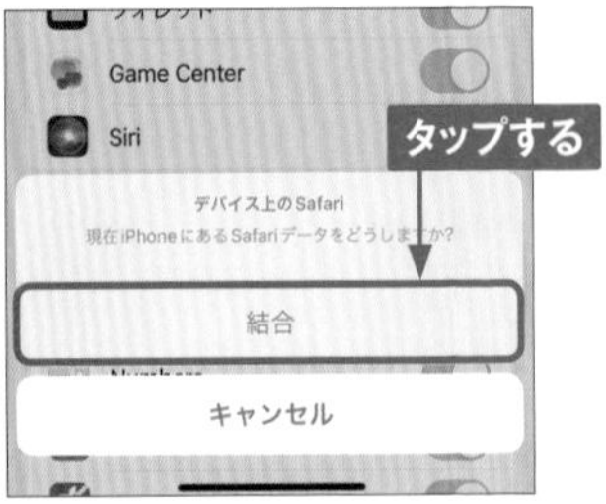

Application

iCloud写真や iCloud共有アルバムを利用する

「iCloud写真」は、撮影した写真や動画を自動的にiCloudに保存するサービスです。保存された写真はほかの端末などからも閲覧できます。また、写真を友だちと共有する「iCloud共有アルバム」機能もあります。

iCloudを利用した写真の機能

iCloudを利用した写真の機能には、大きく分けて次の2つがあります。

●写真の自動保存

「iCloud写真」機能により、iPhoneで撮影した写真や動画を自動的にiCloudに保存します。保存された写真は、ほかの端末やパソコンなどからも閲覧することができます。初期設定では有効になっており、iCloudストレージの容量がいっぱいになるまで（無料プランでは5GB）保存できます。

●写真の共有

「iCloud共有アルバム」機能により、作成したアルバムを友だちと共有して閲覧してもらうことができます。なお、iCloudのストレージは消費しません。

MEMO iCloudストレージの容量を買い足す

iCloud写真で写真やビデオをiCloudに保存していると、無料の5GBの容量はあっという間にいっぱいになってしまいます。有料で容量を増やすには、P.224手順②の画面で「容量」の<ストレージを管理>をタップします。<ストレージプランを変更>をタップして、「50GB」「200GB」「2TB」のいずれかのプランを選択します。

iCloud+には、すべてのデータを安全に保存するのに十分なストレージおよびプライバシー保護を確保する機能が搭載されています。
iCloud+の詳しい情報
50GB 月額¥130
200GB 月額¥400
2TB 月額¥1,300

設定を確認する

1 P.224手順①を参考に「iCloud」画面を表示し、<写真>をタップします。

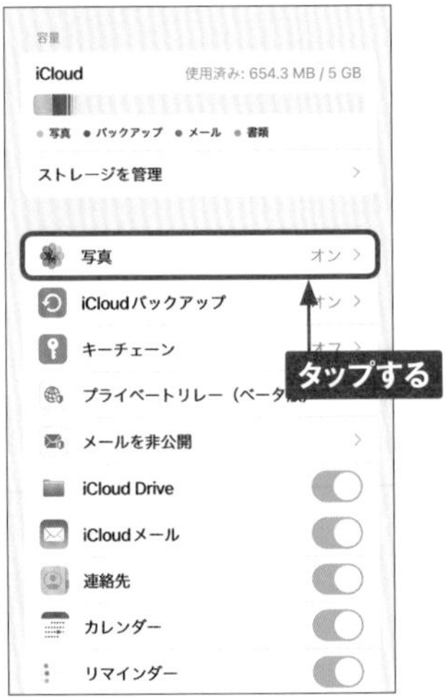
容量
iCloud
使用済み: 654.3 MB / 5 GB
写真
バックアップ
メール
書類
ストレージを管理
写真
オン
iCloudバックアップ
キーチェーン
プライベートリレー（ベータ
メールを非公開
iCloud Drive
iCloudメール
連絡先
カレンダー
リマインダー
タップする

2 「iCloud写真」と「共有アルバム」がになっていることを確認します。iCloud写真を無効にしたい場合は、「iCloud写真」のをタップします。

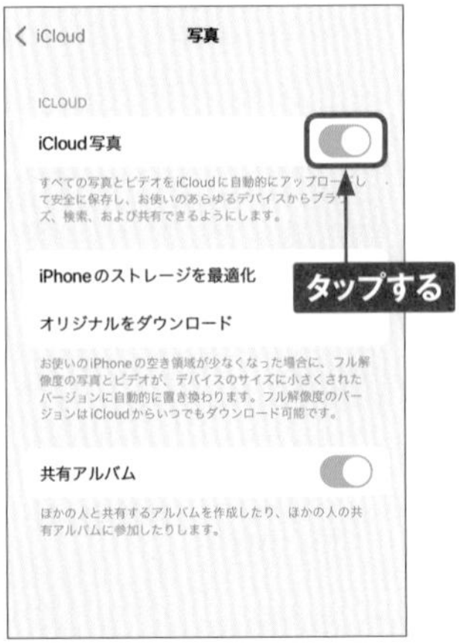
iCloud
写真
ICLOUD
iCloud写真
すべての写真とビデオをiCloudに自動的にアップロー　し
て安全に保存し、お使いのあらゆるデバイスからブラ
ズ、検索、および共有できるようにします。
iPhoneのストレージを最適化
オリジナルをダウンロード
お使いのiPhoneの空き領域が少なくなった場合に、フル解
像度の写真とビデオが、デバイスのサイズに小さくされた
バージョンに自動的に置き換わります。フル解像度のバー
ジョンはiCloudからいつでもダウンロード可能です。
共有アルバム
ほかの人と共有するアルバムを作成したり、ほかの人の共
有アルバムに参加したりします。
タップする

3 iCloud写真が無効になり、自動で保存されないようになります。

iCloud
写真
ICLOUD
iCloud写真
すべての写真とビデオをiCloudに自動的にアップロードし
て安全に保存し、お使いのあらゆるデバイスからブラウ
ズ、検索、および共有できるようにします。
共有アルバム
ほかの人と共有するアルバムを作成したり、ほかの人の共
有アルバムに参加したりします。

MEMO マイフォトストリームとは

古いApple IDを使用している場合、手順②の画面で「マイフォトストリーム」の項目が表示されることがあります。マイフォトストリームは、従来使われていた写真のiCloudへの自動保存機能です。保存枚数や保存期間に制限がありますが、iCloudストレージを消費しないという利点があります。写真のバックアップが目的でなければマイフォトストリームのほうが便利に使える場合もあるので、目的に応じて使い分けるとよいでしょう。

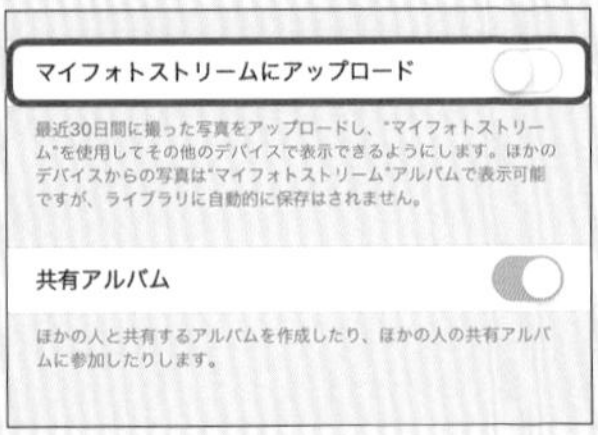
マイフォトストリームにアップロード
最近30日間に撮った写真をアップロードし、"マイフォトストリー
ム"を使用してその他のデバイスで表示できるようにします。ほかの
デバイスからの写真は"マイフォトストリーム"アルバムで表示可能
ですが、ライブラリに自動的に保存はされません。
共有アルバム
ほかの人と共有するアルバムを作成したり、ほかの人の共有アルバ
ムに参加したりします。

友だちと写真を共有する

1 ＜写真＞アプリを起動して、「アルバム」タブを開き、画面左上の＋をタップし、＜新規共有アルバム＞をタップします。

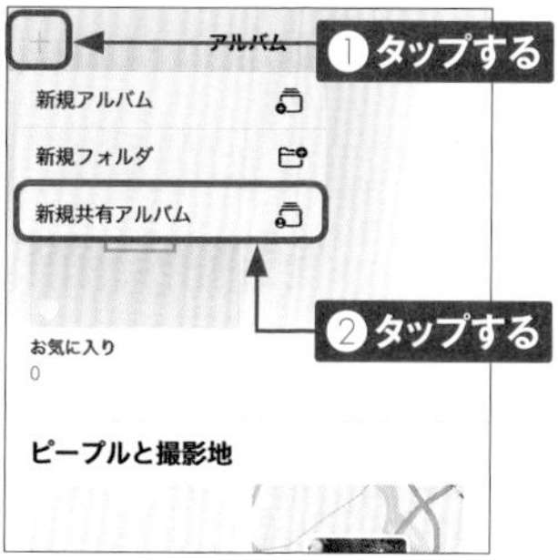

2 アルバム名を入力し、＜次へ＞をタップします。

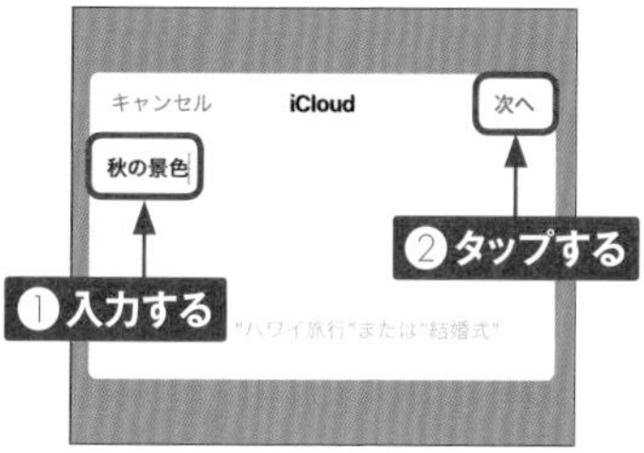

3 写真を共有したい相手のアドレスを入力し、＜作成＞をタップします。

4 画面下部の＜アルバム＞をタップすると、作成された共有アルバムが確認できます。

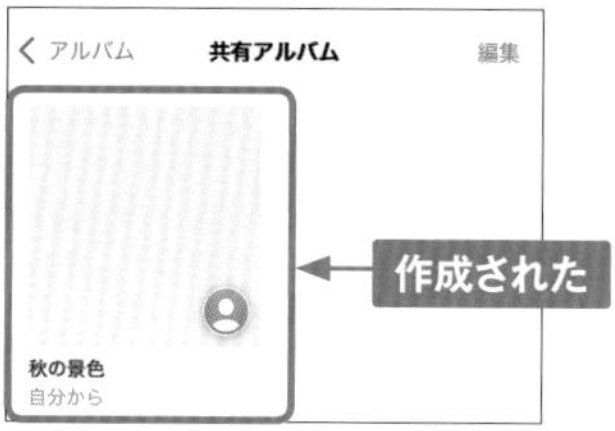

5 共有先の相手にはこのようなメッセージが届きます。メッセージに記載されているURLをタップすると、以降は相手も閲覧ができるようになります。

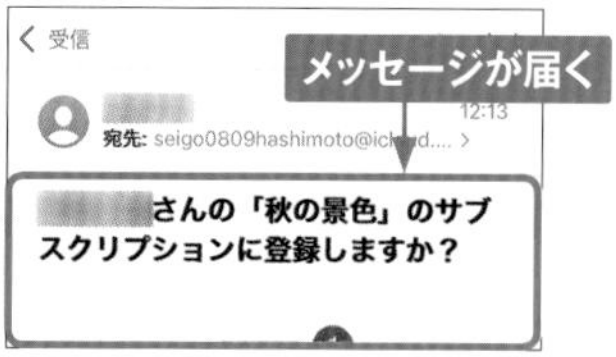

MEMO

共有アルバムに写真を追加する

手順④の画面で、作成した共有アルバムをタップし、＋をタップします。追加したい写真をタップして＜完了＞→＜投稿＞の順にタップすると、写真が追加されます。

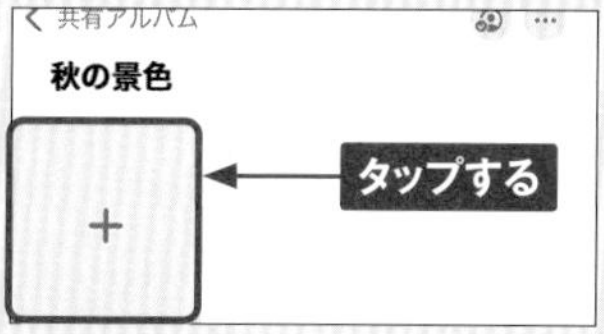

Section 60

iCloud Driveを利用する

iCloud Driveを利用すれば、複数のアプリのファイルを、iCloudの中に安全に保存しておけます。保存したファイルは、Windowsパソコンや Mac、iPadなどのApple製品からいつでもアクセスできます。

iCloud Driveにファイルを保存する

1 ここでは写真をiCloud Driveに保存します。P.158を参考に、iCloud Driveに保存したい写真を表示し、画面左下の⇧をタップします。

2 共有メニューが表示されます。上方向にスワイプし、<“ファイル”に保存>をタップします。

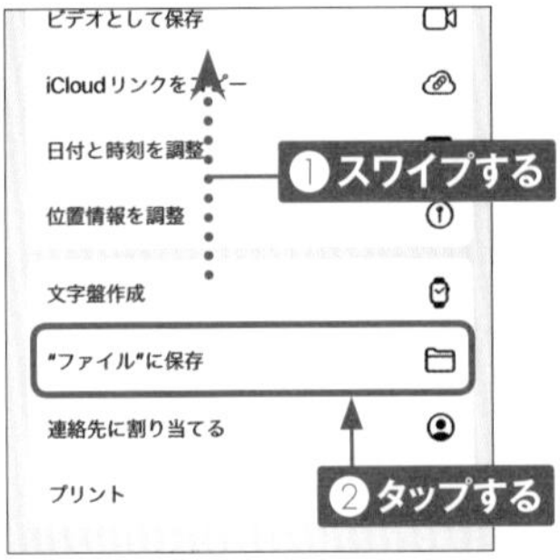

3 <iCloud Drive>をタップして<保存>をタップすると、写真がiCloud Driveに保存されます。

MEMO アプリのフォルダ

iCloud Driveに対応したアプリ(「Pages」「Numbers」「Keynote」など)を利用すると、そのアプリ用のフォルダがiCloud Driveに作成されます。そのアプリで作成、編集したファイルは、このフォルダに保存されます。

iCloud Driveのファイルを閲覧する

1 ホーム画面から＜ファイル＞をタップします。

2 閲覧したいファイルをタップします。

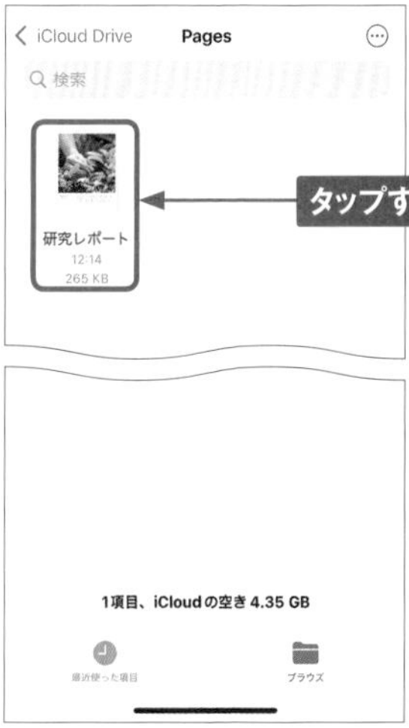

3 ファイルの内容が表示されます。

MEMO <ファイル>アプリでほかのストレージサービスを利用する

＜ファイル＞アプリでは、「Dropbox」や「Googleドライブ」「Box」「OneDrive」など、ほかのクラウドストレージサービスのアプリと連携して、ファイル管理を行うことができます。あらかじめこれらのクラウドサービスのアプリをインストールし、アカウントにログインしておき、＜ファイル＞アプリで、＜ブラウズ＞→⋯→＜編集＞の順にタップします。インストールしたクラウドサービスが表示されるので、利用したいクラウドサービスを有効にすると、「ブラウズ」画面に表示されるようになります。

Section 61

iPhoneを探す

iCloudの「探す」機能で、iPhoneから警告音を鳴らしたり、遠隔操作でパスコードを設定したり、メッセージを表示したりすることができます。万が一に備えて、確認しておきましょう。

iPhoneから警告音を鳴らす

1 パソコンのWebブラウザでiCloud（https://www.icloud.com/）にアクセスします。iPhoneに設定しているApple IDを入力し、➡をクリックします。

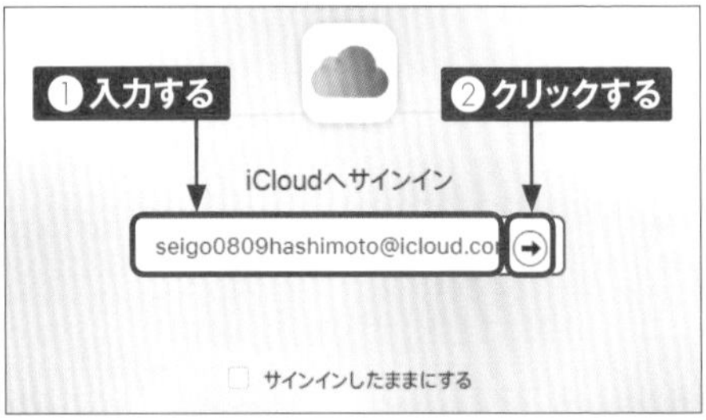

2 パスワードを入力し、➡をクリックします。

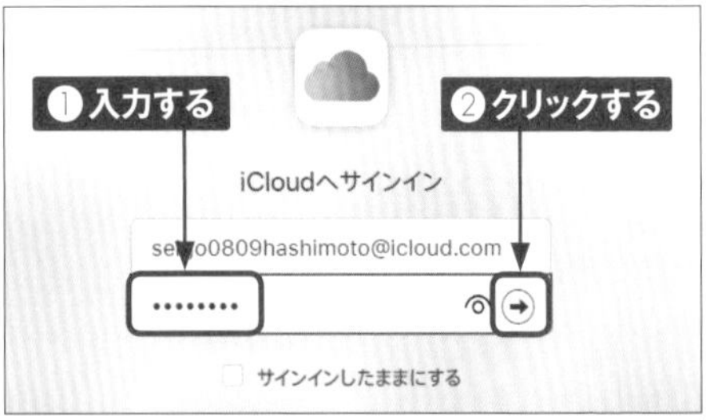

3 「またはすぐにアクセスする」の<iPhoneを探す>をクリックします。

4 iPhoneの位置が表示されるので、◉をクリックしてⓘをクリックします。

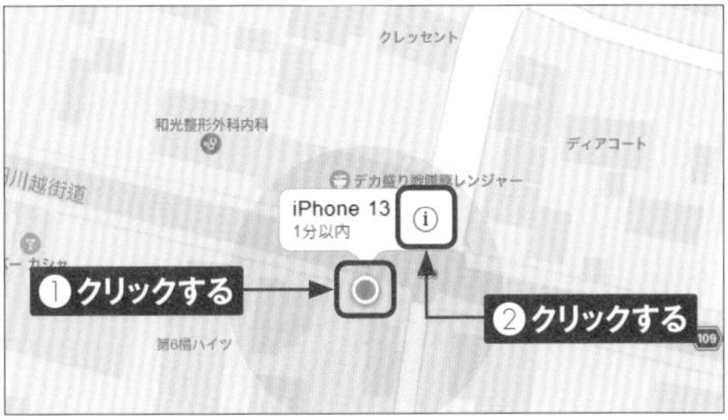

5 ＜サウンド再生＞をクリックすると、iPhoneから警告音が鳴ります。

6 iPhoneの画面に、メッセージが表示されます。

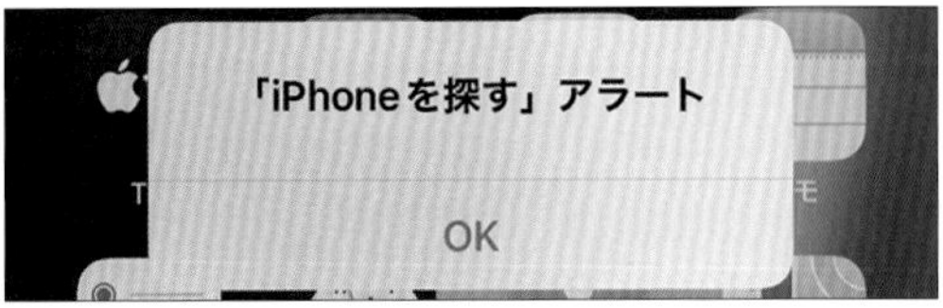

MEMO

最後の位置情報を送信する

iPhoneの「探す」機能は、標準でオンになっています。iPhoneがインターネットに接続されていない状態でも利用可能です。＜設定＞→自分の名前→＜探す＞→＜iPhoneを探す＞の順にタップして「最後の位置情報を送信」をオンにすると、バッテリーが切れる少し前に、iPhoneの位置情報が自動で、Appleのサーバーに送信されます。そのためiPhoneの電池残量がなくなって電源がオフになる寸前に、iPhoneがどこにあったかを知ることができます。また、＜“探す”のネットワーク＞または＜“オフラインのデバイスを探す”を有効にする＞をオンにすると、オフラインのiPhoneを探すことができます。iOS 15からは、電源が切れていたり（最大24時間）、データが消去されてしまったりした端末でも探せるようになりました。

紛失モードを設定する

1 P.233手順⑤の画面で<紛失モード>をクリックします。

2 iPhoneにパスコードを設定していない場合は、パスコードを2回入力します。

3 iPhoneの画面に表示する任意の電話番号を入力し、<次へ>をクリックします。

4 電話番号と一緒に表示するメッセージを入力し、<完了>をクリックすると、紛失モードが設定されます。

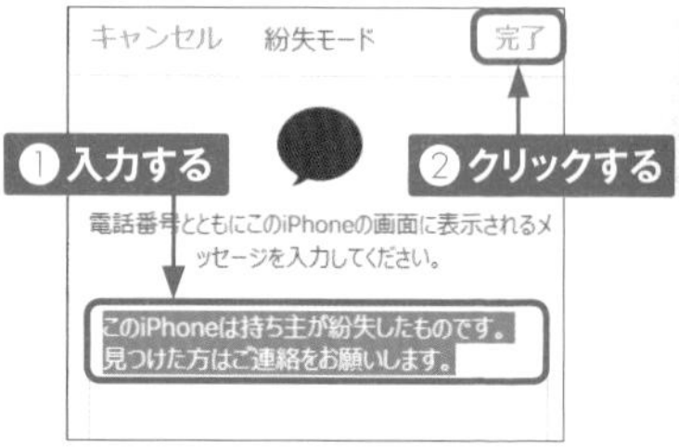

5 iPhoneの画面に、入力した電話番号とメッセージが表示されます。<電話>をタップすると、入力した電話番号に発信できます。画面下部から上方向にスワイプすると、パスコードの入力画面が表示されます。手順②で設定したパスコードを入力してロックを解除すると、紛失モードの設定も解除されます。

MEMO iPhoneを消去する

手順①の画面で<iPhoneを消去>をクリックして画面の指示に従って操作すると、iPhoneのデータがリセットされます。なお、リセットすると、所有者のApple IDでサインインしないと利用できなくなります。

Chapter 9

iPhoneを もっと使いやすくする

Section 62　ホーム画面をカスタマイズする
Section 63　壁紙を変更する
Section 64　コントロールセンターをカスタマイズする
Section 65　プライバシー設定を理解する
Section 66　集中モードを利用する
Section 67　画面ロックにパスコードを設定する
Section 68　顔認証機能を利用する
Section 69　Apple IDの2ファクタ認証の番号を変更する
Section 70　通知を活用する
Section 71　背面タップでアプリを起動する
Section 72　デフォルトのアプリを変更する
Section 73　ダークモードを利用する
Section 74　アプリごとに画面表示を設定する
Section 75　検索機能を利用する
Section 76　Bluetooth機器を利用する
Section 77　インターネット共有を利用する
Section 78　スクリーンショットを撮る

Section 62

ホーム画面をカスタマイズする

アイコンの移動やフォルダによる整理を行うと、ホーム画面が利用しやすくなります。ウィジェットやAppライブラリを活用すると、より便利に使えるように工夫することができます。

Appアイコンを移動する

1 ホーム画面上のいずれかのアプリのアイコンをタッチし、表示されるメニューで<ホーム画面を編集>をタップします。

2 アイコンが細かく揺れ始めるので、移動させたいアイコンをほかのアイコンの間までドラッグします。

3 画面から指を離すと、アイコンが移動します。 Dockのアイコンをドラッグしてアイコンを入れ替えることもできます。画面右上の<完了>をタップすると、変更が確定します。

MEMO ほかのページに移動する

ホーム画面のほかのページに移動する場合は、移動したいアイコンをタッチし、画面の端までドラッグすると、ページが切り替わります。アイコンを配置したいページで指を離すとアイコンが移動するので、画面右上の<完了>をタップして確定します。

フォルダを作成する

1 ホーム画面でフォルダに入れたいアプリのアイコンをタッチし、表示されるメニューで＜ホーム画面を編集＞をタップします。

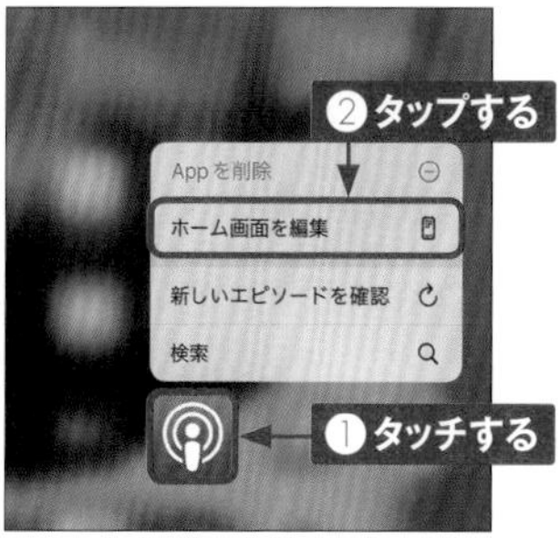

2 同じフォルダに入れたいアプリのアイコンの上にドラッグし、画面から指を離すとフォルダが作成され、両アプリのアイコンがフォルダ内に移動します。

3 フォルダ名は好きな名前に変更できます。名前欄をタップして入力し、＜完了＞（または＜Done＞）をタップします。

4 フォルダの外をタップし、画面右上の＜完了＞をタップすると、ホーム画面の変更が保存できます。

MEMO
アイコンをフォルダの外に移動する

アイコンをフォルダの外に移動するときは、移動したいアプリのアイコンをタッチし、表示されるメニューで＜ホーム画面を編集＞をタップして、アイコンをフォルダの外までドラッグしたら、画面右上の＜完了＞をタップします。

ウィジェットをホーム画面に追加する

1 ホーム画面の何もないところをタッチします。

2 画面左上の＋をタップします。

3 追加したいウィジェット（ここでは、＜スマートスタック＞）をタップします。

4 画面を左右にスワイプして追加するウィジェットのサイズを選択し、＜ウィジェットを追加＞をタップします。

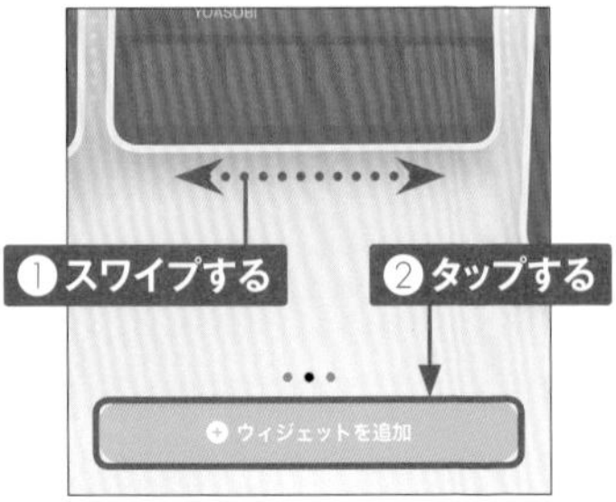

5 ホーム画面にウィジェットが追加されます。

6 ウィジェットをドラッグして移動できます。画面右上の＜完了＞をタップしてホーム画面を保存します。

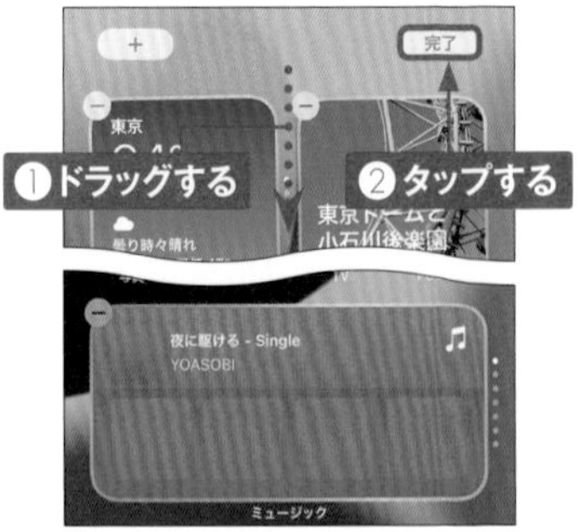

スマートスタックを利用する

●ウィジェットを切り替える

1 スマートスタックは複数のアプリの情報を表示できるウィジェットです。スマートスタックを上下にスワイプします。

2 下方向にスワイプすると1つ前、上方向にスワイプすると次のウィジェットが表示されます。

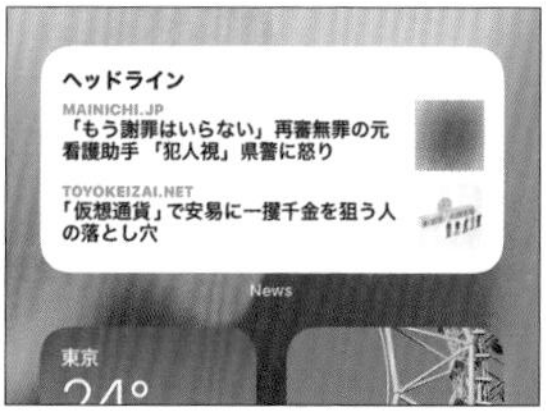

MEMO スマートスタックにウィジェットを追加する

スマートスタックに別のウィジェットを追加するには、P.238手順①～⑤を参考にホーム画面にウィジェットを追加し、スマートスタックの上にドラッグします。

●スマートスタックを編集する

1 スマートスタックをタッチし、表示されるメニューで<スタックを編集>をタップします。

2 「スマートローテーション」が「オン」になっていると、時間帯などによって自動で表示されるウィジェットが切り替わります。

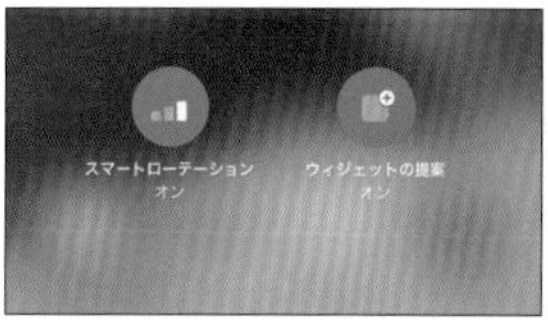

3 ウィジェットをタッチして、上下にドラッグすると、ウィジェットの順番を変えられます。ウィジェットの⊖をタップするとスマートスタックからウィジェットを削除できます。

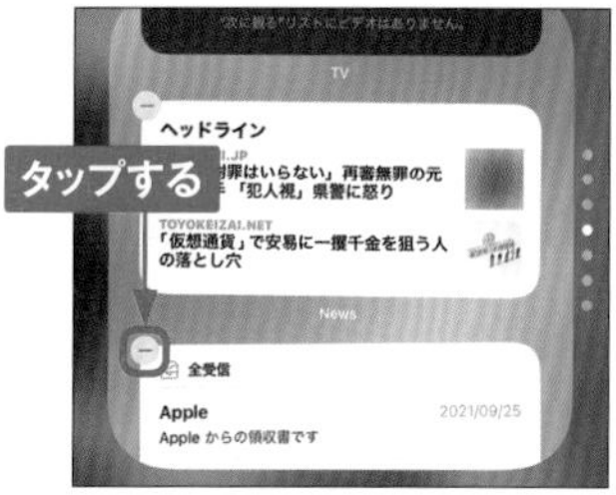

9

Appライブラリを利用する

自動分類

Appライブラリでは、iPhoneにインストールされているすべてのアプリがカテゴリごとに自動分類されています。各カテゴリには、よく使うアプリが表示され、タップして起動できます。複数の小さなアプリアイコンが表示されている場合は、小さなアプリアイコンをタップすることでカテゴリが展開されます。

検索

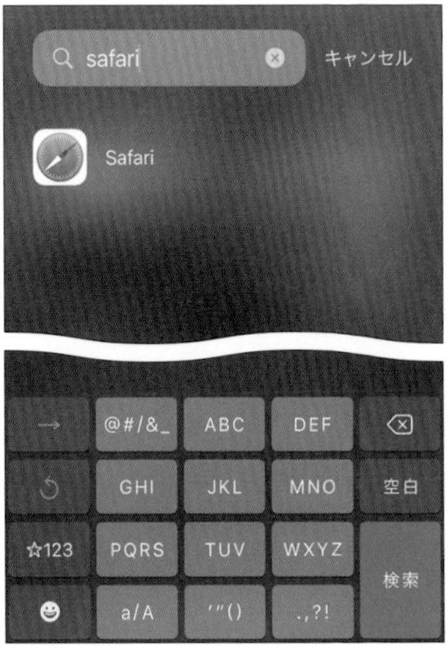

「Appライブラリ」画面上部の検索欄にアプリ名を入力し、キーボードの＜検索＞をタップすると、iPhoneにインストールされているすべてのアプリを検索できます。

最近追加した項目

「最近追加した項目」には、直近にインストールしたアプリが表示されます。

提案

「提案」には、すべてのアプリの中でもっともよく利用するアプリが表示されます。

ホーム画面を非表示にする

1 ホーム画面の何もないところをタッチし、画面下部に並んでいる丸印をタップします。

2 非表示にしたいホーム画面のをタップしてにし、<完了>をタップします。なお、ホーム画面をタッチしてドラッグすることで、順番を入れ替えることができます。

3 丸印が非表示にしたホーム画面の数だけ減ります。画面右上の<完了>をタップしてホーム画面を保存します。

MEMO

新しいアプリのダウンロード先を変更する

ホーム画面を非表示にすると、新しいアプリをダウンロードしたときにアプリアイコンがホーム画面に追加されなくなり、Appライブラリから起動する必要があります。新しいアプリをホーム画面に追加する設定に戻すには、ホーム画面で<設定>→<ホーム画面>の順にタップし、<ホーム画面に追加>をタップして選択します。

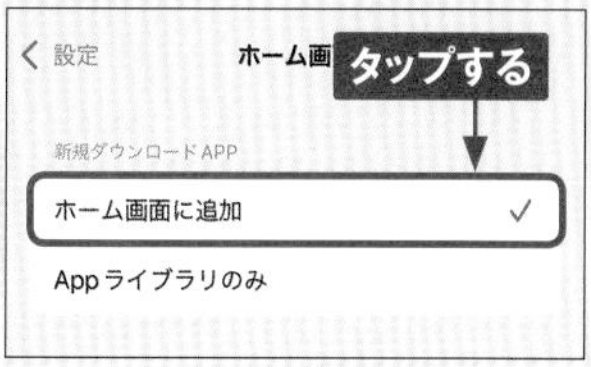

9

Section 63

壁紙を変更する

iPhoneの壁紙を変更しましょう。標準で多数の壁紙が用意されており、カメラで撮影した写真や、常に動いているダイナミック壁紙を設定することができます。

ロック画面の壁紙を変更する

① ホーム画面で＜設定＞をタップします。

② ＜壁紙＞をタップします。

③ ＜壁紙を選択＞をタップします。

④ ＜静止画＞をタップします。なお、＜ダイナミック＞をタップすると、動きのある壁紙を選択できます。

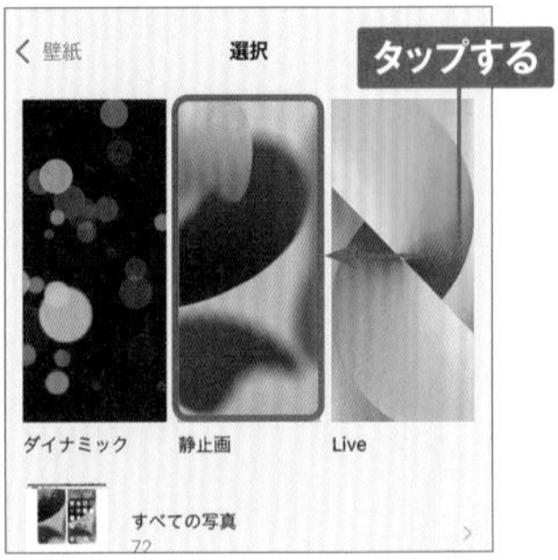

5 設定する壁紙のサムネイルをタップします。

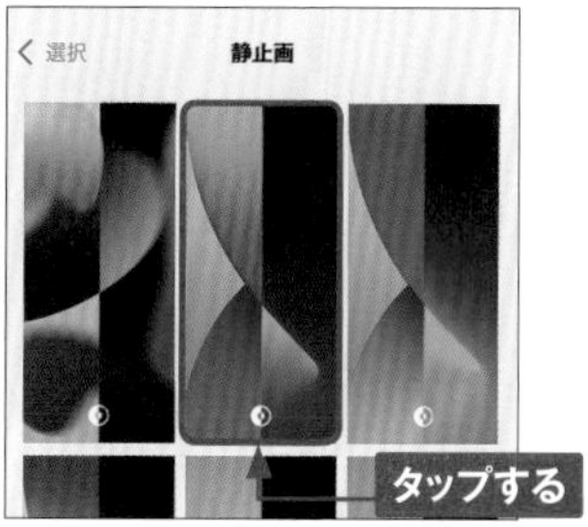

6 選択した壁紙のプレビューが表示されます。<設定>をタップします。

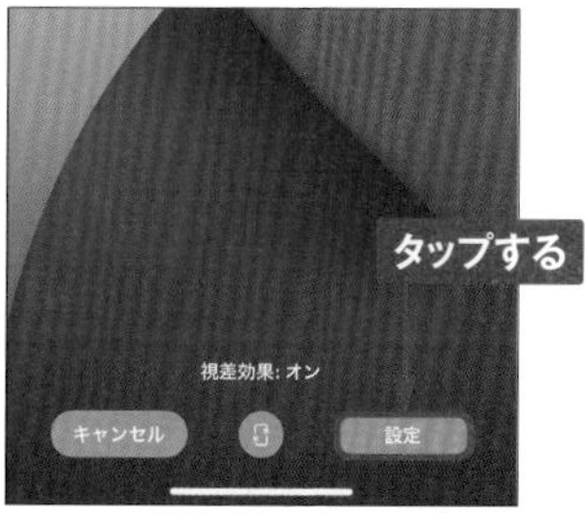

7 <ロック中の画面に設定>をタップします。<ホーム画面に設定>をタップすると、ホーム画面の壁紙が変更されます。

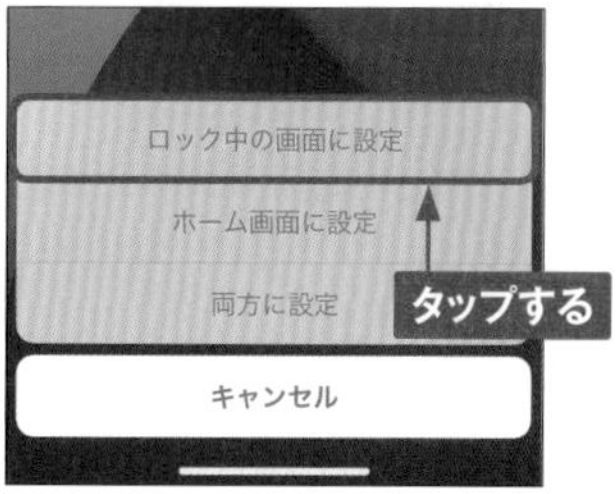

8 ロック画面の壁紙が変更されます。

MEMO 撮影した写真を壁紙に設定する

壁紙の変更は、iPhoneにあらかじめ入っている画像以外にも、<写真>アプリに入っている自分で撮影した写真などを設定できます。P.242手順④で<すべての写真>など、アルバムをタップして、壁紙に設定したい写真をタップします。

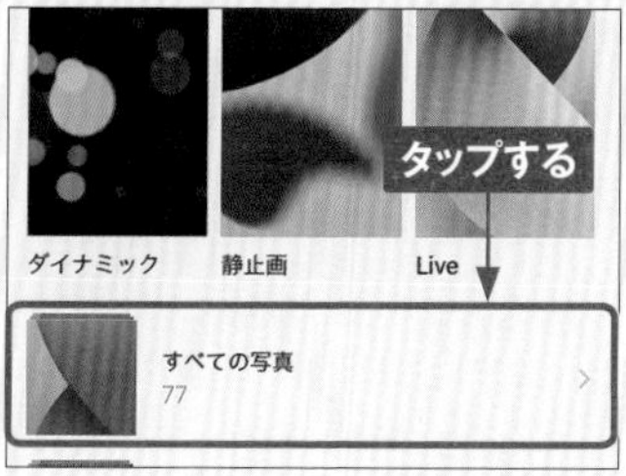

Section 64

コントロールセンターをカスタマイズする

コントロールセンターでは、機能の追加や削除、移動など、自由にカスタマイズすることができます。また、触覚タッチを利用できる機能もあります。

コントロールセンターにアイコンを追加する

1 ホーム画面で＜設定＞をタップします。

2 ＜コントロールセンター＞をタップします。

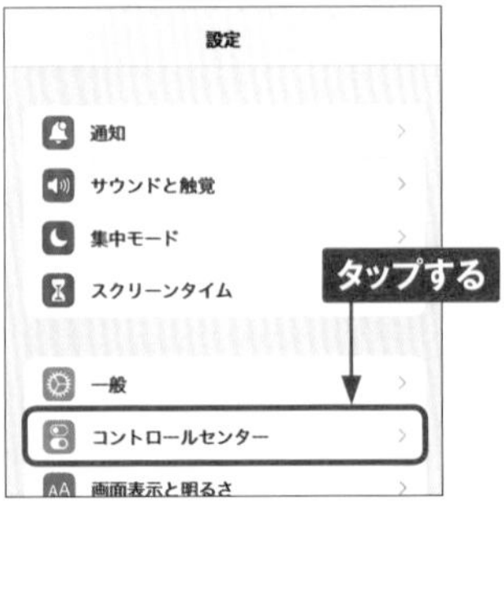

3 追加したい機能の⊕をタップして追加します。

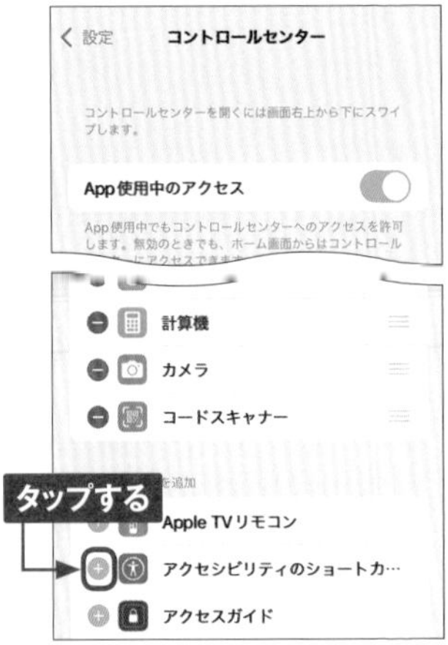

MEMO アイコンを削除する

手順③の画面で、⊖→＜削除＞の順にタップすると、アイコンを削除できます。また、≡を上下にドラッグすると、順番を入れ替えることができます。

追加できる機能

コントロールセンターに追加できる機能は24種類です。なお、「フラッシュライト」「タイマー」「計算機」「カメラ」「コードスキャナー」は、初期状態で設定されている機能です（P.23参照）。

❶Apple TV リモコン
Apple TV用のリモコンです。再生や一時停止などの操作が可能です。

❷アクセシビリティのショートカット
AssistiveTouchなどのオン／オフを切り替えられます。

❸アクセスガイド
アクセスガイドのオン／オフを切り替えられます。

❹アラーム
＜時計＞アプリが起動し、アラームを設定できます。

❺ウォレット
＜ウォレット＞アプリが起動し、すべてのパスにアクセスできます。タッチするとパスを表示させたり、カードを追加したりできます。

❻サウンド認識
サイレンやペットの鳴き声などを認識して知らせてくれます。

❼ストップウォッチ
＜時計＞アプリが起動し、ストップウォッチを利用できます。

❽ダークモード
ダークモードのオン／オフを切り替えられます。

❾テキストサイズ
テキストサイズを調節できます。

❿ボイスメモ
＜ボイスメモ＞アプリが起動します。

⓫ホーム
＜ホーム＞アプリに登録した照明などのHomeKit対応アクセサリにアクセスできます。

⓬ミュージック認識
タップすると周囲や本体で再生中の音楽の曲名が表示され、曲名をタップするとShazamやApple Musicで再生できます。

⓭メモ
＜メモ＞アプリが起動します。タッチすると新規メモなどの操作にすばやくアクセスできます。

⓮画面収録
画面の録画ができます。録画した動画は、＜写真＞アプリで確認できます。

⓯拡大鏡
カメラを拡大鏡として利用できます。

⓰聴覚
イヤフォン／ヘッドフォンの使用中にオンにすると、音量と環境音のレベルをチェックできます。

⓱低電力モード
低電力モードのオン／オフを切り替えられます。

Section 65

プライバシー設定を理解する

iOS 15では、プライバシーに関する機能が強化されました。写真に付与された位置情報を削除できるほか、アプリがカメラやマイクにアクセスしていることが一目でわかります。

プライバシー設定の機能を利用する

●写真の位置情報を削除する

① Sec.40を参考に写真を表示し、をタップします。

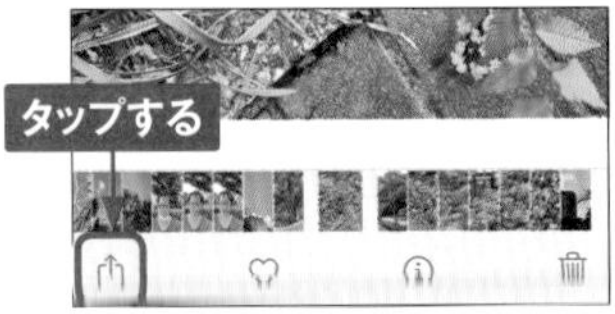

② <オプション>をタップします。

③ 「位置情報」のをタップすると、共有する際に位置情報を削除することができます。

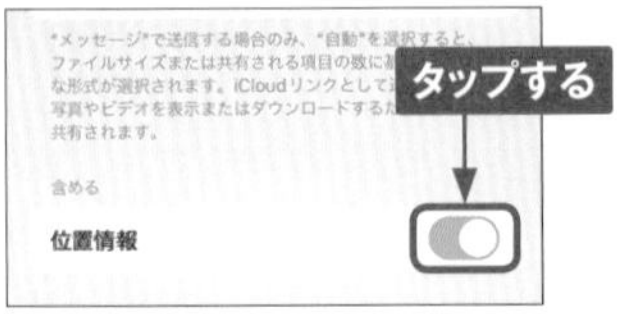

●アプリのカメラやマイクへのアクセスを確認する

① カメラやマイクを使用するApp（ここではSec.53を参考に<FaceTime>）を起動すると、画面右上にカメラとマイクへのアクセスを示すインジケーターが表示されます。

●アプリのトラッキングを完全に拒否する

1 ホーム画面で<設定>→<プライバシー>の順にタップします。

2 <トラッキング>をタップします。

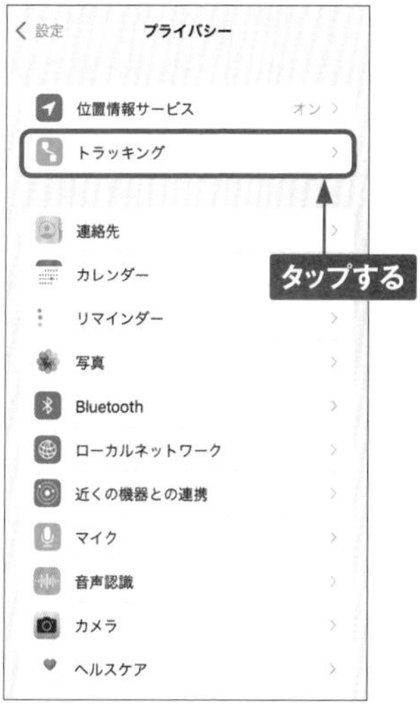

3 <Appからのトラッキング要求を許可>のをタップすると、Appのトラッキング（広告表示などに利用される利用者情報の収集）の許可画面すら表示せず、オフにすることができます。

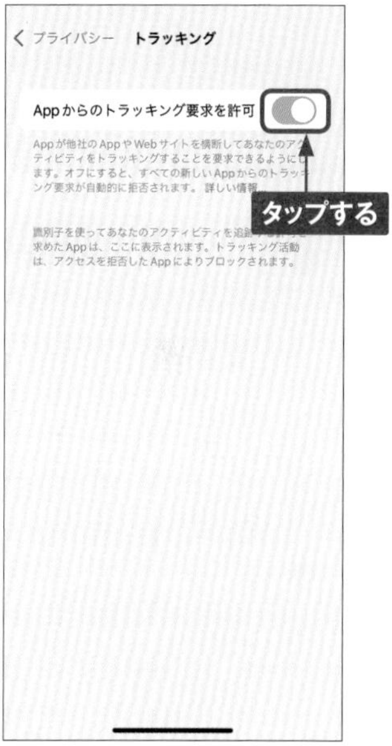

MEMO 「Appleでサインイン」と「App Clip」

「Appleでサインイン」機能に対応したアプリやWebサイトで<Appleでサインイン>をタップすると、新たに必要事項を記入したりパスワードを考えたりする必要がなく、Apple IDでアカウントを設定できます。また、iOS 15では「App Clip」機能によって、アプリをダウンロードしなくても機能の一部を利用できるようになりました。

iPhoneの機能を使ったアプリを確認する

1 ホーム画面で<設定>→<プライバシー>の順にタップします。

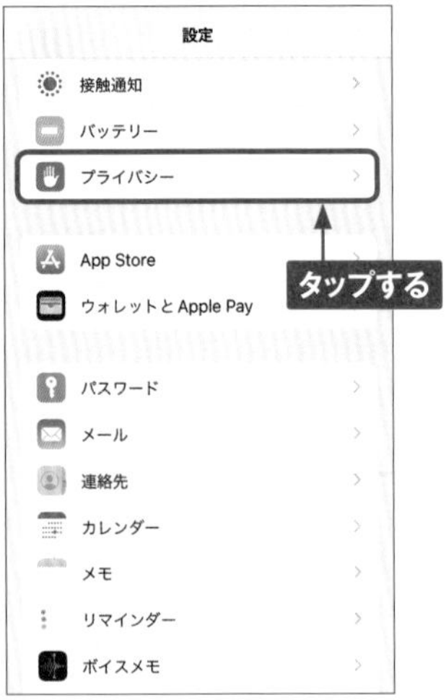

2 ここでは、<写真>アプリを利用したアプリを確認します。<写真>をタップします。

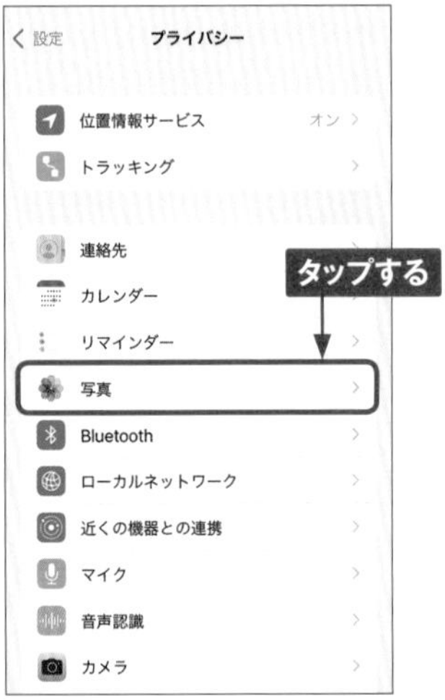

3 <Twitter>アプリが表示されました。<Twitter>をタップします。

4 許可範囲を変更することができます。なお、この画面は、<設定>→<Twitter>→<写真>からも表示することができます。

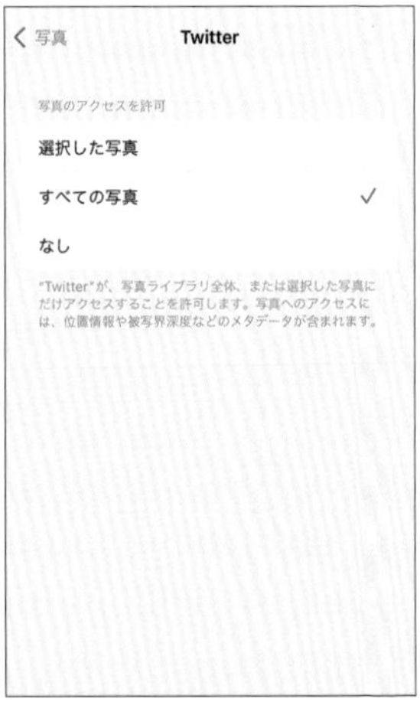

メールのプライバシーを設定する

① ＜メール＞アプリを起動したときに、「メールプライバシー保護」画面が表示されますが（P.99手順②）、設定を変更することができます。ホーム画面で＜設定＞→＜メール＞の順にタップします。

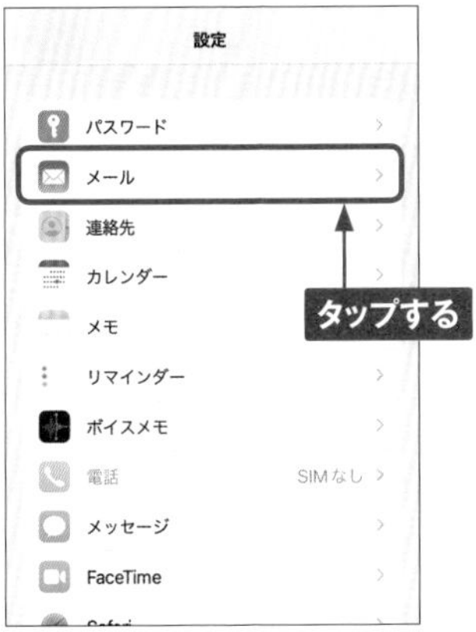

② ＜プライバシー保護＞をタップします。

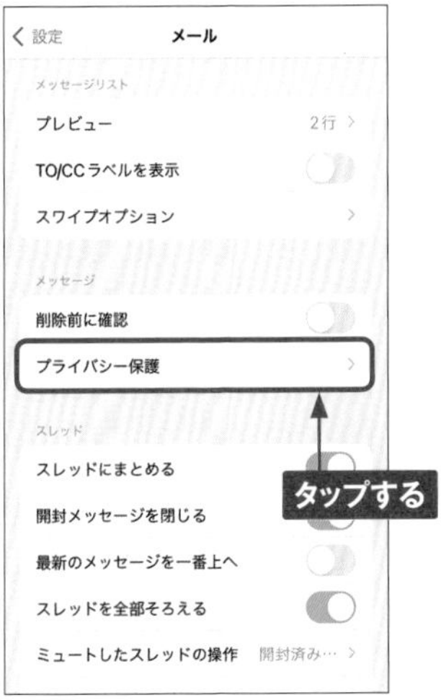

③ 現在は「"メール"でのアクティビティを保護」が有効になっています。をタップします。

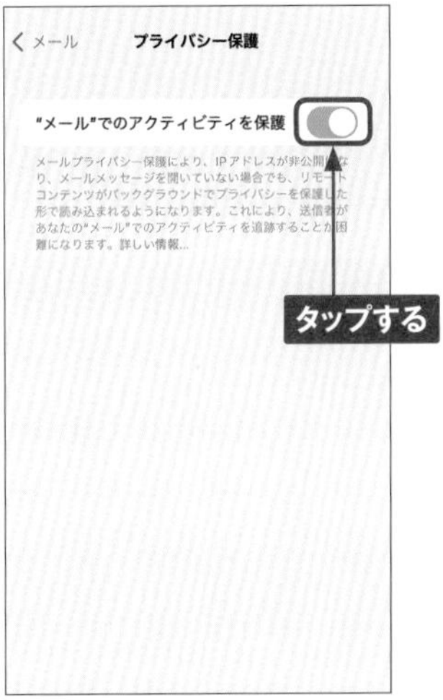

④ より詳細な設定をすることができるようになります。

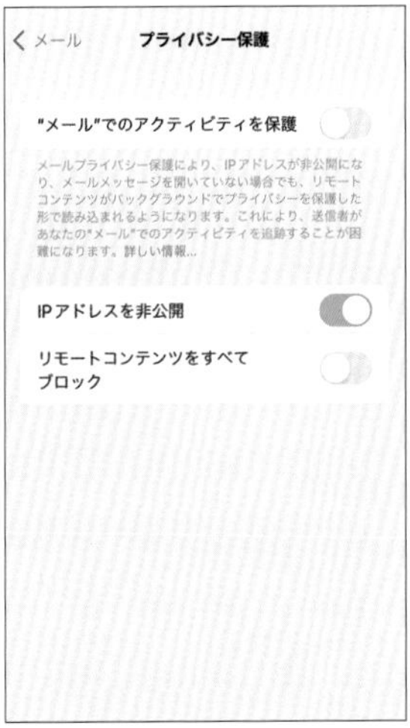

Section 66

集中モードを利用する

iOS 15では「おやすみモード」が集中モードに統合され、集中モードに設定している間は通知がされないようにすることができます。集中モードはコントロールセンターから設定します。

おやすみモードを有効にする

1 P.22手順①を参考にコントロールセンターを表示し、をタップします。

2 ＜おやすみモード＞をタップします。

3 おやすみモードがオンになります。何もないところをタップします。

4 コントロールセンターに戻ります。をタップすると、おやすみモードがオフになります。次回以降は、をタップするとおやすみモードをオンにできます。

集中モードを設定する

1 P.250手順①の画面で＜集中モード＞をタップします。

2 設定したいモード（ここでは＜パーソナル＞）を選択してタップします。次の画面で＜次へ＞をタップします。

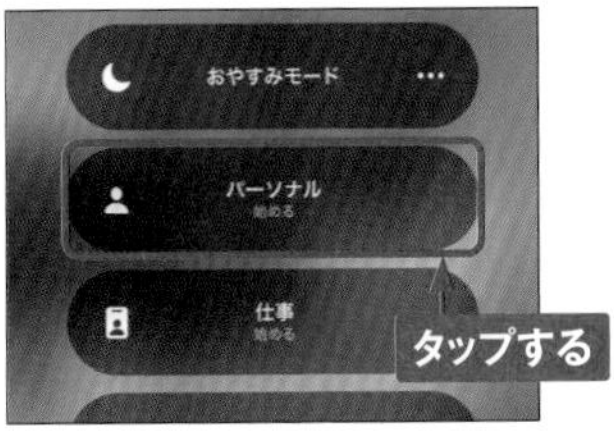

3 集中モード中でも通知を許可する連絡先を設定します。設定したら＜許可＞をタップします。受け取りたくない場合は＜誰も許可しない＞をタップします。

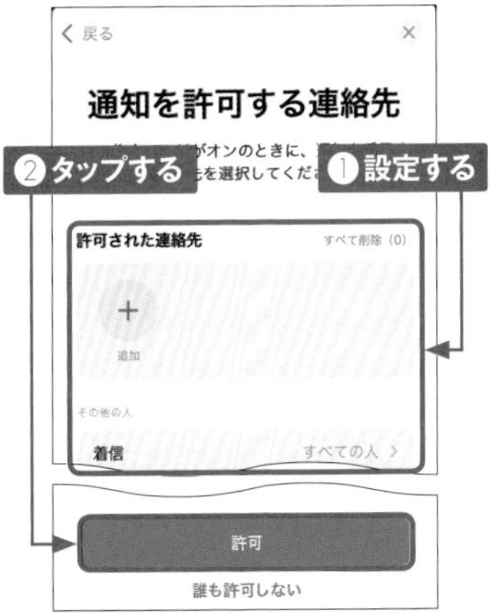

4 集中モード中でも通知を許可するアプリを設定します。設定したら＜許可＞をタップします。受け取りたくない場合は＜何も許可しない＞をタップします。次の画面で＜完了＞をタップします。

5 再度手順②の画面を表示して、設定した＜パーソナル＞をタップします。

6 「パーソナル」に設定した集中モードがオンになります。

Section 67

画面ロックにパスコードを設定する

iPhoneが勝手に使われてしまうのを防ぐために、iPhoneにパスコードを設定しましょう。 初期状態では数字6桁のパスコードを設定することができます。

パスコードを設定する

① ホーム画面で<設定>をタップします。

② <Face IDとパスコード>をタップします。

③ <パスコードをオンにする>をタップします。

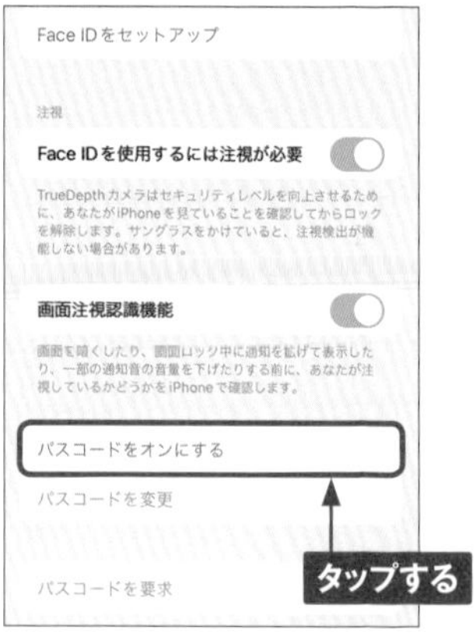

MEMO パスコードの種類

P.253手順④の画面で<パスコードオプション>をタップすると、「カスタムの英数字コード」、「カスタムの数字コード」、「4桁の数字コード」から選んで設定できます。

9

4 6桁の数字を2回入力すると、パスコードが設定されます。「Apple ID」画面が表示されたら、Apple IDのパスワードを入力して<続ける>をタップします。

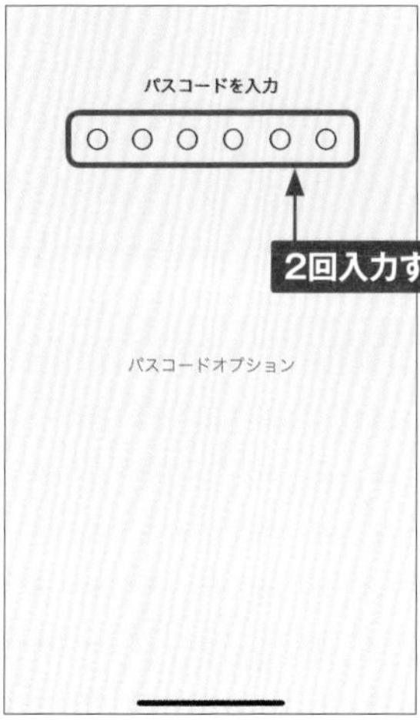

5 パスコードを設定すると、iPhoneの電源を入れたときや、スリープモードから復帰したときなどにパスコードの入力を求められます。

MEMO パスコードを変更・解除する

パスコードを変更するには、P.252手順③で<パスコードを変更>をタップします。はじめに現在のパスコードを入力し、次に新しく設定するパスコードを2回入力します。また、パスコードの設定を解除するには、P.252手順③で<パスコードをオフにする>をタップし、パスコードを入力します。

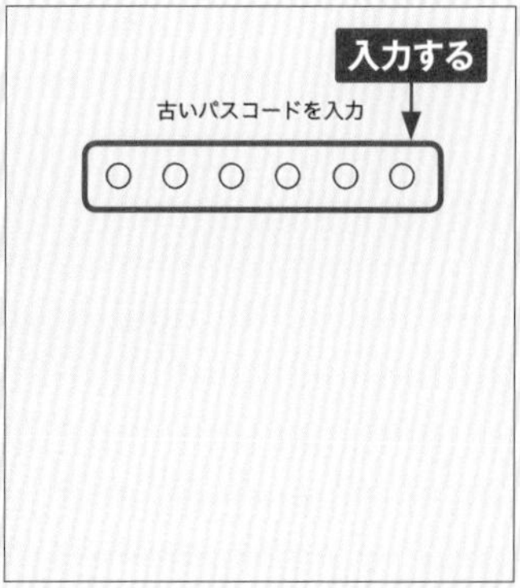

Section 68

顔認証機能を利用する

iPhoneには、顔認証（Face ID）機能が搭載されています。自分の顔を認証登録すると、ロックの解除やiTunes Store、App Storeなどでパスワードの入力を省略することができます。

iPhoneにFace IDを設定する

① ホーム画面で＜設定＞をタップします。

② ＜Face IDとパスコード＞をタップします。パスコードが設定されている場合はパスコードを入力します。

③ ＜Face IDをセットアップ＞をタップします。

④ ＜開始＞をタップします。

5 枠内に自分の顔を写します。

6 ゆっくりと頭を動かして円を描きます。

7 1回目のスキャンが完了します。<続ける>をタップします。

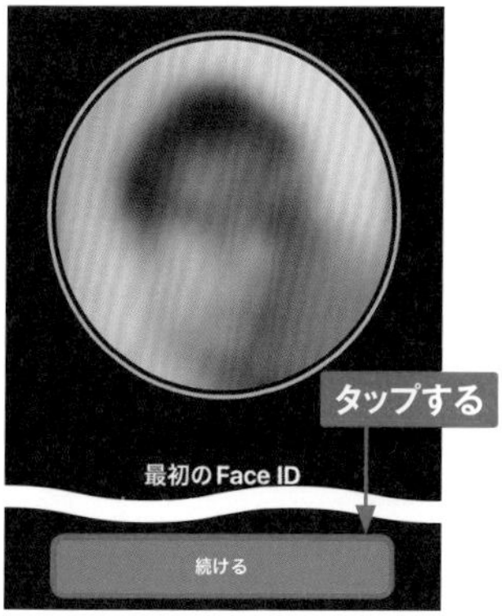

8 再度、ゆっくりと頭を動かして円を描きます。

9 Face IDが設定されるので、<完了>をタップします。

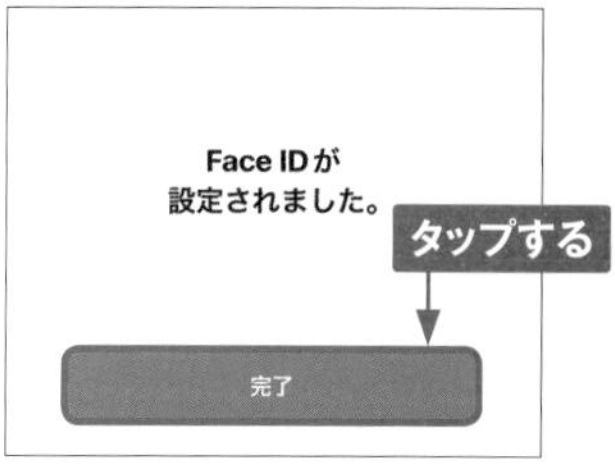

10 Sec.67でパスコードを設定していない場合、使用するパスコードを2回入力すると、設定が完了します。なお、Face IDは2つまで登録できます。

顔認証でアプリをインストールする

① <App Store>でSec.44を参考に、インストールしたいアプリを表示し、<入手>をタップします。

② この画面が表示されたら、サイドボタンをすばやく2回押し、iPhoneに視線を向けます。

③ インストールが自動で始まり、インストールが終わると、Appライブラリの「最近追加した項目」にアプリが追加されます。

MEMO 登録した顔を削除する

登録した顔を削除するには、P.254手順③の画面で、<Face IDをリセット>をタップします。

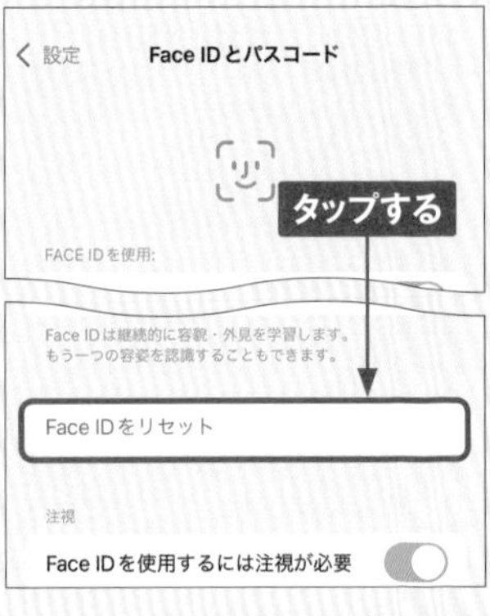

顔認証でロック画面を解除する

1 スリープ状態のiPhoneを手前に傾けると、ロック画面が表示されます。iPhoneに視線を向けます。

2 鍵のアイコンが施錠から開錠の状態になります。画面下部から上方向にスワイプします。

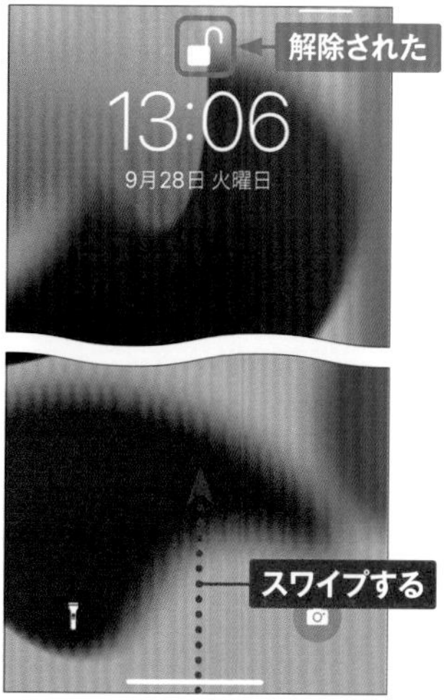

3 ホーム画面が表示されます。

MEMO パスコード入力が必要になるとき

顔認証を設定していても、パスコード（Sec.67参照）の入力が必要になる場合があります。1つは、ロック画面の解除で顔認証がうまくいかないときです。顔認証がうまくできないと、パスコード入力画面が表示されます。iPhoneを再起動した場合も、最初のロック画面の解除には顔認証が使えず、パスコードの入力が必要になります。また、顔認証やパスコードの設定を変更するには、<設定>の<Face IDとパスコード>から行いますが（P.254手順②参照）、このときもパスコードの入力が必要になります。

Section 69

Apple IDの2ファクタ認証の番号を変更する

Apple IDを作成すると、確認コードを受信したSMSなどの電話番号が、自動的に2ファクタ認証の電話番号として登録されます。電話番号は変更することもできます。

2ファクタ認証の電話番号を変更する

1 ホーム画面から<設定>→自分の名前→<パスワードとセキュリティ>の順にタップします。

2 「信頼できる電話番号」の<編集>をタップします。

3 <信頼できる電話番号を追加>をタップします。

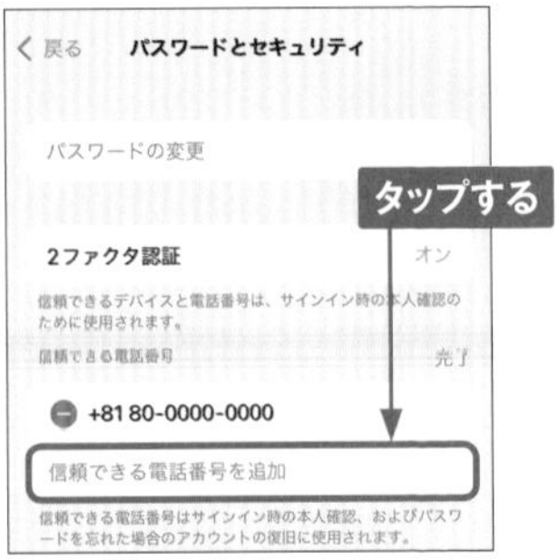

4 パスコードを登録している場合は、パスコードを入力します。

⑤ 追加する電話番号を入力して、番号の確認方法（ここでは<SMS>）をタップして選択し、<送信>をタップします。

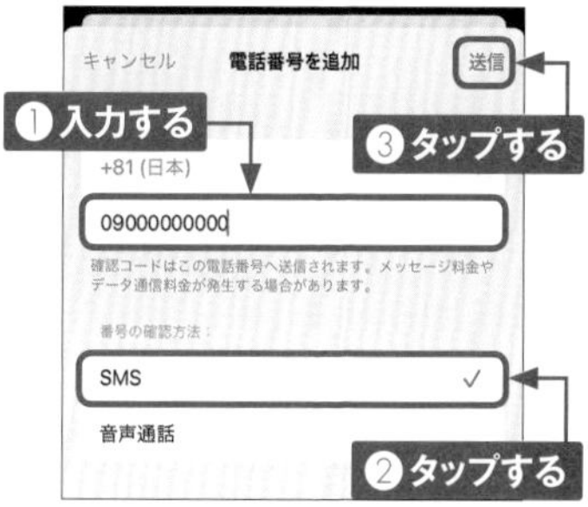

⑥ 確認が取れると、電話番号が追加されます。<編集>をタップします。

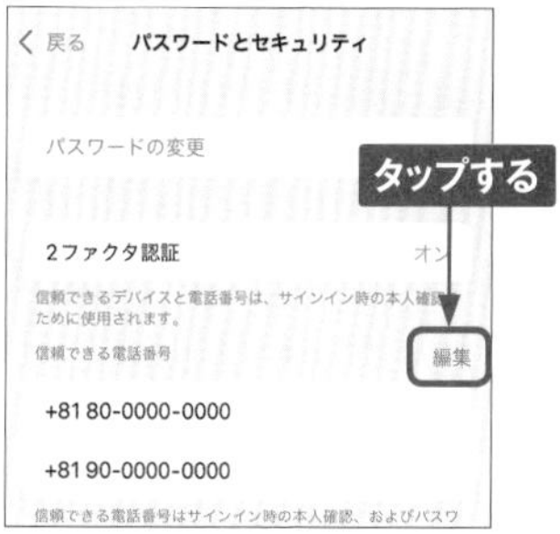

⑦ 古い電話番号の⊖をタップします。

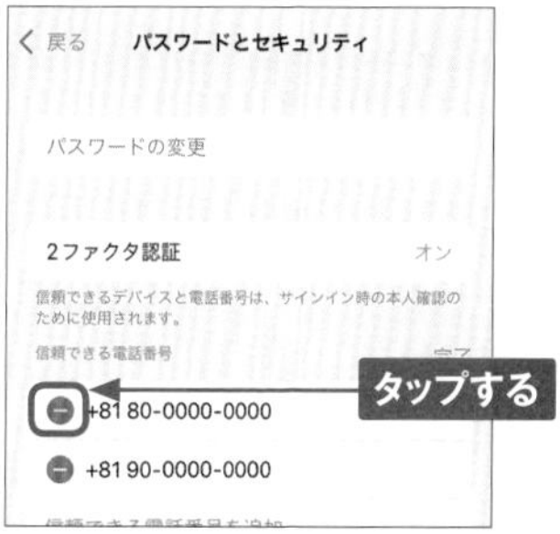

⑧ <削除>をタップします。

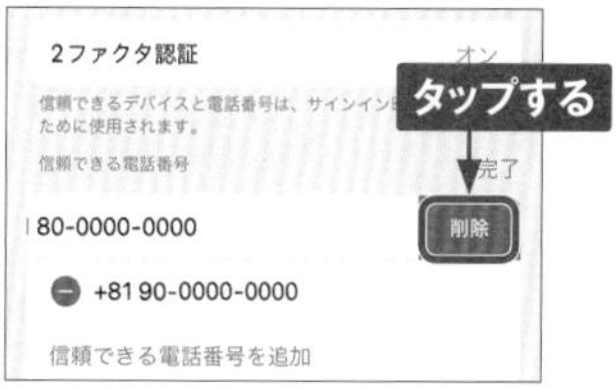

⑨ <削除>をタップします。

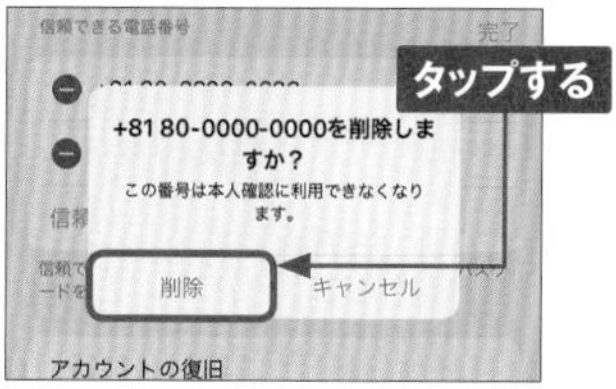

⑩ 古い電話番号が削除され、変更が完了します。

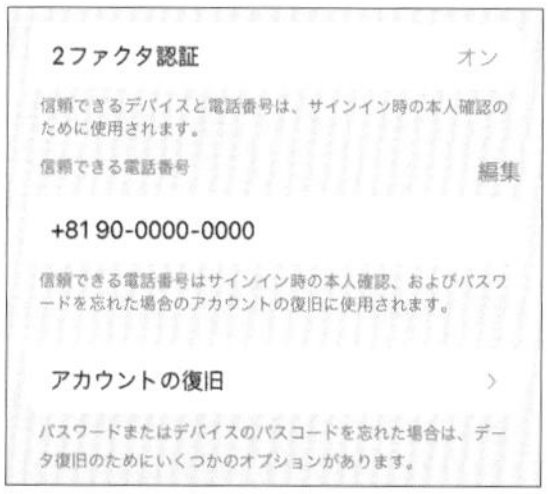

MEMO
確認コードが届いた場合

手順⑤の操作のあとに、入力した電話番号へ確認コードが送信される場合があります。その場合は、コードを確認したあとに、コードを入力すると、手順⑥の画面が表示されます。

Section 70

通知を活用する

通知やコントロールセンターから、さまざまな機能が利用できます。通知からSMSに返信したり、カレンダーの出席依頼に返答したりなど、アプリを立ち上げずにいろいろな操作が可能です。

バナーを活用する

●メッセージに返信する

1 画面にSMSメッセージのバナーが表示されたら、バナーを下方向にスワイプします。

2 入力欄に返信メッセージを入力し、↑をタップすると、メッセージが送信されます。

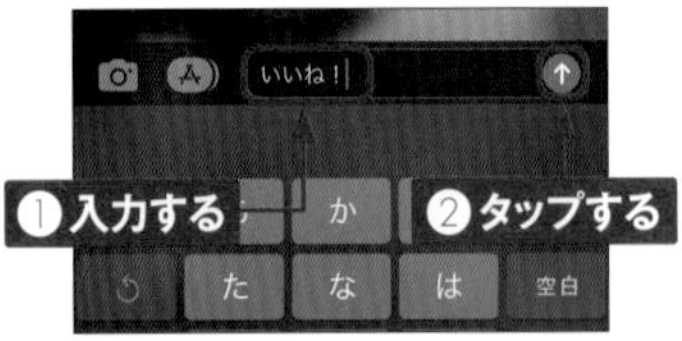

●メールを開封済みにする

1 画面にメールのバナーが表示されたら、バナーを下方向にスワイプします。

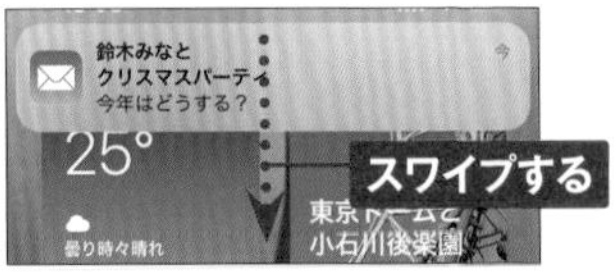

2 <開封済みにする>をタップするとメールを開封済みに、<ゴミ箱>をタップするとメールをゴミ箱に移動させることができます。

MEMO **バナーが消えたときは**

バナーが消えてしまった場合は、画面左上を下方向にスワイプして通知センターを表示すると、バナーに表示された通知が表示されます。その通知をタップすると、メッセージの返信やメールの開封操作が行えます。

通知をアプリごとにまとめる

1 ホーム画面で＜設定＞をタップし、＜通知＞をタップします。

2 通知をまとめたいアプリ（ここでは＜メッセージ＞）をタップします。

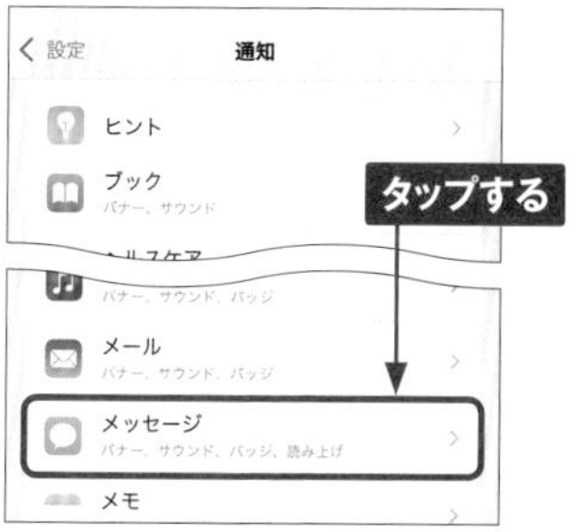

3 ＜通知のグループ化＞をタップします。なお、グループ化できないアプリもあります。

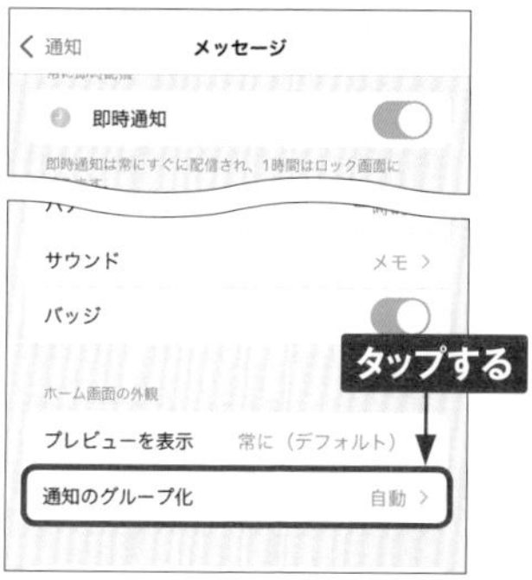

4 ＜App別＞をタップします。同様の手順で通知をまとめたいアプリを設定します。

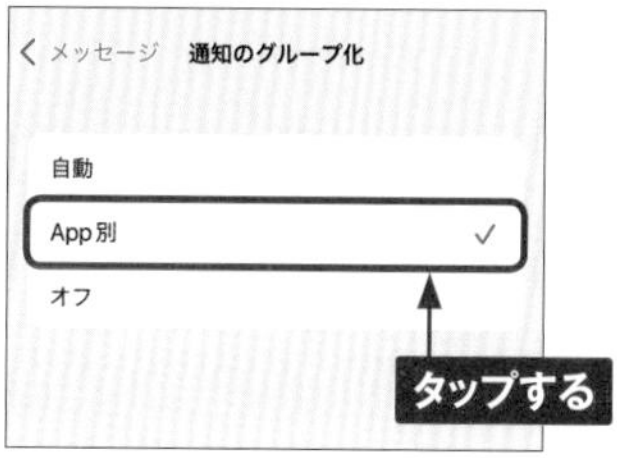

5 設定したアプリの通知がまとまって表示されます。

MEMO 通知の要約

iOS 15では、通知を指定した時間にまとめて受け取る「通知要約」という機能が追加されました。忙しい昼間などは通知を受け取らず、夕方から夜に通知をまとめて受け取るなどの設定が可能です。ホーム画面で＜設定＞→＜通知＞→＜時間指定要約＞の順にタップしてオンにし、「スケジュール」の項目で時間帯を指定します。

通知センターから通知を管理する

●通知をオフにする

① Sec.04を参考に、通知センターを表示します。通知を左方向にスワイプします。

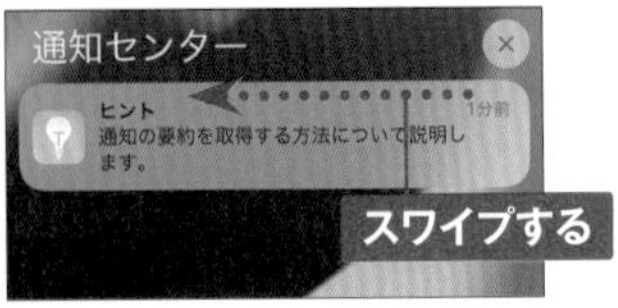

② ＜オプション＞をタップします。

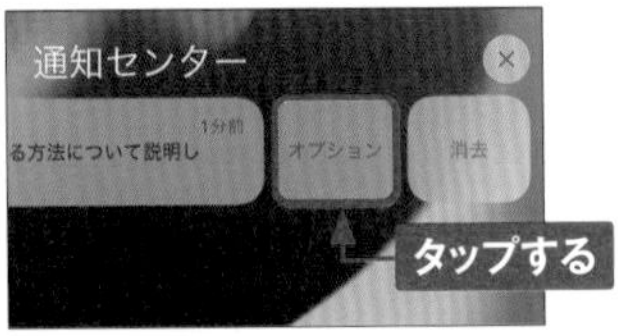

③ ＜1時間通知を停止＞または＜今日は通知を停止＞をタップすると、そのアプリの通知指定期間内は通知されなくなり、＜オフにする＞をタップすると通知がされなくなります。＜設定を表示＞をタップすると、P.263のような通知設定画面が表示されます。

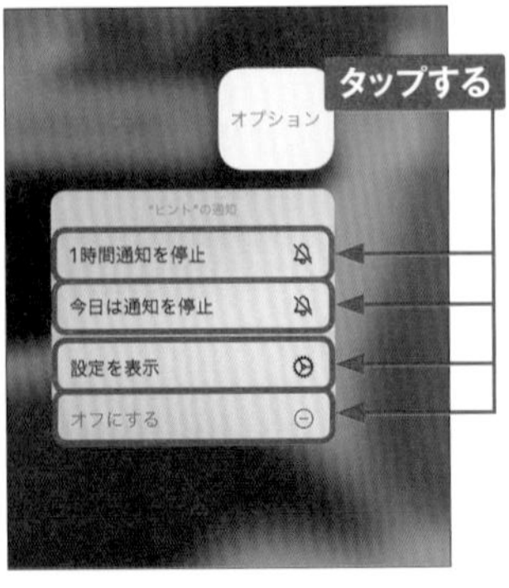

●グループ化した通知を消去する

① グループ化した通知をタップします。なお、左方向にスワイプすると、左の手順②で＜消去＞が＜すべて消去＞に変わったメニューが表示されます。

② グループ化された通知が展開されます。各通知を左方向にスワイプすると、左の手順②の画面が表示されます。アプリ名の右の→＜消去＞の順にタップすると、そのアプリの通知をすべて消去できます。

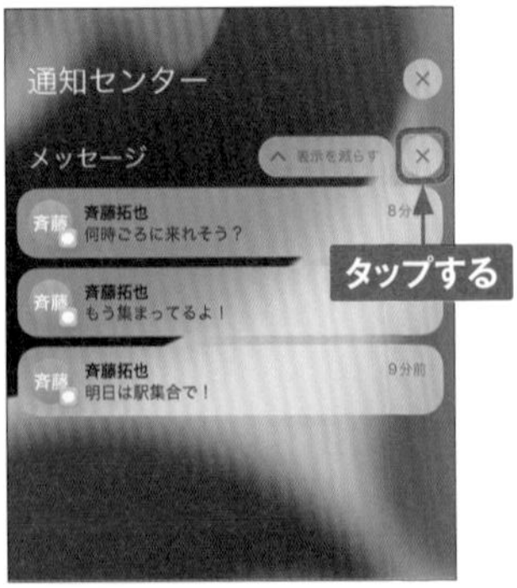

通知設定の詳細を知る（メッセージの場合）

❶「通知を許可」をにすると、すべての通知が表示されなくなります。

❷「即時通知」をにしていると通知をすぐに配信してくれます。

❸「ロック画面」をタップしてチェックを付けると、ロック画面に通知が表示されます。

❹「通知センター」をタップしてチェックを付けると、画面左上部を下方向にスライドすると表示される通知センターに通知が表示されます。

❺「バナー」をタップしてチェックを付けると、通知が画面上部に表示されます。

❻「バナー」の通知方法を変更できます。<一時的>を選ぶと、通知が画面上部に表示され、一定時間が経過すると消えます。<持続的>を選ぶと、通知をタップするまで表示され続けます。

❼「サウンド」では、通知の際の通知音やバイブレーションが設定できます。

❽「バッジ」をにすると、ホーム画面に配置されている該当するアプリのアイコンの右上に、新着通知の件数が表示されます。

❾「プレビューを表示」を<しない>にすると、通知にメッセージなどの内容が表示されず、何に関する通知かが表示されます。

❿「通知のグループ化」では、いくつかの異なるスレッドをまとめて通知されるように設定できます（P.261参照）。

⓫「通知をカスタマイズ」では、「通知を繰り返す」が設定でき、2分ごとに通知音を何回くり返すかを設定できます。くり返しはロック画面などでオンになり、<なし><1回><2回><3回><5回><10回>から選択できます。

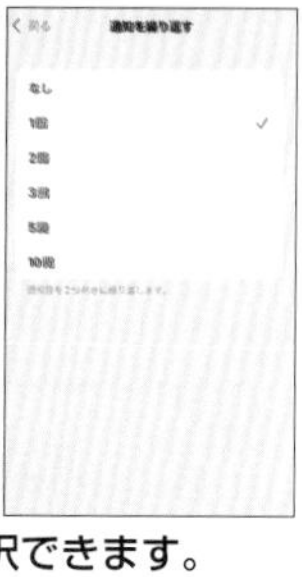

Section 71

背面タップでアプリを起動する

iPhoneの背面を2回または3回タップすると、アプリを起動したりiPhoneをロックしたりできる「背面タップ」という機能があります。初期設定ではオフとなっています。

背面タップを設定する

1 ホーム画面で<設定>をタップして、<アクセシビリティ>をタップします。

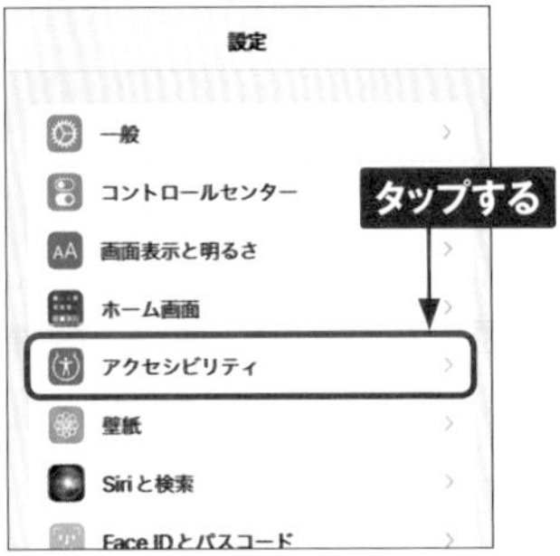

2 <タッチ>をタップします。

3 <背面タップ>をタップします。

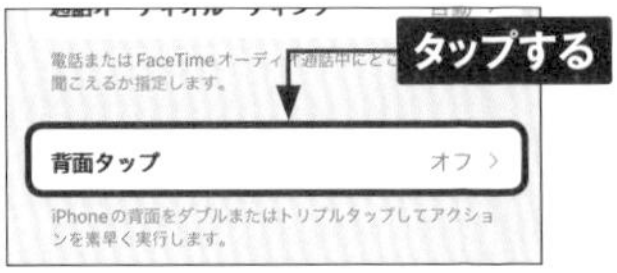

4 <ダブルタップ>をタップします。

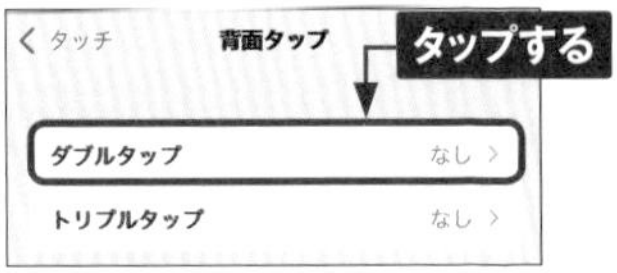

5 背面をダブルタップしたときに行う動作をタップして割り当てます。トリプルタップの動作を割り当てるには、手順④で<トリプルタップ>をタップして同様に操作します。

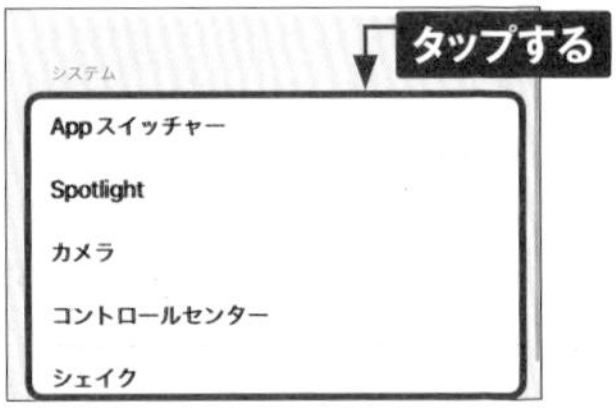

Section 72

デフォルトのアプリを変更する

デフォルトで立ち上がるブラウザとメール（2021年10月現在）のアプリを変更することができます。ここでは、ブラウザアプリを変更します。

標準のブラウザをChromeにする

1 Sec.44を参考に、あらかじめ＜Chrome＞アプリをインストールしておきます。

2 ホーム画面で＜設定＞→＜Chrome＞の順にタップします。

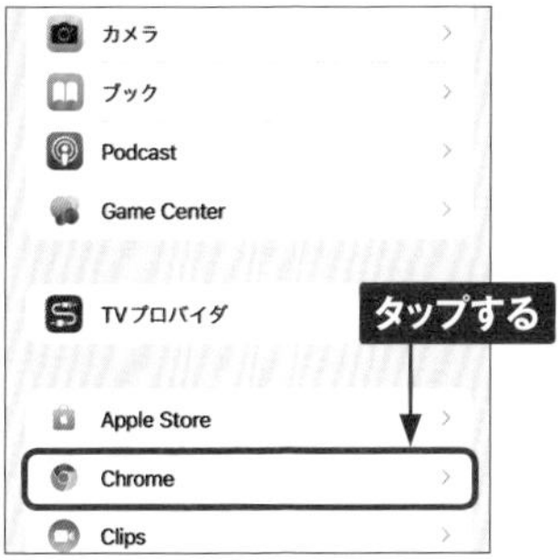

3 ＜デフォルトのブラウザApp＞をタップします。

4 ＜Chrome＞をタップしてチェックを付けます。

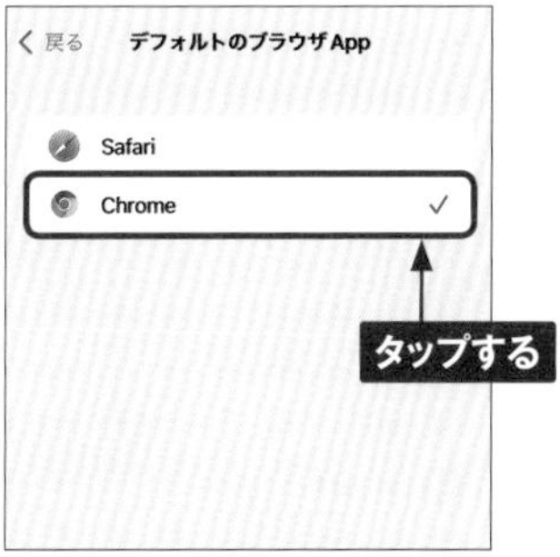

9

Section 73

ダークモードを利用する

「ダークモード」を利用すると、アプリ画面が黒を基調とした配色になります。ダークモード状態では、バッテリーの消費を抑えることができ、暗い場所でも画面が見やすく、目が疲れにくくなります。

ダークモードを利用する

1 ホーム画面から<設定>をタップします。

2 <画面表示と明るさ>をタップします。

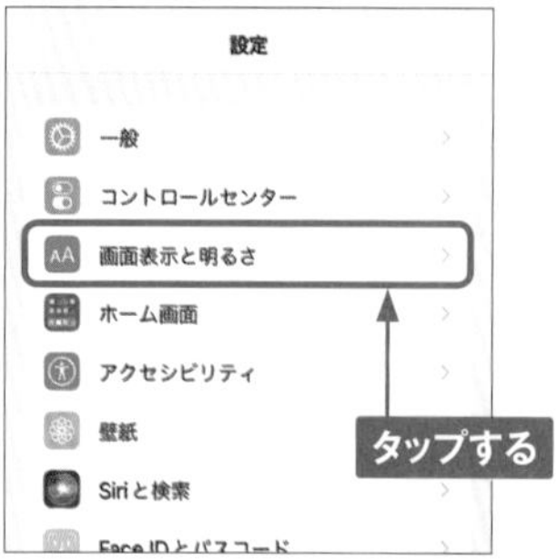

3 <ダーク>をタップします。

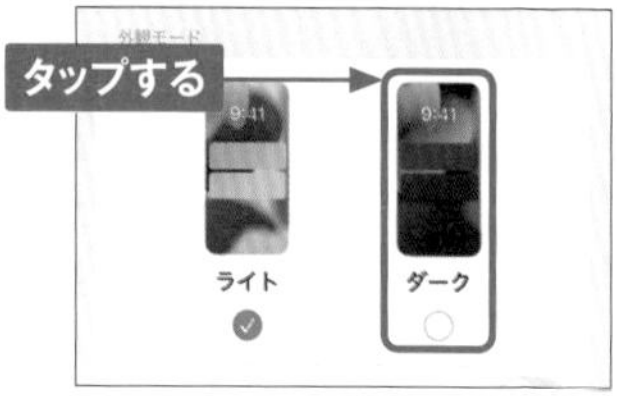

4 ダークモ ドに切り替わります。もとに戻したい場合は、<ライト>をタップします。

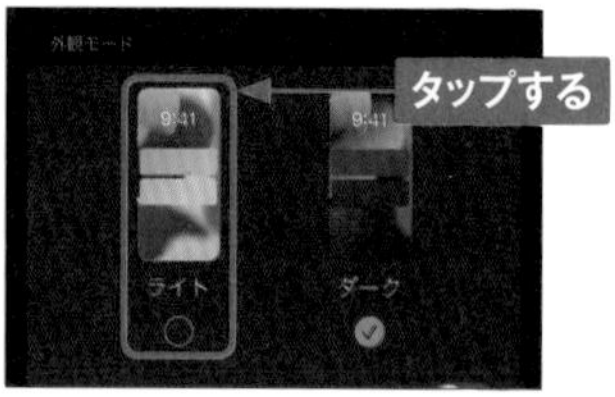

MEMO Apple ID作成時にも設定できる

Sec.81の初期設定の際にも、「ダークモード」を設定することができます。

ダークモードの利用時間を設定する

① P.266手順③の画面で、「自動」の をタップして、 にします。

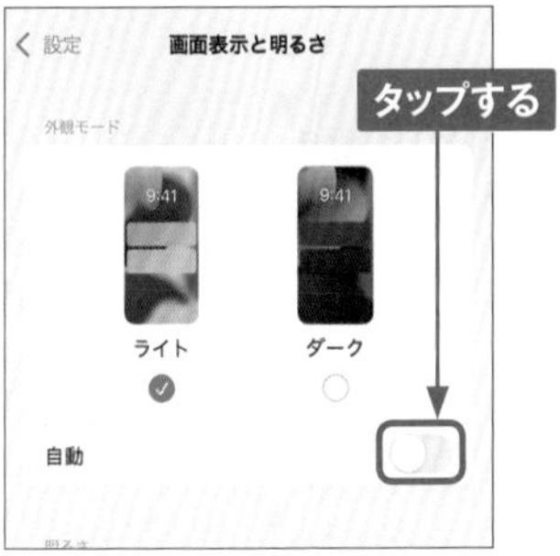

② <オプション>をタップします。

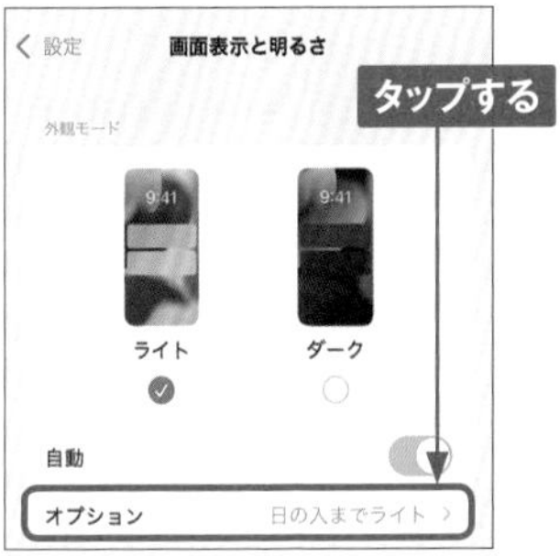

③ <カスタムスケジュール>をタップします。

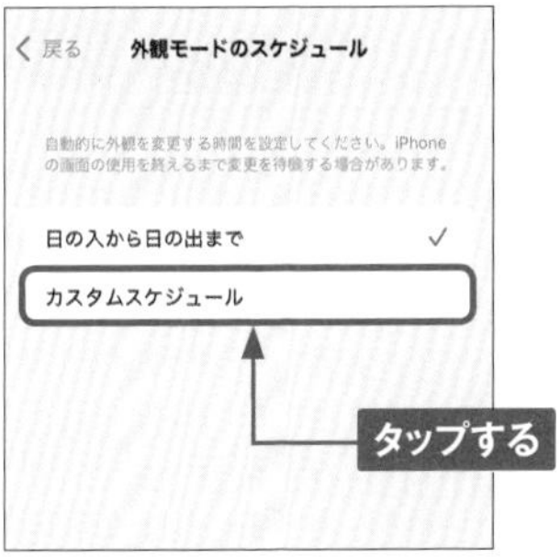

④ <ライト>と<ダーク>をそれぞれタップして、ライトモードとダークモードに切り替わる時間を設定します。

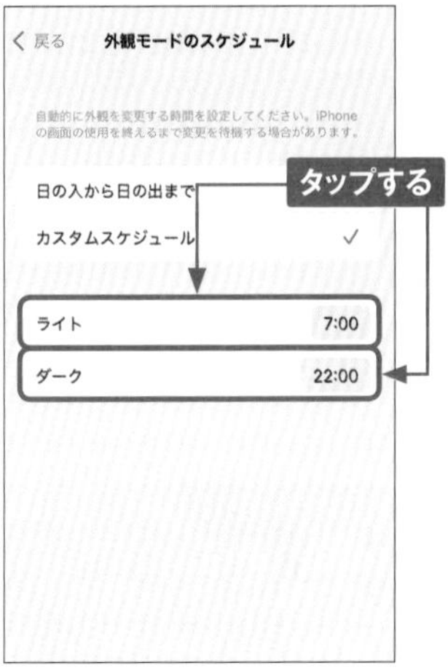

⑤ 時間を入力して設定し、<戻る>をタップします。

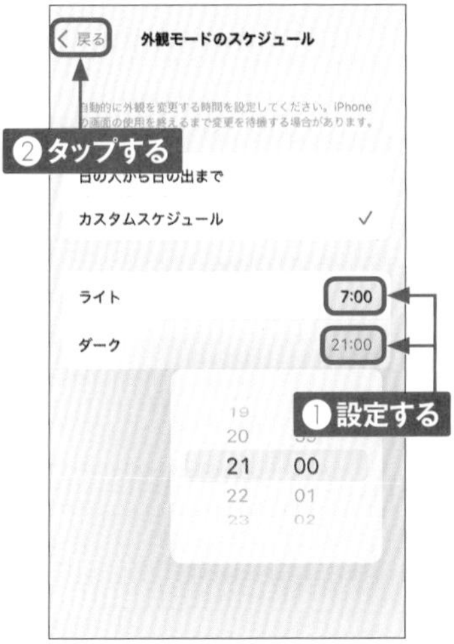

Section 74

アプリごとに画面表示を設定する

アクセシビリティでは画面の文字の大きさやカラーなどを変更することができます。また、アプリごとに設定を変えることができるので、文字が小さく感じるアプリなどに活用しましょう。

文字の大きさなどを設定する

1 ホーム画面で＜設定＞をタップします。

2 ＜アクセシビリティ＞をタップします。

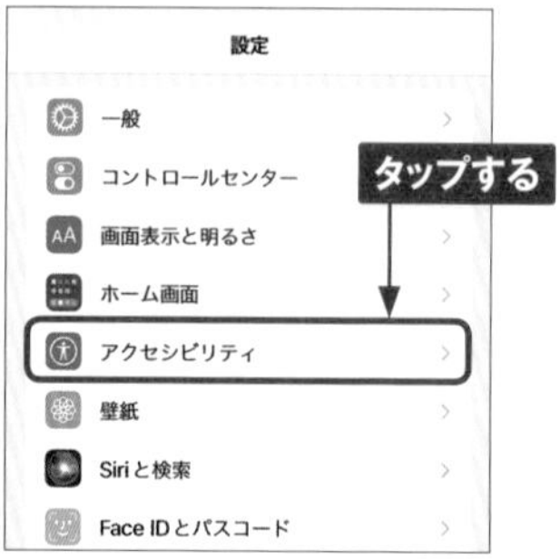

3 ＜画面表示とテキストサイズ＞をタップします。

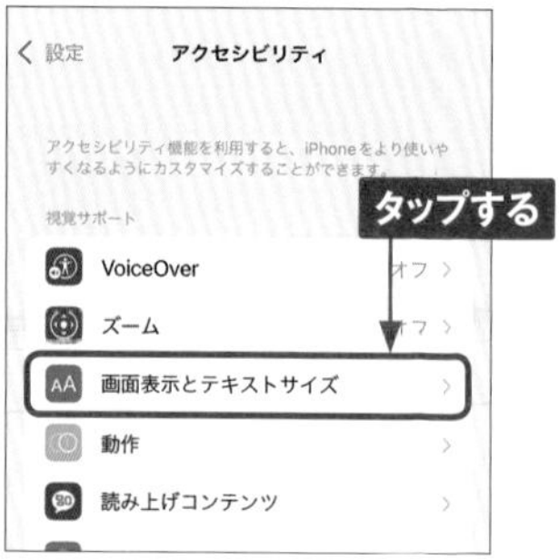

4 画面表示の設定をすることができます。

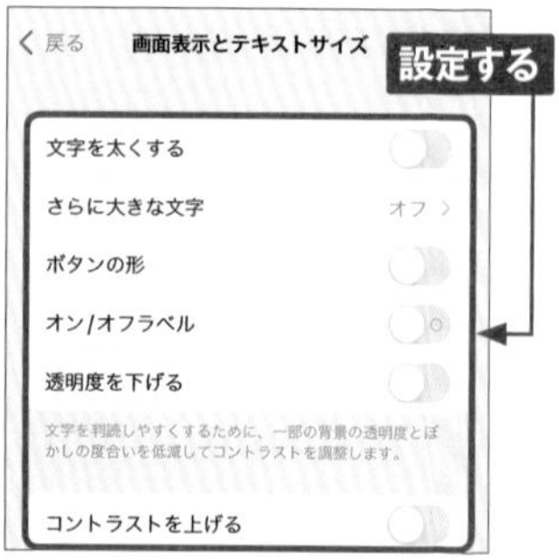

アプリごとに文字の大きさなどを設定する

1 P.268手順③の画面で<Appごとの設定>をタップします。

2 <Appを追加>をタップします。

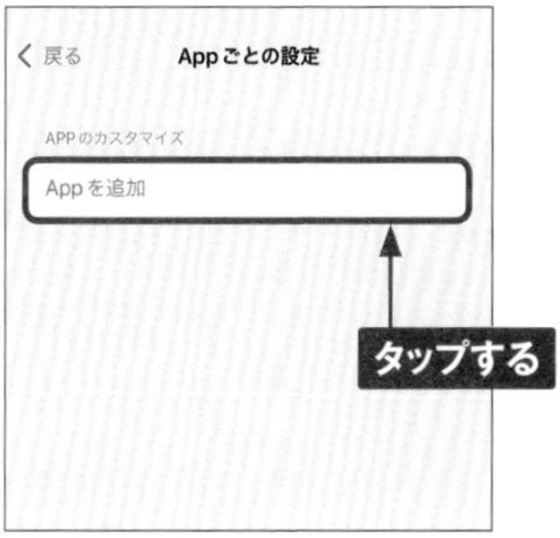

3 設定したいアプリ（ここでは<メッセージ>）をタップします。

4 手順②の画面に戻り、アプリをタップします。

5 画面表示の設定をすることができます。

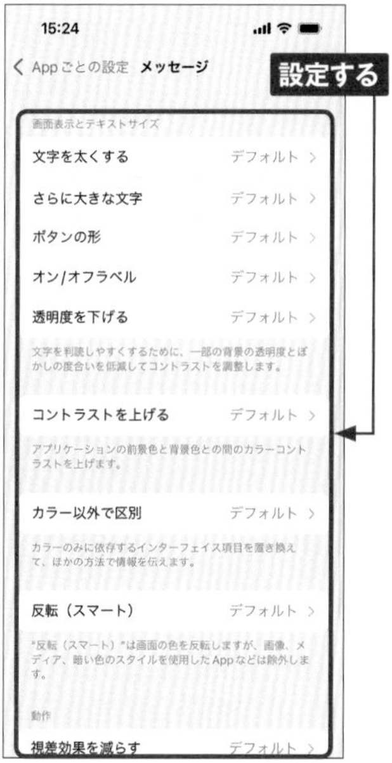

Section 75

検索機能を利用する

iPhoneの検索機能を使ってキーワードの検索を行うと、iPhone内のアプリ、音楽、メール、Webなどから該当する項目をリストアップしてくれます。さらに、検索結果のカテゴリを絞ることもできます。

検索機能を利用する

① ホーム画面やロック画面、通知センターの中央から下方向にスワイプします。

② 画面上部に検索フィールドが表示されます。キーワードを入力すると、検索結果が表示されます。ここでは、アプリをタップします。

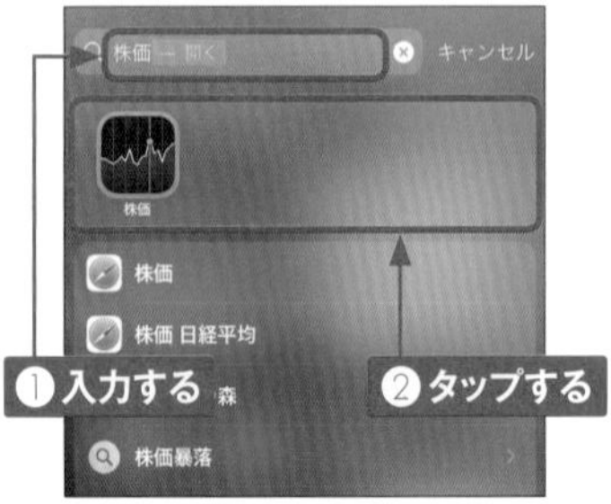

③ タップしたアプリが起動しました。

MEMO 検索機能の活用方法

検索機能では、メールの件名や連絡先、メモの写真の文字なども検索対象に含まれます。探したいメールや連絡先がすぐに見つからないときに検索機能を利用すると、かんたんに目的のメールや連絡先が探せます。さらに、Siriを使い込むことでユーザーの行動を学習して、次に使用すると予想されるアプリを勧めてくれるようになります。

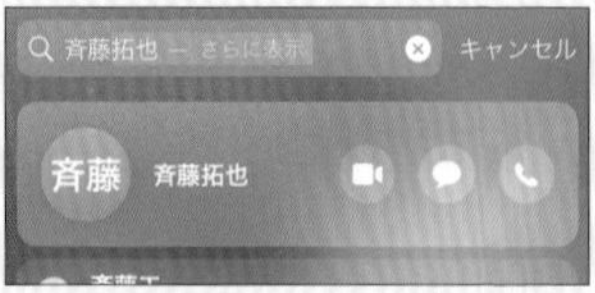

検索対象を設定する

1 ホーム画面で<設定>→<Siriと検索>の順にタップします。

2 検索対象から外したいアプリをタップします。

3 「検索でAppを表示」の をタップします。

4 が になり、検索対象から外れます。

Section 76

Bluetooth機器を利用する

iPhoneは、Bluetooth対応機器と接続して、音楽を聴いたり、キーボードを利用したりすることができます。Bluetooth対応機器を使うには、ペアリング設定をする必要があります。

Bluetoothのペアリング設定を行う

① ホーム画面で＜設定＞をタップします。

② ＜Bluetooth＞をタップします。

③ 「Bluetooth」が（オン）であることを確認します。

④ Bluetooth接続したい機器の電源を入れ、ペアリングモードにします。ここでは、Bluetooth対応のスピーカーを例に説明します。

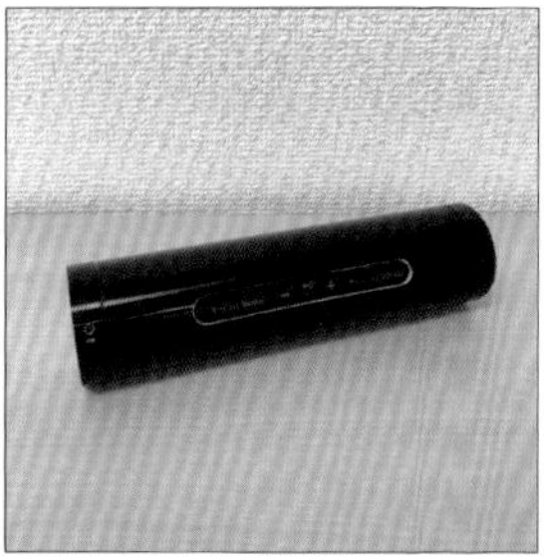

5 Bluetooth接続できる機器が表示されます。ペアリングしたい機器をタップします。

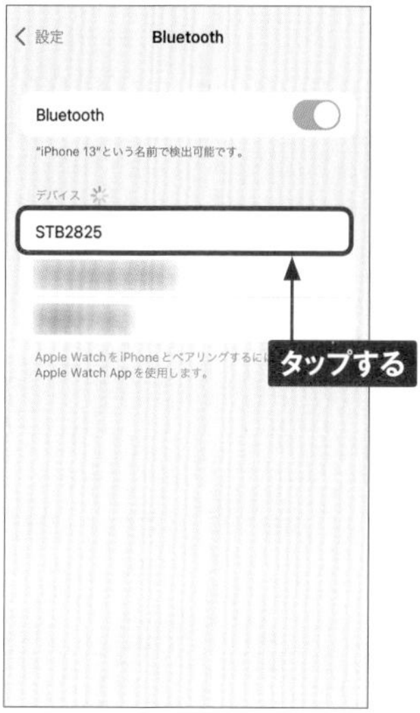

6 手順⑤のあとで、「PINを入力」画面が表示された場合は、Bluetooth機器のパスコードを入力し、＜ペアリング＞をタップします。パスコードは、Bluetooth機器の取扱説明書や画面の表示などを確認してください。

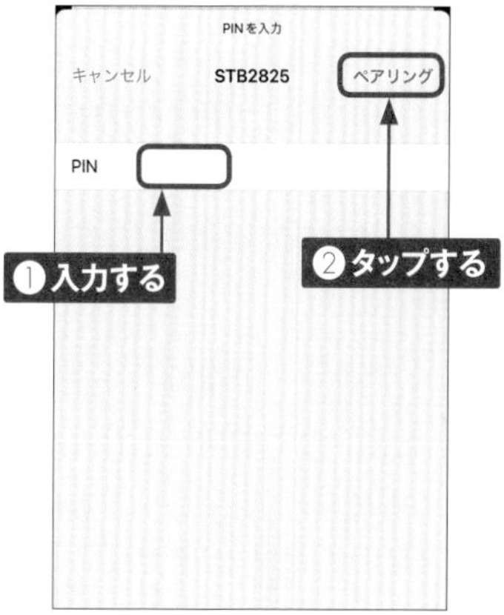

7 ペアリング設定が完了しました。「自分のデバイス」に表示されている接続したBluetooth機器名の右側に「接続済み」と表示されます。

8 画面右上から下方向にスワイプすると、コントロールセンターが表示され、Bluetooth接続されていることを確認できます。

Section 77

インターネット共有を利用する

「インターネット共有（テザリング）」は、モバイルWi-Fiルーターとも呼ばれる機能です。iPhoneを経由して、無線LANに対応したパソコンやゲーム機などをインターネットにつなげることができます。

インターネット共有を設定する

① ホーム画面で＜設定＞をタップします。

② ＜インターネット共有＞をタップします。

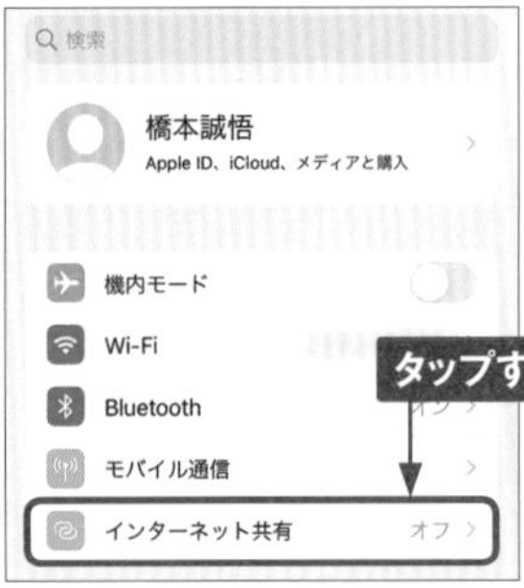

③ 「ほかの人の接続を許可」の をタップします。

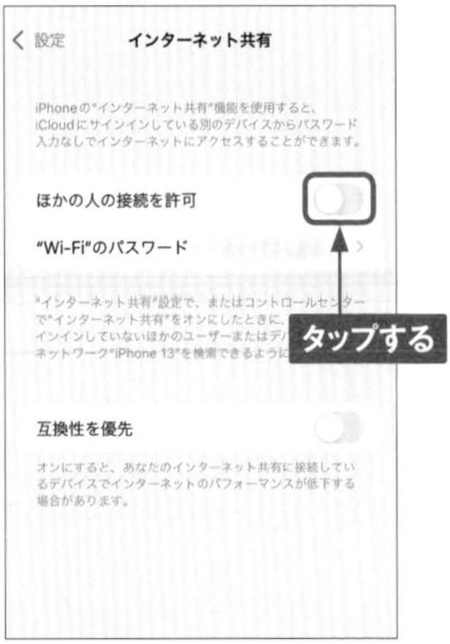

MEMO　Wi-Fiのパスワードを変更する

P.275手順⑤の画面で、＜"Wi-Fi"のパスワード＞をタップし、パスワードを入力し、＜完了＞をタップすると、Wi-Fiのパスワードを変更することができます。

4 インターネット共有がオンになりました。

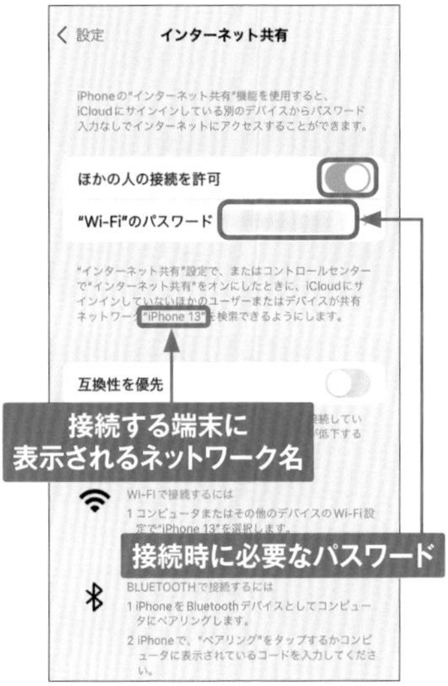

設定
インターネット共有
iPhoneの"インターネット共有"機能を使用すると、iCloudにサインインしている別のデバイスからパスワード入力なしでインターネットにアクセスすることができます。
ほかの人の接続を許可
"Wi-Fi"のパスワード
"インターネット共有"設定で、またはコントロールセンターで"インターネット共有"をオンにしたときに、iCloudにサインインしていないほかのユーザーまたはデバイスが共有ネットワーク"iPhone 13"を検索できるようにします。
互換性を優先
接続する端末に
表示されるネットワーク名
WI-FIで接続するには
1 コンピュータまたはその他のデバイスのWi-Fi設定で"iPhone 13"を選択します。
接続時に必要なパスワード
BLUETOOTHで接続するには
1 iPhoneをBluetoothデバイスとしてコンピュータにペアリングします。
2 iPhoneで、"ペアリング"をタップするかコンピュータに表示されているコードを入力してください。

5 パスワードが最後まで表示されていない場合は、手順④で＜"Wi-Fi"のパスワード＞をタップすると、確認することができます。

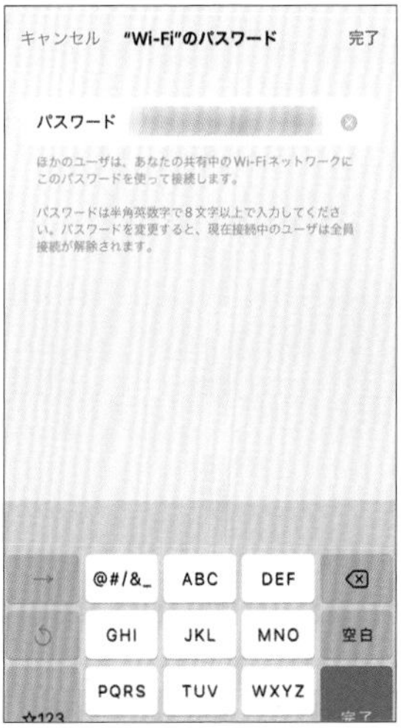

キャンセル
"Wi-Fi"のパスワード
完了
パスワード
ほかのユーザは、あなたの共有中のWi-Fiネットワークにこのパスワードを使って接続します。
パスワードは半角英数字で8文字以上で入力してください。パスワードを変更すると、現在接続中のユーザは全員接続が解除されます。
@#/&_
ABC
DEF
GHI
JKL
MNO
空白
PQRS
TUV
WXYZ

6 Sec.19を参考に、ほかの端末でiPhoneのネットワークに接続します。

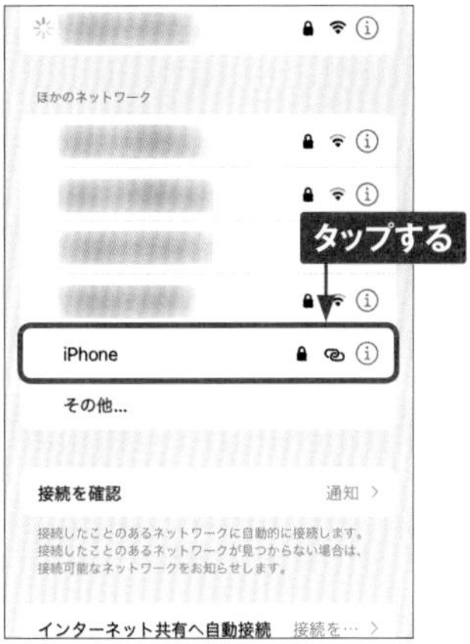

ほかのネットワーク
タップする
iPhone
その他...
接続を確認
通知
接続したことのあるネットワークに自動的に接続します。接続したことのあるネットワークが見つからない場合は、接続可能なネットワークをお知らせします。
インターネット共有へ自動接続

7 ほかの端末から接続されると、画面左上の現在時刻部分が青くなります。

15:36
4G
青表示に変わる
火曜日
28
今日はもう予定はありません
天気
カレンダー

MEMO

iPhoneの名前の変更

インターネット共有がオンになっているときは、周囲の端末に自分のiPhoneの名前が表示されます。表示される名前を変更したいときは、ホーム画面で＜設定＞→＜一般＞→＜情報＞→＜名前＞の順にタップし、任意の名前に変更します。

スクリーンショットを撮る

iPhoneでは、画面のスクリーンショットを撮影し、その場で文字などを追加することができます。なお、通話中の画面など、一部の画面ではスクリーンショットが撮影できません。

スクリーンショットを撮影する

1 スクリーンショットを撮影したい画面を表示し、サイドボタンと音量ボタンの上のボタンを同時に押して離します。

2 スクリーンショットが撮影されます。画面左下に一時的に表示されるサムネイルをタップします。

3 下部のペンをタップして、文字などを追加できます。<完了>をタップします。

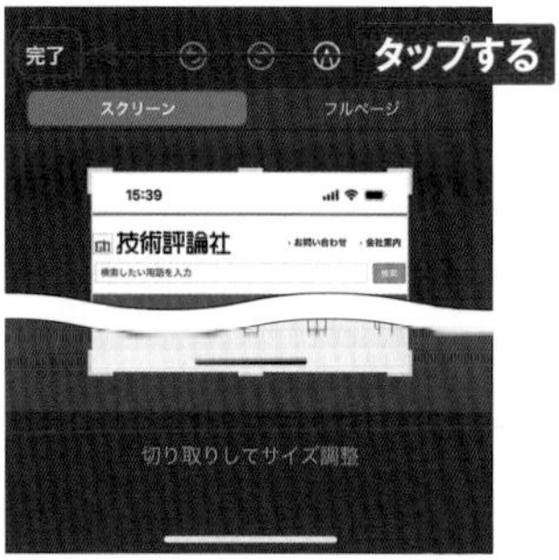

4 <"写真"に保存>をタップします。保存したスクリーンショットは、<写真>アプリで確認できます。

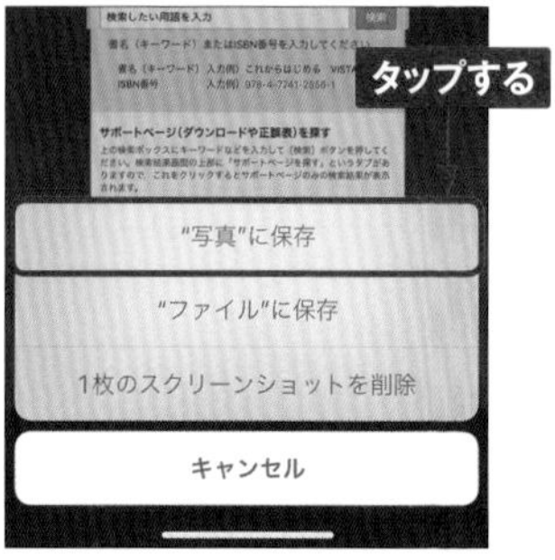

Chapter 10

iPhoneを初期化・再設定する

Section 79　iPhoneを強制的に再起動する
Section 80　iPhoneを初期化する
Section 81　iPhoneの初期設定を行う
Section 82　バックアップから復元する

Section 79

iPhoneを強制的に再起動する

iPhoneを使用していると、突然画面が反応しなくなってしまうことがあるかもしれません。いくら操作してもどうにもならない場合は、iPhoneを強制的に再起動してみましょう。

iPhoneを強制的に再起動する

1 音量ボタンの上を押してすぐ離したら、音量ボタンの下を押してすぐ離します。サイドボタンを手順②の画面が表示されるまで長押しします。

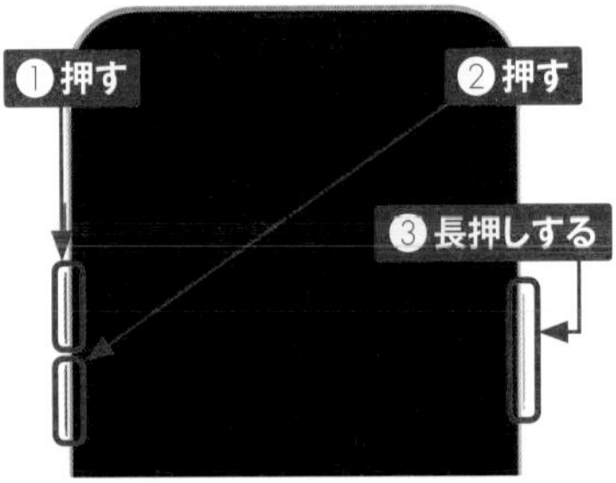

2 P.15手順②の画面が表示される場合は、そのままサイドボタンを長押しし続けます。iPhoneが強制的に再起動して、Appleのロゴが表示されます。

3 再起動後はロック画面が表示されます。パスコード設定時はパスコード入力が必要です。

MEMO 緊急SOSについて

サイドボタンと音量ボタンのどちらかを同時に押し続け、＜SOS＞を右方向にドラッグすると、110番や119番などの緊急サービスに連絡することができます。なお、緊急サービスへ自動通報を行いたいときは、ホーム画面で＜設定＞→＜緊急SOS＞の順にタップし、「自動通報」をオンにしておきましょう。

Section 80

iPhoneを初期化する

iPhone内の音楽や写真をすべて消去したい場合や、ネットワークの設定やキーボードの設定などを初期状態に戻したい場合は、<設定>アプリから初期化（リセット）が可能です。

iPhoneを初期化する

1 ホーム画面で<設定>→<一般>の順にタップします。

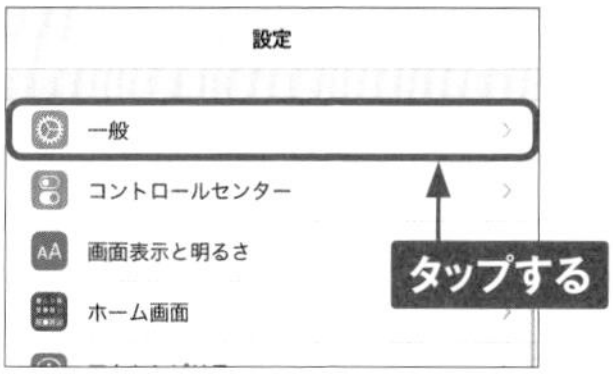

2 <転送またはiPhoneをリセット>をタップします。

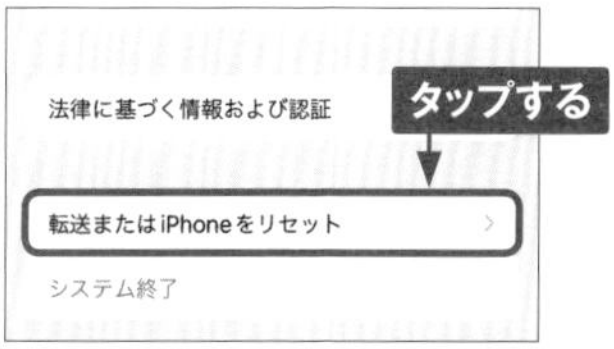

3 <すべてのコンテンツと設定を消去>をタップします。

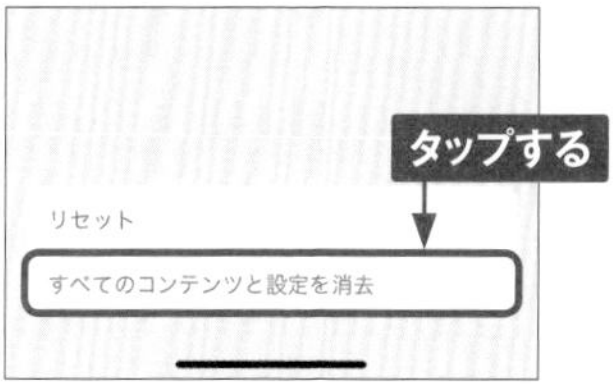

4 <続ける>をタップします。パスコードを設定している場合は、次の画面でパスコードを入力すると、自動でバックアップデータが作成されます。

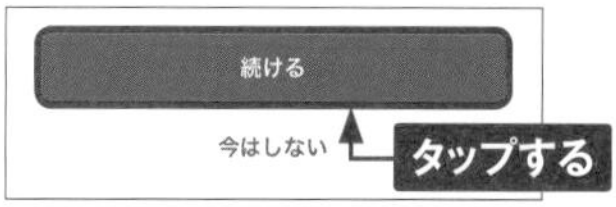

5 Apple IDをiPhoneに設定している場合は、Apple IDのパスワードを入力し、<オフにする>をタップします。

6 <iPhoneを消去>をタップします。

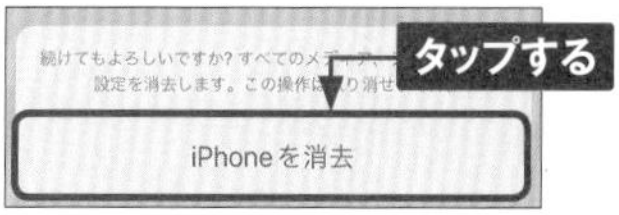

Section 81

iPhoneの初期設定を行う

iPhoneを初期化すると、再起動後に初期設定を行う必要があります。初期設定は画面の指示に従って項目を設定するだけなので、かんたんに行うことができます。

iPhoneの初期設定をする

① Sec.80の方法で初期化すると再起動され、下の画面が表示されます。画面下部を上方向にスワイプします。

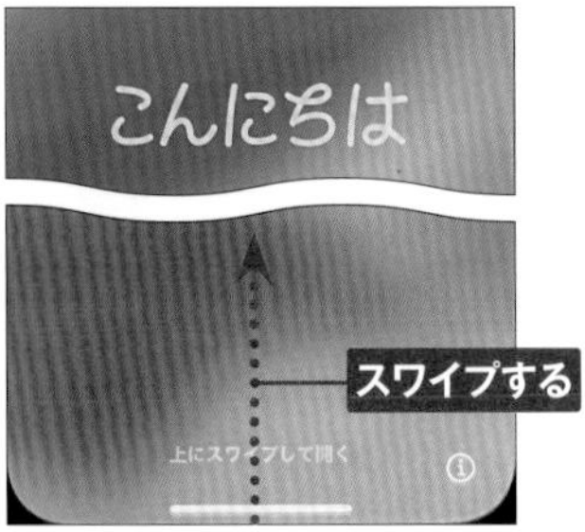

② <日本語>をタップします。

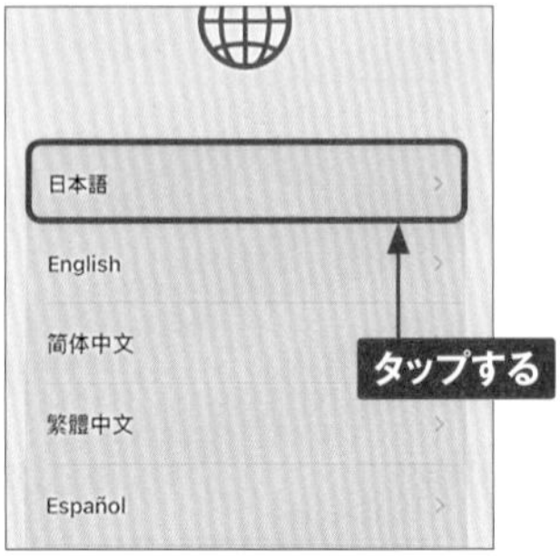

③ 「国または地域を選択」画面が表示されます。<日本>をタップします。

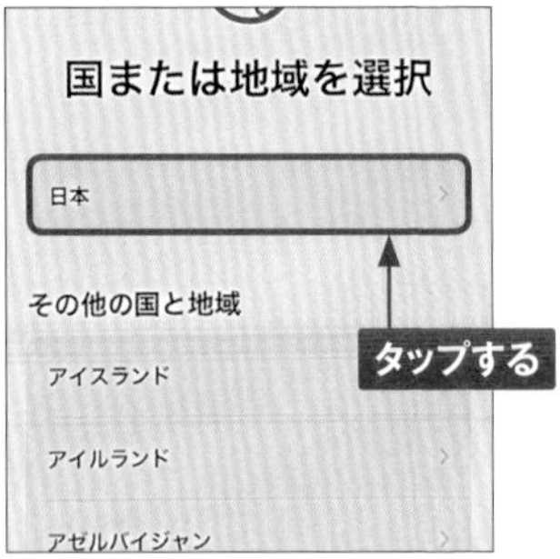

④ 「クイックスタート」画面が表示されるので、<手動で設定>をタップします。

⑤ 「文字入力および音声入力の言語」画面が表示されます。「優先する言語」「キーボード」「音声入力」に問題がなければ<続ける>をタップします。変更したい場合は<設定をカスタマイズする>をタップして変更します。

⑥ 「Wi-Fiネットワークを選択」画面が表示されます。回線をタップします。Wi-Fiを設定しない場合は、<モバイルデータ通信回線を使用>をタップします。

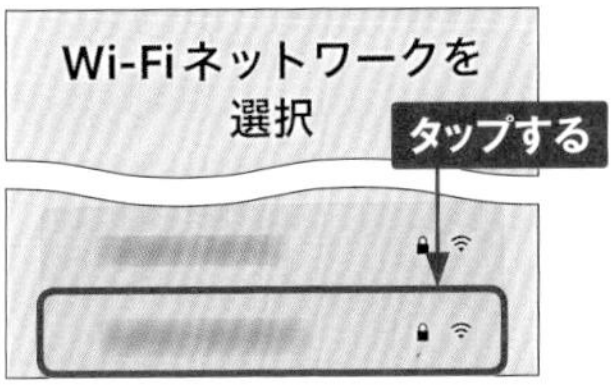

⑦ 手順⑥でタップした回線のパスワードを入力し、<接続>→<次へ>の順にタップします。

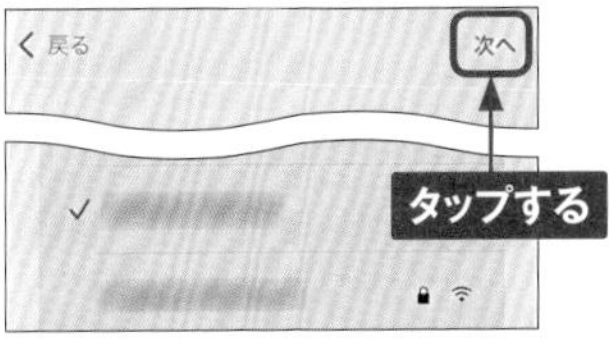

⑧ 「データとプライバシー」画面で<続ける>をタップすると、「Face ID」画面が表示されます。<あとでセットアップ>をタップします。Face IDを設定する場合は、Sec.68を参考に設定します。

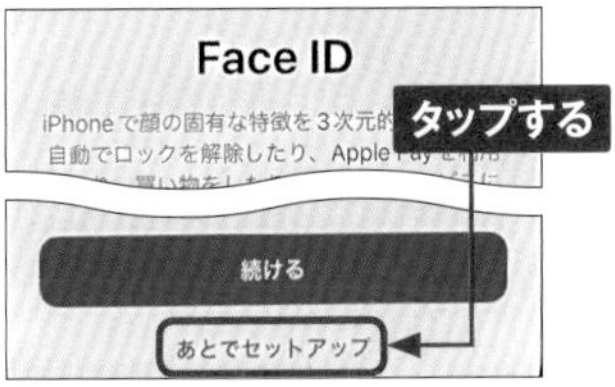

⑨ 「パスコードを作成」画面が表示されます。Sec.67を参考に6桁のパスコードを2回入力します。

MEMO

古いiPhoneからの移行

iPhoneには、かんたんに情報を移行できる「クイックスタート」が用意されています。P.280手順④の画面で古いiPhoneと新しいiPhoneを近付けるだけで、Wi-Fiの設定やApple IDのメールアドレス、パスワードなどの設定情報を移行できます。また、新・旧iPhoneともに、iOS 12.4以降であれば、全データを直接転送することができます。

⑩ 「Appとデータ」画面が表示されます。ここでは、<Appとデータを転送しない>をタップします。バックアップから復元する場合は、Sec.82を参考にしてください。

⑪ Apple IDのサインイン画面が表示されます。Apple IDのメールアドレスを入力して、<次へ>をタップします。Apple IDがない場合は、<パスワードをお忘れかApple IDをお持ちでない場合>をタップして、画面の指示に従います。

⑫ パスワードを入力し、<次へ>をタップします。

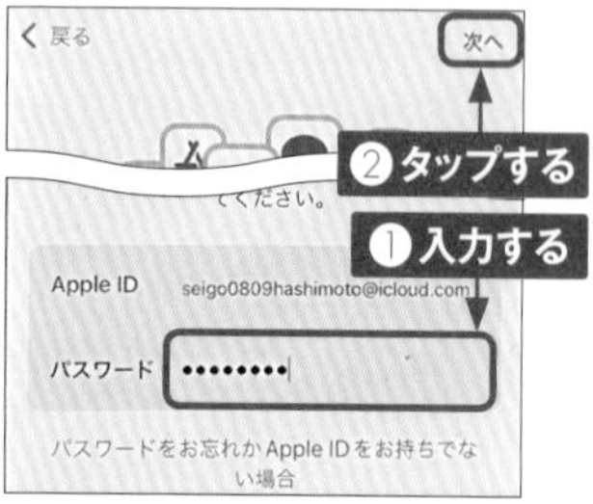

⑬ 「利用規約」画面が表示されます。よく読み、問題がなければ<同意する>をタップします。

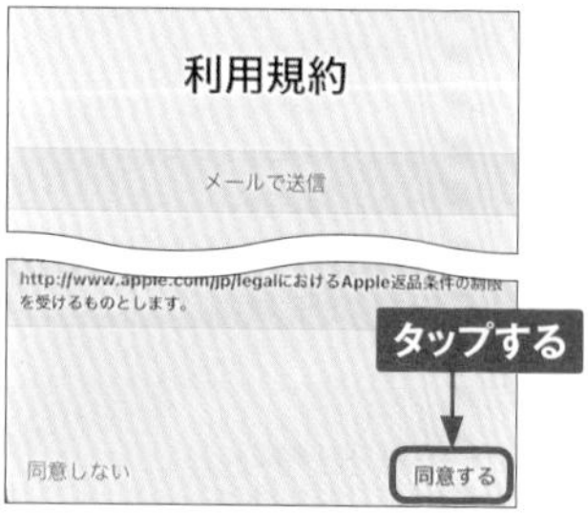

⑭ 「新しいiPhoneに設定を移行」画面が表示されたら、<設定をカスタマイズする>をタップします。「iPhoneを常に最新の状態に」画面が表示されたら、<続ける>をタップします。

⑮ 「位置情報サービス」画面が表示されたら、<位置情報サービスをオンにする>をタップします。

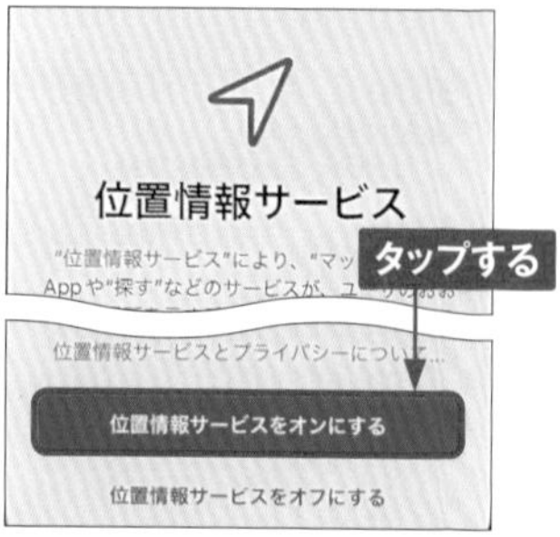

16 「Pay」画面が表示されたら、<あとでウォレットでセットアップ>をタップします。「iCloudキーチェーン」画面が表示された場合は、<iCloudキーチェーンを使用しない>をタップします。

Pay
交通系ICカード、クレジットカード、デビットカード、プリペイドカードをApple Payに追加すると、App内やWeb上や店舗で
て安全に支払いができます
タップする
続ける
あとでウォレットでセットアップ

17 「Siri」画面と「スクリーンタイム」画面が表示されます。いずれも<あとで"設定"でセットアップ>をタップします。

Siri
Siriは話しかけるだけでやりたいことを手伝ってくれます。また、Appやキーボードを使用している際には、話しかけなくてもSiriが提案を出してくれたりします。
タップする
続ける
あとで"設定"でセットアップ

18 「解析」画面が表示されたら、<Appleと共有>をタップします。

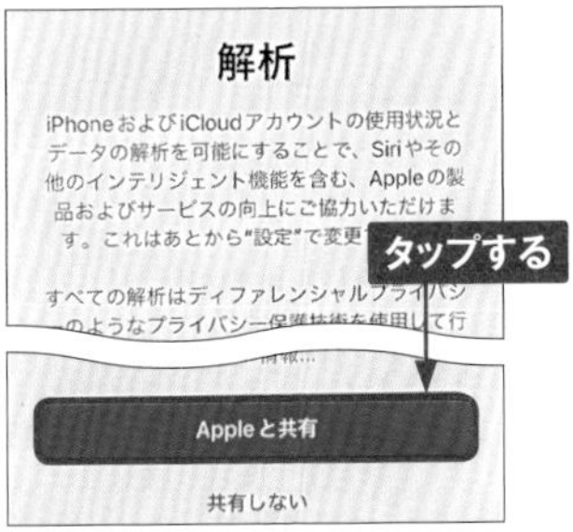
解析
iPhoneおよびiCloudアカウントの使用状況とデータの解析を可能にすることで、Siriやその他のインテリジェント機能を含む、Appleの製品およびサービスの向上にご協力いただけます。これはあとから"設定"で変更
タップする
Appleと共有
共有しない

19 「外観モード」画面と「拡大表示」画面が表示されます。いずれも<続ける>をタップします。

拡大表示
iPhoneの表示方法を選択します。"拡大"ではテキストおよびコントロールが拡大表示されます。"標準"では画面に収まるサイズで表示されます。これは"設定"でいつでも変更できます。
9:41
9:41
タップする
続ける

20 「ようこそiPhoneへ」画面が表示されたら、初期設定は完了です。画面下部から上方向にスワイプすると、ホーム画面が表示されます。

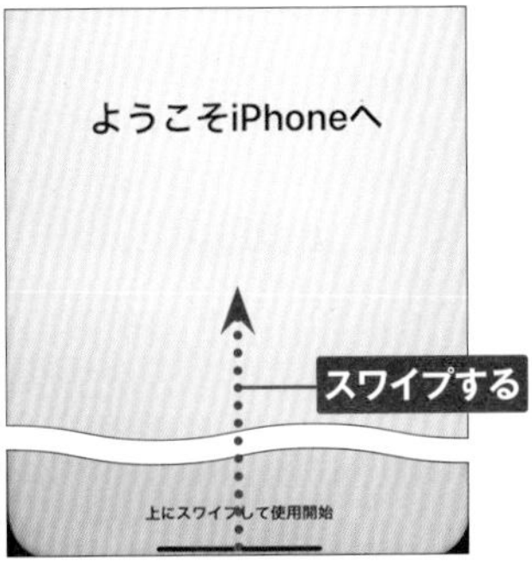
ようこそiPhoneへ
スワイプする
上にスワイプして使用開始

MEMO

キャリア設定アップデート

初期設定終了後など、「キャリア設定アップデート」画面が表示される場合があります。その場合は、画面の指示に従って設定を行いましょう。

Section 82

バックアップから復元する

iPhoneの初期設定のときに、iCloudへバックアップ（Sec.57参照）したデータから復元して、iPhoneを利用することができます。ほかのiPhoneからの機種変更のときや、初期化したときなどに便利です。

バックアップから復元されるデータ

古いiPhoneから機種変更をしたときや、初期化を行ったときには、iCloudへバックアップしたデータの復元が可能です。写真や動画、各種設定などが復元され、App Storeでインストールしたアプリは自動的にダウンロードとインストールが行われます。

●写真・動画

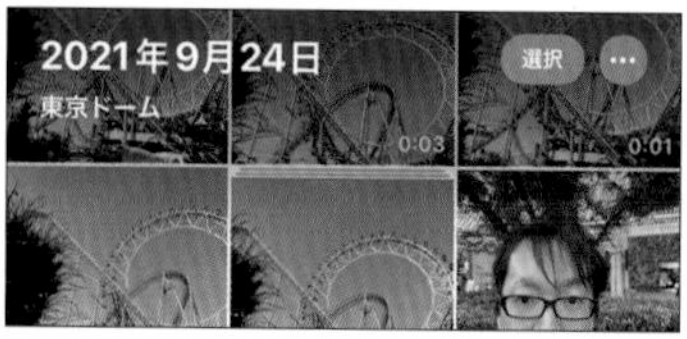

過去に撮影した写真や動画は、iCloudのバックアップから復元されます。

●アプリ

初期化する前にインストールしたアプリが再インストールされ、ホーム画面の配置が復元されます。

●設定

各種設定やメッセージなども復元されます。

MEMO **機種変更時などのiCloudストレージ一時利用**

機種変更や初期化の際に、利用できるiCloudの容量を超えて一時的にバックアップを作成することができます。このバックアップを利用するには、iPhone 13以前のモデルでは、iOS 15にアップデートして、P.279手順③の画面で、<開始>をタップし、画面の指示に従って操作します。バックアップの保存期間は基本21日間です。

10

iCloudバックアップから復元する

1 P.282手順⑩の画面で、<iCloud バックアップから復元>をタップします。

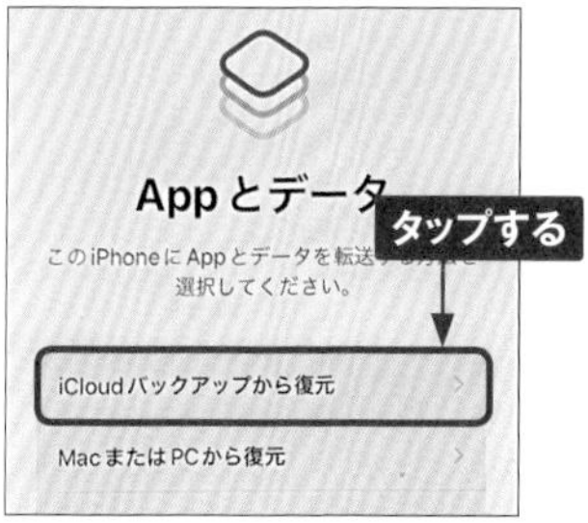

2 iCloudにバックアップしているApple IDへサインインします。Apple IDを入力し、<次へ>をタップします。

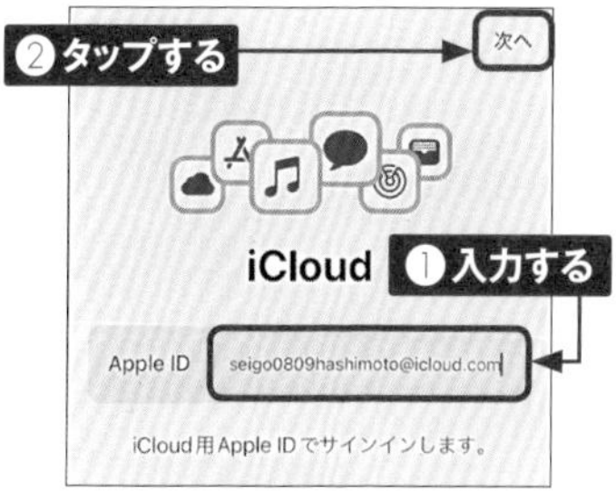

3 パスワードを入力し、<次へ>をタップします。

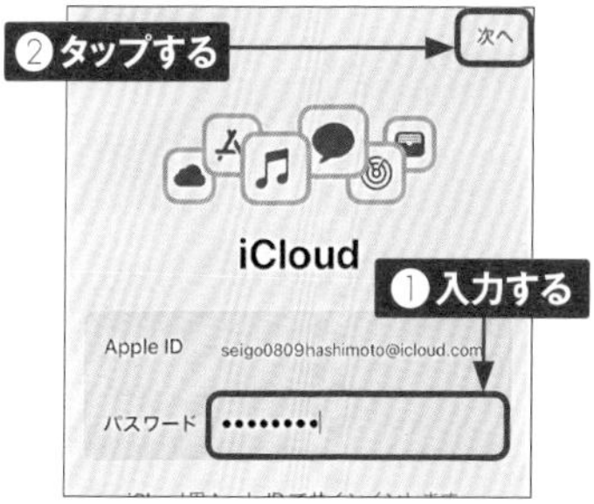

4 「利用規約」画面が表示されます。よく読み、問題がなければ<同意する>をタップします。

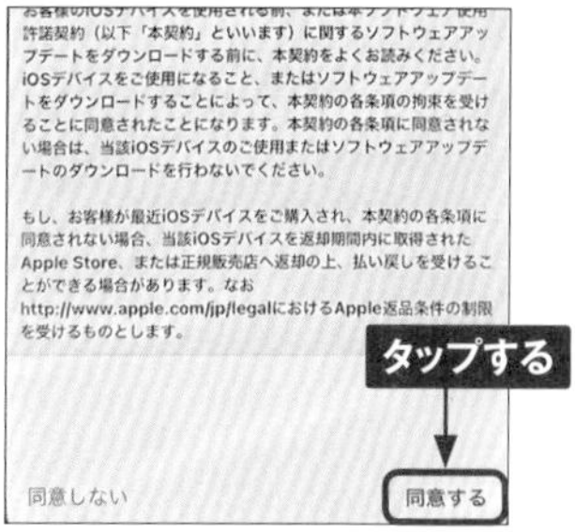

5 「バックアップを選択」画面が表示されます。復元したいバックアップをタップします。画面の指示に従って進むと、復元が開始され、iPhoneが再起動します。

6 再起動が終わるとロック画面が表示されます。上方向にスワイプしてパスコードを入力しロックを解除すると、ホーム画面が表示されます。

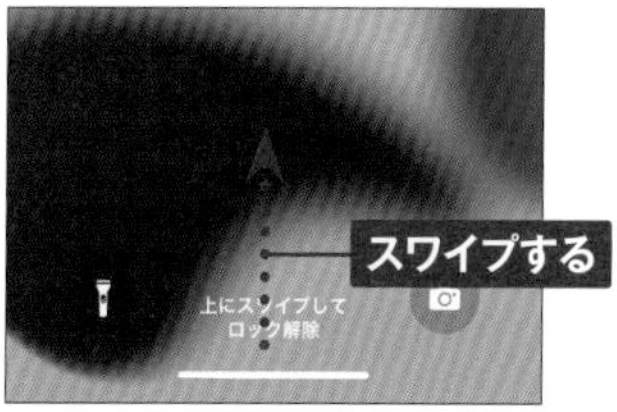

索引

数字・アルファベット

2ファクタ認証 …… 258
AirDrop …… 214
App Store …… 174
App Store&iTunesギフトカード …… 61
Apple ID …… 56
Apple Music …… 144
Apple Pay …… 202
Appアイコン …… 18
Appアイコンを移動 …… 236
Appライブラリ …… 240
au ID …… 63
auメール …… 63, 98
Bluetooth …… 272
Dock …… 18
Face ID …… 254
FaceTime …… 208
Google検索 …… 130
iCloud …… 222
iCloud Drive …… 230
iCloud共有アルバム …… 227
iCloud写真 …… 227
iCloudバックアップ …… 224
iMessage …… 76, 81
iPhoneを探す …… 232
Live Photos …… 163, 166
PCメール …… 110
Safari …… 114
Safariの拡張機能 …… 136
Siri …… 216
Siriショートカット …… 219
SMS／MMS …… 76
Suicaを発行 …… 204
Webページ …… 114
Wi-Fi …… 72

あ行

アニ文字 …… 93
アプリをアップデート …… 179
アプリをアンインストール …… 178
アプリをインストール …… 176
アプリを起動 …… 26
アプリを終了 …… 27
アルバム …… 161
位置情報 …… 74
インターネット共有 …… 274
ウィジェット …… 24, 238
ウォレット …… 202
おやすみモード …… 250
音楽を聴く …… 142
音楽を購入 …… 138
音声入力 …… 33
音量ボタン …… 16

か・さ行

顔認証 …… 254
拡大表示 …… 18
片手入力 …… 35
壁紙 …… 242
画面ロック …… 252
カレンダー …… 180
キーボードを切り替える …… 29
検索機能 …… 270
コントロールセンター …… 22, 244
再起動 …… 278
サイドボタン …… 16
撮影機能 …… 150
撮影モード …… 150
ジェスチャー …… 8
シネマティックモード …… 157, 171
支払い情報 …… 60
写真や動画を閲覧 …… 158
写真を削除 …… 172

写真を撮影 …… 148
写真を非表示 …… 162
写真を編集 …… 164
集中モード …… 251
消音モード …… 54
初期化 …… 279
初期設定 …… 280
触覚タッチ …… 17
スクリーンショット …… 276
スタートページ …… 114
スマートスタック …… 239
スライド …… 17
スワイプ …… 17
前面側カメラ …… 151
ソフトウェア・アップデート …… 15

た・な行

ダークモード …… 266
タッチ …… 17
タップ …… 17
タブ …… 122
タブグループ …… 125
ダブルタップ …… 17
地図 …… 192
着信／サイレントスイッチ …… 16
着信音 …… 52
着信拒否 …… 50
通知 …… 260
通知センター …… 20, 262
テキストフォーマットツール …… 104
デフォルトのアプリを変更 …… 265
テンキー …… 28
電源のオン・オフ …… 15
電話 …… 40
動画を撮影 …… 156
動画を編集 …… 170
ドラッグ …… 17
ナイトモード …… 152

は行

背面タップ …… 264
パスコードを設定 …… 252
バックアップから復元 …… 284
発着信履歴 …… 42
ビデオ通話 …… 210
ピンチ …… 17
ファイル …… 196
フォトグラフスタイル …… 155
ブックマーク …… 126
プライバシー設定 …… 246
プライバシーレポート …… 134
プライベートブラウズモード …… 135
フルキー …… 28
紛失モード …… 234
ヘルスケア …… 200
ポートレートモード …… 153, 168
ホーム画面 …… 18, 236
ホーム画面を非表示 …… 241
翻訳 …… 190

ま・ら行

ミー文字 …… 93
迷惑メール対策 …… 106
メール …… 62, 98
メールアドレスの利用設定 …… 65
メッセージ …… 62, 76
メモ …… 188
文字認識 …… 38, 154
文字の大きさを設定 …… 268
文字を入力 …… 28
文字を編集 …… 36
リーディングリスト …… 132
リマインダー …… 184
留守番電話 …… 48
連絡先 …… 44, 86
ロックを解除 …… 14

お問い合わせについて

本書に関するご質問については、本書に記載されている内容に関するもののみとさせていただきます。本書の内容と関係のないご質問につきましては、一切お答えできませんので、あらかじめご了承ください。また、電話でのご質問は受け付けておりませんので、必ずFAX か書面にて下記までお送りください。
なお、ご質問の際には、必ず以下の項目を明記していただきますようお願いいたします。

1 お名前
2 返信先の住所またはFAX 番号
3 書名
（ゼロからはじめる iPhone 13/mini/Pro/Pro Max スマートガイド au 完全対応版）
4 本書の該当ページ
5 ご使用のソフトウェアのバージョン
6 ご質問内容

なお、お送りいただいたご質問には、できる限り迅速にお答えできるよう努力いたしておりますが、場合によってはお答えするまでに時間がかかることがあります。また、回答の期日をご指定なさっても、ご希望にお応えできるとは限りません。あらかじめご了承くださいますよう、お願いいたします。ご質問の際に記載いただきました個人情報は、回答後速やかに破棄させていただきます。

■ お問い合わせの例

FAX

1 お名前
技術　太郎

2 返信先の住所またはFAX 番号
03-XXXX-XXXX

3 書名
ゼロからはじめる
iPhone 13/mini/Pro/
Pro Max　スマートガイド
au 完全対応版

4 本書の該当ページ
37ページ

5 ご使用のソフトウェアのバージョン
iOS 15.0.1

6 ご質問内容
手順3の画面が表示されない

お問い合わせ先

〒162-0846
東京都新宿区市谷左内町 21-13
株式会社技術評論社　書籍編集部
「ゼロからはじめる iPhone 13/mini/Pro/Pro Max　スマートガイド　au 完全対応版」質問係
FAX 番号　03-3513-6167
URL：https://book.gihyo.jp/116

ゼロからはじめる iPhone《アイフォーン》 13《サーティーン》/mini《ミニ》/Pro《プロ》/Pro《プロ》 Max《マックス》 スマートガイド au《エーユー》 完全対応版《かんぜんたいおうばん》

2021年11月16日　初版　第1刷発行

著者……リンクアップ
発行者……片岡　巌
発行所……株式会社　技術評論社
東京都新宿区市谷左内町 21-13
電話……03-3513-6150　販売促進部
03-3513-6160　書籍編集部
編集……リンクアップ
担当……青木　宏治
装丁……菊池　祐（ライラック）
本文デザイン・DTP……リンクアップ
本文撮影……リンクアップ
製本／印刷……図書印刷株式会社

定価はカバーに表示してあります。

ISBN978-4-297-12475-5 C3055

Printed in Japan